STEAM EDUCATION SERIES

융합교육 시리즈 6

나는 프랙탈 디자이너

안대영 지음

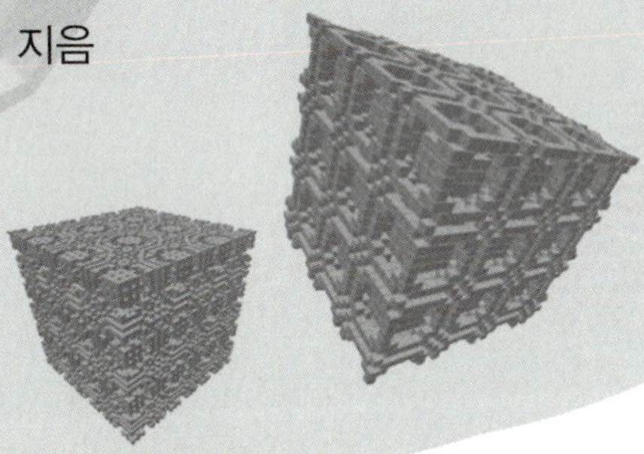

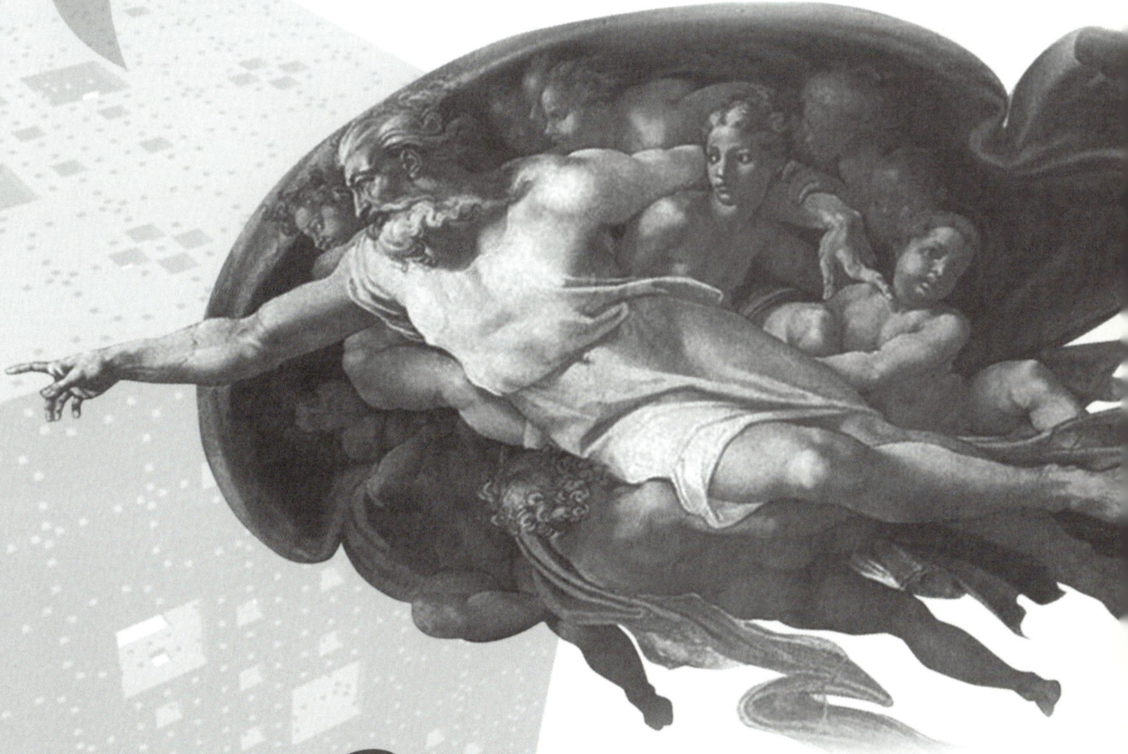

KYOWOOSA 교우사

머리말

주위에서 아름다운 디자인을 접하면서 디자인에 대한 수준이 높아지고 디자인의 중요성에 대한 생각이 확산되어 가고 있다. 디자인은 적은 투자로 부가 가치를 높일 수 있기 때문에 기술 개발 보다 경제적인 수단이 될 수 있다. 이 책은 프랙탈 이론을 통해서 디자인에 대한 감각을 기를 수 있다.

생활 주변에서 많은 디자인을 만난다. 걸음을 멈추고 주위를 둘러보자. 아파트의 벽, 보드 블록, 커텐 등에서 형태의 반복을 이용한 디자인을 접할 수 있다. 반복된 형태는 안정감을 주는 반면에 변화가 부족하다. 형태의 반복은 조형적으로 변화를 주지 않아야 하거나, 형태의 안정감을 견고하게 구축해야 할 경우에 주로 행해진다. 아파트나 큰 건물을 보면 조형 요소의 반복을 통해서 안정감을 준다.

프랙탈은 동일한 디자인이 반복된다. 이러한 반복은 전체 형태를 하나로 통일하게 한다. 같은 모양들을 반복해 주면 통일감이 생긴다. 전체가 복잡한 형태가 아니라고 하더라도 반복되는 형태가 어떤가에 따라 다양한 이미지가 만들어지기 때문에, 형태의 반복은 표현에 있어서도 아주 중요한 조형 방식이라고 할 수 있다.

수학 과목은 수학적인 개념, 원리를 이해하여 여러 가지 현상과 문제를 수학적으로 접근하여 창의적으로 해결하는데 도움을 준다. 건물이나 길거리에서 접하는 디자인을 수학으로 접근해 보려고 한다. 프랙탈 디자인을 통해 생활 주변의 디자인을 분석하고 표현하여 주변 세상과 디자인의 관계를 이해하는 능력을 기를 수 있는 기회가 되기를 바란다. 수학과 미술에 대해 의사소통하는 능력을 통하여 주변을 새롭게 구성할 수 있다. 프랙탈을 만드는 활동으로 수학이 디자인을 위해 할 수 있는 일들을 찾고 수학의 가치를 이해하는 태도를 기를 수 있기를 바란다. 프랙탈 디자인의 감상을 통해 다양한 프랙탈 작품을 해석하고 가치를 판단할 수 있는 기회를 가지기를 바란다.

1장에서는 곱셈 프랙탈, 덧셈 프랙탈, 뺄셈 프랙탈, 나눗셈 프랙탈을 만드는 방법을 소개한다. 곱셈 프랙탈은 우리가 일반적으로 사용하는 프랙탈이다. 자기닮음과 프랙탈 차원이 유지된다. 덧셈 프랙탈은 단계를 진행하면서 차원이 증가한다. 1단계의 도형은 2단계에서 유지되고, 없던 부분에 1단계를 표시한다. 뺄셈 프랙탈은 1단계와 2단계의 뺄셈을 이용하여 3단계를 만든다. 나눗셈 프랙탈은 덧셈 프랙탈을 2로 나누어 나머지를 이용한다.

2장은 3×3, 4×4, 5×5, 6×6, 7×7, 8×8의 프랙탈 디자인을 할 수 있는 활동지다. 활동지를 이용하여 덧셈 프랙탈, 곱셈 프랙탈, 뺄셈 프랙탈, 나눗셈 프랙탈을 만들어 볼 수 있다.

셀의 합에 색칠하기 활동은 가로 세로에 수를 입력하여 합을 구하고 적절한 수로 나누어 나머지에 색칠한다. 색칠의 결과로서 나타나는 프랙탈을 만들어 보고 감상해 보자.

3장은 곱셈, 덧셈, 뺄셈, 나눗셈 프랙탈 디자인의 그림이 제시되어 있다. 셀의 합에 색칠하기 활동에 대한 풀이가 있다.

이 책은 프랙탈에 대해서 연산을 통해 접근하고, 생활 공간에 디자인을 활용하는데 의미가 있다. 디자인에 대한 감각을 키울 수 있는 기회가 되길 바란다. 디자인에 대해 조형적으로 뛰어난 감각을 기르는데 도움이 되길 바란다. 수학을 통해 디자인으로 한걸음 나아가는데 도움이 되어주신 오판근 사장님을 비롯한 임직원 여러분의 수고에 깊이 감사드립니다. 새로운 책을 만들 때 마다 격려해준 아내에게도 고마움을 전합니다. 신이 만든 아름다운 세계를 조금이나마 느낄 수 있는 기회를 주신 것에 감사드립니다.

2015년 4월

안대영

차례

3장 프랙탈 디자인 활동 풀이 / 169

제 1 장

곱셈, 덧셈, 뺄셈, 나눗셈 프랙탈

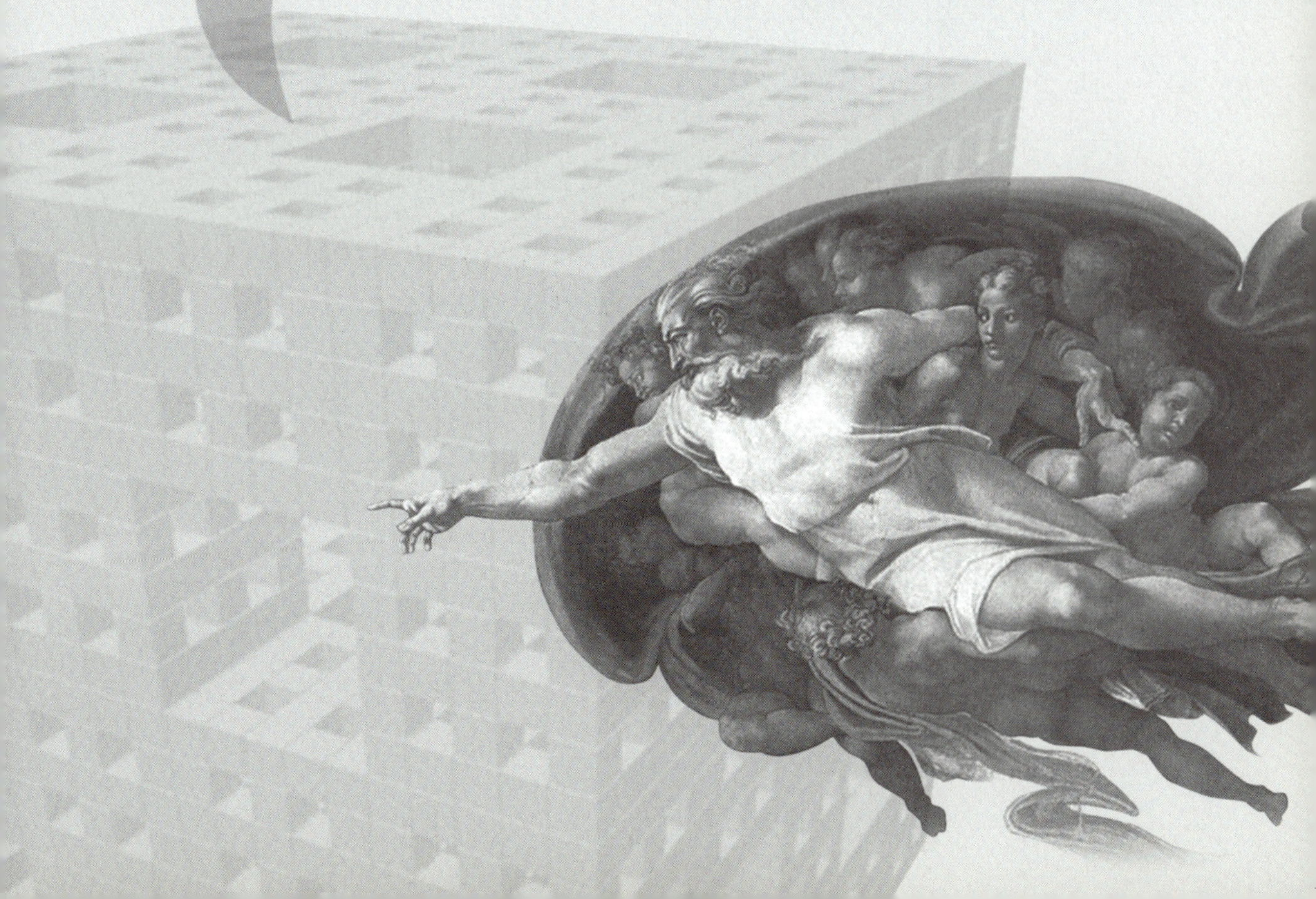

1 곱셈 프랙탈 디자인

1. 곱셈 프랙탈 만들기

(1) 1단계 프랙탈

① 1단계의 프랙탈이 다음과 같이 주어져 있다.

1	2	3
4	0	6
7	8	9

(2) 2단계 곱셈 프랙탈

① 2단계의 프랙탈은 1단계의 프랙탈을 이용하여 다음과 같이 만들어 보자. 왼쪽은 1단계의 각 셀에 있는 수를 9번씩 반복하였다. 오른쪽은 1단계 9개의 수를 9번 반복하였다.

1	1	1	2	2	2	3	3	3
1	1	1	2	2	2	3	3	3
1	1	1	2	2	2	3	3	3
4	4	4	0	0	0	6	6	6
4	4	4	0	0	0	6	6	6
4	4	4	0	0	0	6	6	6
7	7	7	8	8	8	9	9	9
7	7	7	8	8	8	9	9	9
7	7	7	8	8	8	9	9	9

1	2	3	1	2	3	1	2	3
4	0	6	4	0	6	4	0	6
7	8	9	7	8	9	7	8	9
1	2	3	1	2	3	1	2	3
4	0	6	4	0	6	4	0	6
7	8	9	7	8	9	7	8	9
1	2	3	1	2	3	1	2	3
4	0	6	4	0	6	4	0	6
7	8	9	7	8	9	7	8	9

② ①에서 같은 위치에 해당하는 수를 곱한다. 왼쪽의 처음셀과 오른쪽의 처음셀처럼 대응하는 수의 곱을 구한다. 2단계의 곱셈 프랙탈을 만들어 보자.

1×1	1×2	1×3	2×1	2×2	2×3	3×1	3×2	3×3
1×4	1×0	1×6	2×4	2×0	2×6	3×4	3×0	3×6
1×7	1×8	1×9	2×7	2×8	2×9	3×7	3×8	3×9
4×1	4×2	4×3	0×1	0×2	0×3	6×1	6×2	6×3
4×4	4×0	4×6	0×4	0×0	0×6	6×4	6×0	6×6
4×7	4×8	4×9	0×7	0×8	0×9	6×7	6×8	6×9
7×1	7×2	7×3	8×1	8×2	8×3	9×1	9×2	9×3
7×4	7×0	7×6	8×4	8×0	8×6	9×4	9×0	9×6
7×7	7×8	7×9	8×7	8×8	8×9	9×7	9×8	9×9

③ 계산의 결과는 아래와 같다.

1	2	3	2	4	6	3	6	9
4	0	6	8	0	12	12	0	18
7	8	9	14	16	18	21	24	27
4	8	12	0	0	0	6	12	18
16	0	24	0	0	0	24	0	36
28	32	36	0	0	0	42	48	54
7	14	21	8	16	24	9	18	27
28	0	42	32	0	48	36	0	54
49	56	63	56	64	72	63	72	81

(3) 3단계 곱셈 프랙탈

① 2단계의 ① 표를 참고하여 아래와 같이 채워 보자. 1단계의 각 셀을 27개씩 채운다.

1	1	1	1	1	1	1	1	1	2	2	2	2	2	2	2	2	2	3	3	3	3	3	3	3	3	3
1	1	1	1	1	1	1	1	1	2	2	2	2	2	2	2	2	2	3	3	3	3	3	3	3	3	3
1	1	1	1	1	1	1	1	1	2	2	2	2	2	2	2	2	2	3	3	3	3	3	3	3	3	3
1	1	1	1	1	1	1	1	1	2	2	2	2	2	2	2	2	2	3	3	3	3	3	3	3	3	3
1	1	1	1	1	1	1	1	1	2	2	2	2	2	2	2	2	2	3	3	3	3	3	3	3	3	3
1	1	1	1	1	1	1	1	1	2	2	2	2	2	2	2	2	2	3	3	3	3	3	3	3	3	3
1	1	1	1	1	1	1	1	1	2	2	2	2	2	2	2	2	2	3	3	3	3	3	3	3	3	3
1	1	1	1	1	1	1	1	1	2	2	2	2	2	2	2	2	2	3	3	3	3	3	3	3	3	3
1	1	1	1	1	1	1	1	1	2	2	2	2	2	2	2	2	2	3	3	3	3	3	3	3	3	3
4	4	4	4	4	4	4	4	4	0	0	0	0	0	0	0	0	0	6	6	6	6	6	6	6	6	6
4	4	4	4	4	4	4	4	4	0	0	0	0	0	0	0	0	0	6	6	6	6	6	6	6	6	6
4	4	4	4	4	4	4	4	4	0	0	0	0	0	0	0	0	0	6	6	6	6	6	6	6	6	6
4	4	4	4	4	4	4	4	4	0	0	0	0	0	0	0	0	0	6	6	6	6	6	6	6	6	6
4	4	4	4	4	4	4	4	4	0	0	0	0	0	0	0	0	0	6	6	6	6	6	6	6	6	6
4	4	4	4	4	4	4	4	4	0	0	0	0	0	0	0	0	0	6	6	6	6	6	6	6	6	6
4	4	4	4	4	4	4	4	4	0	0	0	0	0	0	0	0	0	6	6	6	6	6	6	6	6	6
4	4	4	4	4	4	4	4	4	0	0	0	0	0	0	0	0	0	6	6	6	6	6	6	6	6	6
4	4	4	4	4	4	4	4	4	0	0	0	0	0	0	0	0	0	6	6	6	6	6	6	6	6	6
7	7	7	7	7	7	7	7	7	8	8	8	8	8	8	8	8	8	9	9	9	9	9	9	9	9	9
7	7	7	7	7	7	7	7	7	8	8	8	8	8	8	8	8	8	9	9	9	9	9	9	9	9	9
7	7	7	7	7	7	7	7	7	8	8	8	8	8	8	8	8	8	9	9	9	9	9	9	9	9	9
7	7	7	7	7	7	7	7	7	8	8	8	8	8	8	8	8	8	9	9	9	9	9	9	9	9	9
7	7	7	7	7	7	7	7	7	8	8	8	8	8	8	8	8	8	9	9	9	9	9	9	9	9	9
7	7	7	7	7	7	7	7	7	8	8	8	8	8	8	8	8	8	9	9	9	9	9	9	9	9	9
7	7	7	7	7	7	7	7	7	8	8	8	8	8	8	8	8	8	9	9	9	9	9	9	9	9	9
7	7	7	7	7	7	7	7	7	8	8	8	8	8	8	8	8	8	9	9	9	9	9	9	9	9	9
7	7	7	7	7	7	7	7	7	8	8	8	8	8	8	8	8	8	9	9	9	9	9	9	9	9	9

② 2단계의 두 번째 표를 9번씩 반복하였다.

1	2	3	2	4	6	3	6	9	1	2	3	2	4	6	3	6	9	1	2	3	2	4	6	3	6	9
4	0	6	8	0	12	12	0	18	4	0	6	8	0	12	12	0	18	4	0	6	8	0	12	12	0	18
7	8	9	14	16	18	21	24	27	7	8	9	14	16	18	21	24	27	7	8	9	14	16	18	21	24	27
4	8	12	0	0	0	6	12	18	4	8	12	0	0	0	6	12	18	4	8	12	0	0	0	6	12	18
16	0	24	0	0	0	24	0	36	16	0	24	0	0	0	24	0	36	16	0	24	0	0	0	24	0	36
28	32	36	0	0	0	42	48	54	28	32	36	0	0	0	42	48	54	28	32	36	0	0	0	42	48	54
7	14	21	8	16	24	9	18	27	7	14	21	8	16	24	9	18	27	7	14	21	8	16	24	9	18	27
28	0	42	32	0	48	36	0	54	28	0	42	32	0	48	36	0	54	28	0	42	32	0	48	36	0	54
49	56	63	56	64	72	63	72	81	49	56	63	56	64	72	63	72	81	49	56	63	56	64	72	63	72	81
1	2	3	2	4	6	3	6	9	1	2	3	2	4	6	3	6	9	1	2	3	2	4	6	3	6	9
4	0	6	8	0	12	12	0	18	4	0	6	8	0	12	12	0	18	4	0	6	8	0	12	12	0	18
7	8	9	14	16	18	21	24	27	7	8	9	14	16	18	21	24	27	7	8	9	14	16	18	21	24	27
4	8	12	0	0	0	6	12	18	4	8	12	0	0	0	6	12	18	4	8	12	0	0	0	6	12	18
16	0	24	0	0	0	24	0	36	16	0	24	0	0	0	24	0	36	16	0	24	0	0	0	24	0	36
28	32	36	0	0	0	42	48	54	28	32	36	0	0	0	42	48	54	28	32	36	0	0	0	42	48	54
7	14	21	8	16	24	9	18	27	7	14	21	8	16	24	9	18	27	7	14	21	8	16	24	9	18	27
28	0	42	32	0	48	36	0	54	28	0	42	32	0	48	36	0	54	28	0	42	32	0	48	36	0	54
49	56	63	56	64	72	63	72	81	49	56	63	56	64	72	63	72	81	49	56	63	56	64	72	63	72	81
1	2	3	2	4	6	3	6	9	1	2	3	2	4	6	3	6	9	1	2	3	2	4	6	3	6	9
4	0	6	8	0	12	12	0	18	4	0	6	8	0	12	12	0	18	4	0	6	8	0	12	12	0	18
7	8	9	14	16	18	21	24	27	7	8	9	14	16	18	21	24	27	7	8	9	14	16	18	21	24	27
4	8	12	0	0	0	6	12	18	4	8	12	0	0	0	6	12	18	4	8	12	0	0	0	6	12	18
16	0	24	0	0	0	24	0	36	16	0	24	0	0	0	24	0	36	16	0	24	0	0	0	24	0	36
28	32	36	0	0	0	42	48	54	28	32	36	0	0	0	42	48	54	28	32	36	0	0	0	42	48	54
7	14	21	8	16	24	9	18	27	7	14	21	8	16	24	9	18	27	7	14	21	8	16	24	9	18	27
28	0	42	32	0	48	36	0	54	28	0	42	32	0	48	36	0	54	28	0	42	32	0	48	36	0	54
49	56	63	56	64	72	63	72	81	49	56	63	56	64	72	63	72	81	49	56	63	56	64	72	63	72	81

③ 두 표에 대응하는 셀의 곱을 구하여 3단계의 곱셈 프랙탈을 만들었다.

1	2	3	2	4	6	3	6	9	2	4	6	4	8	12	6	12	18	3	6	9	6	12	18	9	18	27
4	0	6	8	0	12	12	0	18	8	0	12	16	0	24	24	0	36	12	0	18	24	0	36	36	0	54
7	8	9	14	16	18	21	24	27	14	16	18	28	32	36	42	48	54	21	24	27	42	48	54	63	72	81
4	8	12	0	0	0	6	12	18	8	16	24	0	0	0	12	24	36	12	24	36	0	0	0	18	36	54
16	0	24	0	0	0	24	0	36	32	0	48	0	0	0	48	0	72	48	0	72	0	0	0	72	0	108
28	32	36	0	0	0	42	48	54	56	64	72	0	0	0	84	96	108	84	96	108	0	0	0	126	144	162
7	14	21	8	16	24	9	18	27	14	28	42	16	32	48	18	36	54	21	42	63	24	48	72	27	54	81
28	0	42	32	0	48	36	0	54	56	0	84	64	0	96	72	0	108	84	0	126	96	0	144	108	0	162
49	56	63	56	64	72	63	72	81	98	112	126	112	128	144	126	144	162	147	168	189	168	192	216	189	216	243
4	8	12	8	16	24	12	24	36	0	0	0	0	0	0	0	0	0	6	12	18	12	24	36	18	36	54
16	0	24	32	0	48	48	0	72	0	0	0	0	0	0	0	0	0	24	0	36	48	0	72	72	0	108
28	32	36	56	64	72	84	96	108	0	0	0	0	0	0	0	0	0	42	48	54	84	96	108	126	144	162
16	32	48	0	0	0	24	48	72	0	0	0	0	0	0	0	0	0	24	48	72	0	0	0	36	72	108
64	0	96	0	0	0	96	0	144	0	0	0	0	0	0	0	0	0	96	0	144	0	0	0	144	0	216
112	128	144	0	0	0	168	192	216	0	0	0	0	0	0	0	0	0	168	192	216	0	0	0	252	288	324
28	56	84	32	64	96	36	72	108	0	0	0	0	0	0	0	0	0	42	84	126	48	96	144	54	108	162
112	0	168	128	0	192	144	0	216	0	0	0	0	0	0	0	0	0	168	0	252	192	0	288	216	0	324
196	224	252	224	256	288	252	288	324	0	0	0	0	0	0	0	0	0	294	336	378	336	384	432	378	432	486
7	14	21	14	28	42	21	42	63	8	16	24	16	32	48	24	48	72	9	18	27	18	36	54	27	54	81
28	0	42	56	0	84	84	0	126	32	0	48	64	0	96	96	0	144	36	0	54	72	0	108	108	0	162
49	56	63	98	112	126	147	168	189	56	64	72	112	128	144	168	192	216	63	72	81	126	144	162	189	216	243
28	56	84	0	0	0	42	84	126	32	64	96	0	0	0	48	96	144	36	72	108	0	0	0	54	108	162
112	0	168	0	0	0	168	0	252	128	0	192	0	0	0	192	0	288	144	0	216	0	0	0	216	0	324
196	224	252	0	0	0	294	336	378	224	256	288	0	0	0	336	384	432	252	288	324	0	0	0	378	432	486
49	98	147	56	112	168	63	126	189	56	112	168	64	128	192	72	144	216	63	126	189	72	144	216	81	162	243
196	0	294	224	0	336	252	0	378	224	0	336	256	0	384	288	0	432	252	0	378	288	0	432	324	0	486
343	392	441	392	448	504	441	504	567	392	448	504	448	512	576	504	576	648	441	504	567	504	576	648	567	648	729

(4) 곱셈 프랙탈 간단히 만들기

① 1단계의 프랙탈이 다음과 같이 주어져 있다.

1	1	1
1	0	1
1	1	1

② 2단계의 프랙탈을 만들어 보자.

1	1	1	1	1	1	1	1	1
1	1	1	1	1	1	1	1	1
1	1	1	1	1	1	1	1	1
1	1	1	0	0	0	1	1	1
1	1	1	0	0	0	1	1	1
1	1	1	0	0	0	1	1	1
1	1	1	1	1	1	1	1	1
1	1	1	1	1	1	1	1	1
1	1	1	1	1	1	1	1	1

1	1	1	1	1	1	1	1	1
1	0	1	1	0	1	1	0	1
1	1	1	1	1	1	1	1	1
1	1	1	1	1	1	1	1	1
1	0	1	1	0	1	1	0	1
1	1	1	1	1	1	1	1	1
1	1	1	1	1	1	1	1	1
1	0	1	1	0	1	1	0	1
1	1	1	1	1	1	1	1	1

③ 두 개의 대응하는 수의 곱을 구한다. 1에 색을 칠해보자.

1	1	1	1	1	1	1	1	1
1	0	1	1	0	1	1	0	1
1	1	1	1	1	1	1	1	1
1	1	1	0	0	0	1	1	1
1	0	1	0	0	0	1	0	1
1	1	1	0	0	0	1	1	1
1	1	1	1	1	1	1	1	1
1	0	1	1	0	1	1	0	1
1	1	1	1	1	1	1	1	1

1	1	1	1	1	1	1	1	1
1	0	1	1	0	1	1	0	1
1	1	1	1	1	1	1	1	1
1	1	1	0	0	0	1	1	1
1	0	1	0	0	0	1	0	1
1	1	1	0	0	0	1	1	1
1	1	1	1	1	1	1	1	1
1	0	1	1	0	1	1	0	1
1	1	1	1	1	1	1	1	1

④ 같은 방법으로 3단계의 곱셈 프랙탈 첫 번째를 만들어 보자.

1	1	1	1	1	1	1	1	1	1	1	1	1	1	1	1	1	1	1	1	1	1	1	1	1	1	1
1	1	1	1	1	1	1	1	1	1	1	1	1	1	1	1	1	1	1	1	1	1	1	1	1	1	1
1	1	1	1	1	1	1	1	1	1	1	1	1	1	1	1	1	1	1	1	1	1	1	1	1	1	1
1	1	1	1	1	1	1	1	1	1	1	1	1	1	1	1	1	1	1	1	1	1	1	1	1	1	1
1	1	1	1	1	1	1	1	1	1	1	1	1	1	1	1	1	1	1	1	1	1	1	1	1	1	1
1	1	1	1	1	1	1	1	1	1	1	1	1	1	1	1	1	1	1	1	1	1	1	1	1	1	1
1	1	1	1	1	1	1	1	1	1	1	1	1	1	1	1	1	1	1	1	1	1	1	1	1	1	1
1	1	1	1	1	1	1	1	1	1	1	1	1	1	1	1	1	1	1	1	1	1	1	1	1	1	1
1	1	1	1	1	1	1	1	1	1	1	1	1	1	1	1	1	1	1	1	1	1	1	1	1	1	1
1	1	1	1	1	1	1	1	1	0	0	0	0	0	0	0	0	0	1	1	1	1	1	1	1	1	1
1	1	1	1	1	1	1	1	1	0	0	0	0	0	0	0	0	0	1	1	1	1	1	1	1	1	1
1	1	1	1	1	1	1	1	1	0	0	0	0	0	0	0	0	0	1	1	1	1	1	1	1	1	1
1	1	1	1	1	1	1	1	1	0	0	0	0	0	0	0	0	0	1	1	1	1	1	1	1	1	1
1	1	1	1	1	1	1	1	1	0	0	0	0	0	0	0	0	0	1	1	1	1	1	1	1	1	1
1	1	1	1	1	1	1	1	1	0	0	0	0	0	0	0	0	0	1	1	1	1	1	1	1	1	1
1	1	1	1	1	1	1	1	1	0	0	0	0	0	0	0	0	0	1	1	1	1	1	1	1	1	1
1	1	1	1	1	1	1	1	1	0	0	0	0	0	0	0	0	0	1	1	1	1	1	1	1	1	1
1	1	1	1	1	1	1	1	1	0	0	0	0	0	0	0	0	0	1	1	1	1	1	1	1	1	1
1	1	1	1	1	1	1	1	1	1	1	1	1	1	1	1	1	1	1	1	1	1	1	1	1	1	1
1	1	1	1	1	1	1	1	1	1	1	1	1	1	1	1	1	1	1	1	1	1	1	1	1	1	1
1	1	1	1	1	1	1	1	1	1	1	1	1	1	1	1	1	1	1	1	1	1	1	1	1	1	1
1	1	1	1	1	1	1	1	1	1	1	1	1	1	1	1	1	1	1	1	1	1	1	1	1	1	1
1	1	1	1	1	1	1	1	1	1	1	1	1	1	1	1	1	1	1	1	1	1	1	1	1	1	1
1	1	1	1	1	1	1	1	1	1	1	1	1	1	1	1	1	1	1	1	1	1	1	1	1	1	1
1	1	1	1	1	1	1	1	1	1	1	1	1	1	1	1	1	1	1	1	1	1	1	1	1	1	1
1	1	1	1	1	1	1	1	1	1	1	1	1	1	1	1	1	1	1	1	1	1	1	1	1	1	1

⑤ 같은 방법으로 3단계의 곱셈 프랙탈 두 번째를 만들어 보자.

1	1	1	1	1	1	1	1	1	1	1	1	1	1	1	1	1	1	1	1	1	1	1	1	1	1	1
1	0	1	1	0	1	1	0	1	1	0	1	1	0	1	1	0	1	1	0	1	1	0	1	1	0	1
1	1	1	1	1	1	1	1	1	1	1	1	1	1	1	1	1	1	1	1	1	1	1	1	1	1	1
1	1	1	0	0	0	1	1	1	1	1	1	0	0	0	1	1	1	1	1	1	0	0	0	1	1	1
1	0	1	0	0	0	1	0	1	1	0	1	0	0	0	1	0	1	1	0	1	0	0	0	1	0	1
1	1	1	0	0	0	1	1	1	1	1	1	0	0	0	1	1	1	1	1	1	0	0	0	1	1	1
1	1	1	1	1	1	1	1	1	1	1	1	1	1	1	1	1	1	1	1	1	1	1	1	1	1	1
1	0	1	1	0	1	1	0	1	1	0	1	1	0	1	1	0	1	1	0	1	1	0	1	1	0	1
1	1	1	1	1	1	1	1	1	1	1	1	1	1	1	1	1	1	1	1	1	1	1	1	1	1	1
1	1	1	1	1	1	1	1	1	1	1	1	1	1	1	1	1	1	1	1	1	1	1	1	1	1	1
1	0	1	1	0	1	1	0	1	1	0	1	1	0	1	1	0	1	1	0	1	1	0	1	1	0	1
1	1	1	1	1	1	1	1	1	1	1	1	1	1	1	1	1	1	1	1	1	1	1	1	1	1	1
1	1	1	0	0	0	1	1	1	1	1	1	0	0	0	1	1	1	1	1	1	0	0	0	1	1	1
1	0	1	0	0	0	1	0	1	1	0	1	0	0	0	1	0	1	1	0	1	0	0	0	1	0	1
1	1	1	0	0	0	1	1	1	1	1	1	0	0	0	1	1	1	1	1	1	0	0	0	1	1	1
1	1	1	1	1	1	1	1	1	1	1	1	1	1	1	1	1	1	1	1	1	1	1	1	1	1	1
1	0	1	1	0	1	1	0	1	1	0	1	1	0	1	1	0	1	1	0	1	1	0	1	1	0	1
1	1	1	1	1	1	1	1	1	1	1	1	1	1	1	1	1	1	1	1	1	1	1	1	1	1	1
1	1	1	1	1	1	1	1	1	1	1	1	1	1	1	1	1	1	1	1	1	1	1	1	1	1	1
1	0	1	1	0	1	1	0	1	1	0	1	1	0	1	1	0	1	1	0	1	1	0	1	1	0	1
1	1	1	1	1	1	1	1	1	1	1	1	1	1	1	1	1	1	1	1	1	1	1	1	1	1	1
1	1	1	0	0	0	1	1	1	1	1	1	0	0	0	1	1	1	1	1	1	0	0	0	1	1	1
1	0	1	0	0	0	1	0	1	1	0	1	0	0	0	1	0	1	1	0	1	0	0	0	1	0	1
1	1	1	0	0	0	1	1	1	1	1	1	0	0	0	1	1	1	1	1	1	0	0	0	1	1	1
1	1	1	1	1	1	1	1	1	1	1	1	1	1	1	1	1	1	1	1	1	1	1	1	1	1	1
1	0	1	1	0	1	1	0	1	1	0	1	1	0	1	1	0	1	1	0	1	1	0	1	1	0	1
1	1	1	1	1	1	1	1	1	1	1	1	1	1	1	1	1	1	1	1	1	1	1	1	1	1	1

⑥ 같은 위치에 있는 대응하는 셀의 값을 곱하면 아래와 같다.

1	1	1	1	1	1	1	1	1	1	1	1	1	1	1	1	1	1	1	1	1	1	1	1	1	1	1
1	0	1	1	0	1	1	0	1	1	0	1	1	0	1	1	0	1	1	0	1	1	0	1	1	0	1
1	1	1	1	1	1	1	1	1	1	1	1	1	1	1	1	1	1	1	1	1	1	1	1	1	1	1
1	1	1	0	0	0	1	1	1	1	1	1	0	0	0	1	1	1	1	1	1	0	0	0	1	1	1
1	0	1	0	0	0	1	0	1	1	0	1	0	0	0	1	0	1	1	0	1	0	0	0	1	0	1
1	1	1	0	0	0	1	1	1	1	1	1	0	0	0	1	1	1	1	1	1	0	0	0	1	1	1
1	1	1	1	1	1	1	1	1	1	1	1	1	1	1	1	1	1	1	1	1	1	1	1	1	1	1
1	0	1	1	0	1	1	0	1	1	0	1	1	0	1	1	0	1	1	0	1	1	0	1	1	0	1
1	1	1	1	1	1	1	1	1	1	1	1	1	1	1	1	1	1	1	1	1	1	1	1	1	1	1
1	1	1	1	1	1	1	1	1	0	0	0	0	0	0	0	0	0	1	1	1	1	1	1	1	1	1
1	0	1	1	0	1	1	0	1	0	0	0	0	0	0	0	0	0	1	0	1	1	0	1	1	0	1
1	1	1	1	1	1	1	1	1	0	0	0	0	0	0	0	0	0	1	1	1	1	1	1	1	1	1
1	1	1	0	0	0	1	1	1	0	0	0	0	0	0	0	0	0	1	1	1	0	0	0	1	1	1
1	0	1	0	0	0	1	0	1	0	0	0	0	0	0	0	0	0	1	0	1	0	0	0	1	0	1
1	1	1	0	0	0	1	1	1	0	0	0	0	0	0	0	0	0	1	1	1	0	0	0	1	1	1
1	1	1	1	1	1	1	1	1	0	0	0	0	0	0	0	0	0	1	1	1	1	1	1	1	1	1
1	0	1	1	0	1	1	0	1	0	0	0	0	0	0	0	0	0	1	0	1	1	0	1	1	0	1
1	1	1	1	1	1	1	1	1	0	0	0	0	0	0	0	0	0	1	1	1	1	1	1	1	1	1
1	1	1	1	1	1	1	1	1	1	1	1	1	1	1	1	1	1	1	1	1	1	1	1	1	1	1
1	0	1	1	0	1	1	0	1	1	0	1	1	0	1	1	0	1	1	0	1	1	0	1	1	0	1
1	1	1	1	1	1	1	1	1	1	1	1	1	1	1	1	1	1	1	1	1	1	1	1	1	1	1
1	1	1	0	0	0	1	1	1	1	1	1	0	0	0	1	1	1	1	1	1	0	0	0	1	1	1
1	0	1	0	0	0	1	0	1	1	0	1	0	0	0	1	0	1	1	0	1	0	0	0	1	0	1
1	1	1	0	0	0	1	1	1	1	1	1	0	0	0	1	1	1	1	1	1	0	0	0	1	1	1
1	1	1	1	1	1	1	1	1	1	1	1	1	1	1	1	1	1	1	1	1	1	1	1	1	1	1
1	0	1	1	0	1	1	0	1	1	0	1	1	0	1	1	0	1	1	0	1	1	0	1	1	0	1
1	1	1	1	1	1	1	1	1	1	1	1	1	1	1	1	1	1	1	1	1	1	1	1	1	1	1

⑦ 계산 결과가 1인 셀에 색을 칠해 보자.

1	1	1	1	1	1	1	1	1	1	1	1	1	1	1	1	1	1	1	1	1	1	1	1	1	1	1
1	0	1	1	0	1	1	0	1	1	0	1	1	0	1	1	0	1	1	0	1	1	0	1	1	0	1
1	1	1	1	1	1	1	1	1	1	1	1	1	1	1	1	1	1	1	1	1	1	1	1	1	1	1
1	1	1	0	0	0	1	1	1	1	1	1	0	0	0	1	1	1	1	1	1	0	0	0	1	1	1
1	0	1	0	0	0	1	0	1	1	0	1	0	0	0	1	0	1	1	0	1	0	0	0	1	0	1
1	1	1	0	0	0	1	1	1	1	1	1	0	0	0	1	1	1	1	1	1	0	0	0	1	1	1
1	1	1	1	1	1	1	1	1	1	1	1	1	1	1	1	1	1	1	1	1	1	1	1	1	1	1
1	0	1	1	0	1	1	0	1	1	0	1	1	0	1	1	0	1	1	0	1	1	0	1	1	0	1
1	1	1	1	1	1	1	1	1	1	1	1	1	1	1	1	1	1	1	1	1	1	1	1	1	1	1
1	1	1	1	1	1	1	1	1	0	0	0	0	0	0	0	0	0	1	1	1	1	1	1	1	1	1
1	0	1	1	0	1	1	0	1	0	0	0	0	0	0	0	0	0	1	0	1	1	0	1	1	0	1
1	1	1	1	1	1	1	1	1	0	0	0	0	0	0	0	0	0	1	1	1	1	1	1	1	1	1
1	1	1	0	0	0	1	1	1	0	0	0	0	0	0	0	0	0	1	1	1	0	0	0	1	1	1
1	0	1	0	0	0	1	0	1	0	0	0	0	0	0	0	0	0	1	0	1	0	0	0	1	0	1
1	1	1	0	0	0	1	1	1	0	0	0	0	0	0	0	0	0	1	1	1	0	0	0	1	1	1
1	1	1	1	1	1	1	1	1	0	0	0	0	0	0	0	0	0	1	1	1	1	1	1	1	1	1
1	0	1	1	0	1	1	0	1	0	0	0	0	0	0	0	0	0	1	0	1	1	0	1	1	0	1
1	1	1	1	1	1	1	1	1	0	0	0	0	0	0	0	0	0	1	1	1	1	1	1	1	1	1
1	1	1	1	1	1	1	1	1	1	1	1	1	1	1	1	1	1	1	1	1	1	1	1	1	1	1
1	0	1	1	0	1	1	0	1	1	0	1	1	0	1	1	0	1	1	0	1	1	0	1	1	0	1
1	1	1	1	1	1	1	1	1	1	1	1	1	1	1	1	1	1	1	1	1	1	1	1	1	1	1
1	1	1	0	0	0	1	1	1	1	1	1	0	0	0	1	1	1	1	1	1	0	0	0	1	1	1
1	0	1	0	0	0	1	0	1	1	0	1	0	0	0	1	0	1	1	0	1	0	0	0	1	0	1
1	1	1	0	0	0	1	1	1	1	1	1	0	0	0	1	1	1	1	1	1	0	0	0	1	1	1
1	1	1	1	1	1	1	1	1	1	1	1	1	1	1	1	1	1	1	1	1	1	1	1	1	1	1
1	0	1	1	0	1	1	0	1	1	0	1	1	0	1	1	0	1	1	0	1	1	0	1	1	0	1
1	1	1	1	1	1	1	1	1	1	1	1	1	1	1	1	1	1	1	1	1	1	1	1	1	1	1

2 덧셈 프랙탈 디자인

(1) 1단계 프랙탈

① 1단계의 프랙탈이 다음과 같이 주어져 있다.

0	0	0
0	1	0
0	0	0

(2) 2단계 덧셈 프랙탈

① 2단계의 프랙탈을 만들어 보자.

0	0	0	0	0	0	0	0	0
0	0	0	0	0	0	0	0	0
0	0	0	0	0	0	0	0	0
0	0	0	1	1	1	0	0	0
0	0	0	1	1	1	0	0	0
0	0	0	1	1	1	0	0	0
0	0	0	0	0	0	0	0	0
0	0	0	0	0	0	0	0	0
0	0	0	0	0	0	0	0	0

0	0	0	0	0	0	0	0	0
0	1	0	0	1	0	0	1	0
0	0	0	0	0	0	0	0	0
0	0	0	0	0	0	0	0	0
0	1	0	0	1	0	0	1	0
0	0	0	0	0	0	0	0	0
0	0	0	0	0	0	0	0	0
0	1	0	0	1	0	0	1	0
0	0	0	0	0	0	0	0	0

② 두 개의 대응하는 수의 합을 구해보자. 오른쪽의 결과를 살펴보자.

0+0	0+0	0+0	0+0	0+0	0+0	0+0	0+0	0+0
0+0	0+1	0+0	0+0	0+1	0+0	0+0	0+1	0+0
0+0	0+0	0+0	0+0	0+0	0+0	0+0	0+0	0+0
0+0	0+0	0+0	1+0	1+0	1+0	0+0	0+0	0+0
0+0	0+1	0+0	1+0	1+1	1+0	0+0	0+1	0+0
0+0	0+0	0+0	1+0	1+0	1+0	0+0	0+0	0+0
0+0	0+0	0+0	0+0	0+0	0+0	0+0	0+0	0+0
0+0	0+1	0+0	0+0	0+1	0+0	0+0	0+1	0+0
0+0	0+0	0+0	0+0	0+0	0+0	0+0	0+0	0+0

0	0	0	0	0	0	0	0	0
0	1	0	0	1	0	0	1	0
0	0	0	0	0	0	0	0	0
0	0	0	1	1	1	0	0	0
0	1	0	1	2	1	0	1	0
0	0	0	1	1	1	0	0	0
0	0	0	0	0	0	0	0	0
0	1	0	0	1	0	0	1	0
0	0	0	0	0	0	0	0	0

(3) 3단계 덧셈 프랙탈

① 같은 방법으로 3단계의 덧셈 프랙탈을 만들 수 있다. 1단계의 각 셀을 27번 반복하였다.

0	0	0	0	0	0	0	0	0	0	0	0	0	0	0	0	0	0	0	0	0	0	0	0	0	0	0
0	0	0	0	0	0	0	0	0	0	0	0	0	0	0	0	0	0	0	0	0	0	0	0	0	0	0
0	0	0	0	0	0	0	0	0	0	0	0	0	0	0	0	0	0	0	0	0	0	0	0	0	0	0
0	0	0	0	0	0	0	0	0	0	0	0	0	0	0	0	0	0	0	0	0	0	0	0	0	0	0
0	0	0	0	0	0	0	0	0	0	0	0	0	0	0	0	0	0	0	0	0	0	0	0	0	0	0
0	0	0	0	0	0	0	0	0	0	0	0	0	0	0	0	0	0	0	0	0	0	0	0	0	0	0
0	0	0	0	0	0	0	0	0	0	0	0	0	0	0	0	0	0	0	0	0	0	0	0	0	0	0
0	0	0	0	0	0	0	0	0	0	0	0	0	0	0	0	0	0	0	0	0	0	0	0	0	0	0
0	0	0	0	0	0	0	0	0	0	0	0	0	0	0	0	0	0	0	0	0	0	0	0	0	0	0
0	0	0	0	0	0	0	0	0	1	1	1	1	1	1	1	1	1	0	0	0	0	0	0	0	0	0
0	0	0	0	0	0	0	0	0	1	1	1	1	1	1	1	1	1	0	0	0	0	0	0	0	0	0
0	0	0	0	0	0	0	0	0	1	1	1	1	1	1	1	1	1	0	0	0	0	0	0	0	0	0
0	0	0	0	0	0	0	0	0	1	1	1	1	1	1	1	1	1	0	0	0	0	0	0	0	0	0
0	0	0	0	0	0	0	0	0	1	1	1	1	1	1	1	1	1	0	0	0	0	0	0	0	0	0
0	0	0	0	0	0	0	0	0	1	1	1	1	1	1	1	1	1	0	0	0	0	0	0	0	0	0
0	0	0	0	0	0	0	0	0	1	1	1	1	1	1	1	1	1	0	0	0	0	0	0	0	0	0
0	0	0	0	0	0	0	0	0	1	1	1	1	1	1	1	1	1	0	0	0	0	0	0	0	0	0
0	0	0	0	0	0	0	0	0	1	1	1	1	1	1	1	1	1	0	0	0	0	0	0	0	0	0
0	0	0	0	0	0	0	0	0	0	0	0	0	0	0	0	0	0	0	0	0	0	0	0	0	0	0
0	0	0	0	0	0	0	0	0	0	0	0	0	0	0	0	0	0	0	0	0	0	0	0	0	0	0
0	0	0	0	0	0	0	0	0	0	0	0	0	0	0	0	0	0	0	0	0	0	0	0	0	0	0
0	0	0	0	0	0	0	0	0	0	0	0	0	0	0	0	0	0	0	0	0	0	0	0	0	0	0
0	0	0	0	0	0	0	0	0	0	0	0	0	0	0	0	0	0	0	0	0	0	0	0	0	0	0
0	0	0	0	0	0	0	0	0	0	0	0	0	0	0	0	0	0	0	0	0	0	0	0	0	0	0
0	0	0	0	0	0	0	0	0	0	0	0	0	0	0	0	0	0	0	0	0	0	0	0	0	0	0
0	0	0	0	0	0	0	0	0	0	0	0	0	0	0	0	0	0	0	0	0	0	0	0	0	0	0
0	0	0	0	0	0	0	0	0	0	0	0	0	0	0	0	0	0	0	0	0	0	0	0	0	0	0

② 2단계의 프랙탈을 9번 반복해보자.

0	0	0	0	0	0	0	0	0	0	0	0	0	0	0	0	0	0	0	0	0	0	0	0	0	0	0
0	1	0	0	1	0	0	1	0	0	1	0	0	1	0	0	1	0	0	1	0	0	1	0	0	1	0
0	0	0	0	0	0	0	0	0	0	0	0	0	0	0	0	0	0	0	0	0	0	0	0	0	0	0
0	0	0	1	1	1	0	0	0	0	0	0	1	1	1	0	0	0	0	0	0	1	1	1	0	0	0
0	1	0	1	2	1	0	1	0	0	1	0	1	2	1	0	1	0	0	1	0	1	2	1	0	1	0
0	0	0	1	1	1	0	0	0	0	0	0	1	1	1	0	0	0	0	0	0	1	1	1	0	0	0
0	0	0	0	0	0	0	0	0	0	0	0	0	0	0	0	0	0	0	0	0	0	0	0	0	0	0
0	1	0	0	1	0	0	1	0	0	1	0	0	1	0	0	1	0	0	1	0	0	1	0	0	1	0
0	0	0	0	0	0	0	0	0	0	0	0	0	0	0	0	0	0	0	0	0	0	0	0	0	0	0
0	0	0	0	0	0	0	0	0	0	0	0	0	0	0	0	0	0	0	0	0	0	0	0	0	0	0
0	1	0	0	1	0	0	1	0	0	1	0	0	1	0	0	1	0	0	1	0	0	1	0	0	1	0
0	0	0	0	0	0	0	0	0	0	0	0	0	0	0	0	0	0	0	0	0	0	0	0	0	0	0
0	0	0	1	1	1	0	0	0	0	0	0	1	1	1	0	0	0	0	0	0	1	1	1	0	0	0
0	1	0	1	2	1	0	1	0	0	1	0	1	2	1	0	1	0	0	1	0	1	2	1	0	1	0
0	0	0	1	1	1	0	0	0	0	0	0	1	1	1	0	0	0	0	0	0	1	1	1	0	0	0
0	0	0	0	0	0	0	0	0	0	0	0	0	0	0	0	0	0	0	0	0	0	0	0	0	0	0
0	1	0	0	1	0	0	1	0	0	1	0	0	1	0	0	1	0	0	1	0	0	1	0	0	1	0
0	0	0	0	0	0	0	0	0	0	0	0	0	0	0	0	0	0	0	0	0	0	0	0	0	0	0
0	0	0	0	0	0	0	0	0	0	0	0	0	0	0	0	0	0	0	0	0	0	0	0	0	0	0
0	1	0	0	1	0	0	1	0	0	1	0	0	1	0	0	1	0	0	1	0	0	1	0	0	1	0
0	0	0	0	0	0	0	0	0	0	0	0	0	0	0	0	0	0	0	0	0	0	0	0	0	0	0
0	0	0	1	1	1	0	0	0	0	0	0	1	1	1	0	0	0	0	0	0	1	1	1	0	0	0
0	1	0	1	2	1	0	1	0	0	1	0	1	2	1	0	1	0	0	1	0	1	2	1	0	1	0
0	0	0	1	1	1	0	0	0	0	0	0	1	1	1	0	0	0	0	0	0	1	1	1	0	0	0
0	0	0	0	0	0	0	0	0	0	0	0	0	0	0	0	0	0	0	0	0	0	0	0	0	0	0
0	1	0	0	1	0	0	1	0	0	1	0	0	1	0	0	1	0	0	1	0	0	1	0	0	1	0
0	0	0	0	0	0	0	0	0	0	0	0	0	0	0	0	0	0	0	0	0	0	0	0	0	0	0

③ 대응하는 셀의 합을 구해보자.

0	0	0	0	0	0	0	0	0	0	0	0	0	0	0	0	0	0	0	0	0	0	0	0	0	0	0
0	1	0	0	1	0	0	1	0	0	1	0	0	1	0	0	1	0	0	1	0	0	1	0	0	1	0
0	0	0	0	0	0	0	0	0	0	0	0	0	0	0	0	0	0	0	0	0	0	0	0	0	0	0
0	0	0	1	1	1	0	0	0	0	0	0	1	1	1	0	0	0	0	0	0	1	1	1	0	0	0
0	1	0	1	2	1	0	1	0	0	1	0	1	2	1	0	1	0	0	1	0	1	2	1	0	1	0
0	0	0	1	1	1	0	0	0	0	0	0	1	1	1	0	0	0	0	0	0	1	1	1	0	0	0
0	0	0	0	0	0	0	0	0	0	0	0	0	0	0	0	0	0	0	0	0	0	0	0	0	0	0
0	1	0	0	1	0	0	1	0	0	1	0	0	1	0	0	1	0	0	1	0	0	1	0	0	1	0
0	0	0	0	0	0	0	0	0	0	0	0	0	0	0	0	0	0	0	0	0	0	0	0	0	0	0
0	0	0	0	0	0	0	0	0	1	1	1	1	1	1	1	1	1	0	0	0	0	0	0	0	0	0
0	1	0	0	1	0	0	1	0	1	2	1	1	2	1	1	2	1	0	1	0	0	1	0	0	1	0
0	0	0	0	0	0	0	0	0	1	1	1	1	1	1	1	1	1	0	0	0	0	0	0	0	0	0
0	0	0	1	1	1	0	0	0	1	1	1	2	2	2	1	1	1	0	0	0	1	1	1	0	0	0
0	1	0	1	2	1	0	1	0	1	2	1	2	3	2	1	2	1	0	1	0	1	2	1	0	1	0
0	0	0	1	1	1	0	0	0	1	1	1	2	2	2	1	1	1	0	0	0	1	1	1	0	0	0
0	0	0	0	0	0	0	0	0	1	1	1	1	1	1	1	1	1	0	0	0	0	0	0	0	0	0
0	1	0	0	1	0	0	1	0	1	2	1	1	2	1	1	2	1	0	1	0	0	1	0	0	1	0
0	0	0	0	0	0	0	0	0	1	1	1	1	1	1	1	1	1	0	0	0	0	0	0	0	0	0
0	0	0	0	0	0	0	0	0	0	0	0	0	0	0	0	0	0	0	0	0	0	0	0	0	0	0
0	1	0	0	1	0	0	1	0	0	1	0	0	1	0	0	1	0	0	1	0	0	1	0	0	1	0
0	0	0	0	0	0	0	0	0	0	0	0	0	0	0	0	0	0	0	0	0	0	0	0	0	0	0
0	0	0	1	1	1	0	0	0	0	0	0	1	1	1	0	0	0	0	0	0	1	1	1	0	0	0
0	1	0	1	2	1	0	1	0	0	1	0	1	2	1	0	1	0	0	1	0	1	2	1	0	1	0
0	0	0	1	1	1	0	0	0	0	0	0	1	1	1	0	0	0	0	0	0	1	1	1	0	0	0
0	0	0	0	0	0	0	0	0	0	0	0	0	0	0	0	0	0	0	0	0	0	0	0	0	0	0
0	1	0	0	1	0	0	1	0	0	1	0	0	1	0	0	1	0	0	1	0	0	1	0	0	1	0
0	0	0	0	0	0	0	0	0	0	0	0	0	0	0	0	0	0	0	0	0	0	0	0	0	0	0

④ 계산 결과가 0보다 큰 수에 색을 칠해 보자.

0	0	0	0	0	0	0	0	0	0	0	0	0	0	0	0	0	0	0	0	0	0	0	0	0	0	0
0	1	0	0	1	0	0	1	0	0	1	0	0	1	0	0	1	0	0	1	0	0	1	0	0	1	0
0	0	0	0	0	0	0	0	0	0	0	0	0	0	0	0	0	0	0	0	0	0	0	0	0	0	0
0	0	0	1	1	1	0	0	0	0	0	0	1	1	1	0	0	0	0	0	0	1	1	1	0	0	0
0	1	0	1	2	1	0	1	0	0	1	0	1	2	1	0	1	0	0	1	0	1	2	1	0	1	0
0	0	0	1	1	1	0	0	0	0	0	0	1	1	1	0	0	0	0	0	0	1	1	1	0	0	0
0	0	0	0	0	0	0	0	0	0	0	0	0	0	0	0	0	0	0	0	0	0	0	0	0	0	0
0	1	0	0	1	0	0	1	0	0	1	0	0	1	0	0	1	0	0	1	0	0	1	0	0	1	0
0	0	0	0	0	0	0	0	0	0	0	0	0	0	0	0	0	0	0	0	0	0	0	0	0	0	0
0	0	0	0	0	0	0	0	0	1	1	1	1	1	1	1	1	1	0	0	0	0	0	0	0	0	0
0	1	0	0	1	0	0	1	0	1	2	1	1	2	1	1	2	1	0	1	0	0	1	0	0	1	0
0	0	0	0	0	0	0	0	0	1	1	1	1	1	1	1	1	1	0	0	0	0	0	0	0	0	0
0	0	0	1	1	1	0	0	0	1	1	1	2	2	2	1	1	1	0	0	0	1	1	1	0	0	0
0	1	0	1	2	1	0	1	0	1	2	1	2	3	2	1	2	1	0	1	0	1	2	1	0	1	0
0	0	0	1	1	1	0	0	0	1	1	1	2	2	2	1	1	1	0	0	0	1	1	1	0	0	0
0	0	0	0	0	0	0	0	0	1	1	1	1	1	1	1	1	1	0	0	0	0	0	0	0	0	0
0	1	0	0	1	0	0	1	0	1	2	1	1	2	1	1	2	1	0	1	0	0	1	0	0	1	0
0	0	0	0	0	0	0	0	0	1	1	1	1	1	1	1	1	1	0	0	0	0	0	0	0	0	0
0	0	0	0	0	0	0	0	0	0	0	0	0	0	0	0	0	0	0	0	0	0	0	0	0	0	0
0	1	0	0	1	0	0	1	0	0	1	0	0	1	0	0	1	0	0	1	0	0	1	0	0	1	0
0	0	0	0	0	0	0	0	0	0	0	0	0	0	0	0	0	0	0	0	0	0	0	0	0	0	0
0	0	0	1	1	1	0	0	0	0	0	0	1	1	1	0	0	0	0	0	0	1	1	1	0	0	0
0	1	0	1	2	1	0	1	0	0	1	0	1	2	1	0	1	0	0	1	0	1	2	1	0	1	0
0	0	0	1	1	1	0	0	0	0	0	0	1	1	1	0	0	0	0	0	0	1	1	1	0	0	0
0	0	0	0	0	0	0	0	0	0	0	0	0	0	0	0	0	0	0	0	0	0	0	0	0	0	0
0	1	0	0	1	0	0	1	0	0	1	0	0	1	0	0	1	0	0	1	0	0	1	0	0	1	0
0	0	0	0	0	0	0	0	0	0	0	0	0	0	0	0	0	0	0	0	0	0	0	0	0	0	0

3 뺄셈 프랙탈 디자인

(1) 1단계 프랙탈

① 1단계의 프랙탈이 다음과 같이 주어져 있다.

0	0	0
0	1	0
0	0	0

(2) 2단계 뺄셈 프랙탈

① 2단계의 프랙탈을 만들어 보자.

0	0	0	0	0	0	0	0	0
0	0	0	0	0	0	0	0	0
0	0	0	0	0	0	0	0	0
0	0	0	1	1	1	0	0	0
0	0	0	1	1	1	0	0	0
0	0	0	1	1	1	0	0	0
0	0	0	0	0	0	0	0	0
0	0	0	0	0	0	0	0	0
0	0	0	0	0	0	0	0	0

0	0	0	0	0	0	0	0	0
0	1	0	0	1	0	0	1	0
0	0	0	0	0	0	0	0	0
0	0	0	0	0	0	0	0	0
0	1	0	0	1	0	0	1	0
0	0	0	0	0	0	0	0	0
0	0	0	0	0	0	0	0	0
0	1	0	0	1	0	0	1	0
0	0	0	0	0	0	0	0	0

② 두 개의 대응하는 수의 뺄셈을 구해보자. 0보다 큰수에 색칠해 보자.

0-0	0-0	0-0	0-0	0-0	0-0	0-0	0-0	0-0
0-0	0-1	0-0	0-0	0-1	0-0	0-0	0-1	0-0
0-0	0-0	0-0	0-0	0-0	0-0	0-0	0-0	0-0
0-0	0-0	0-0	1-0	1-0	1-0	0-0	0-0	0-0
0-0	0-1	0-0	1-0	1-1	1-0	0-0	0-1	0-0
0-0	0-0	0-0	1-0	1-0	1-0	0-0	0-0	0-0
0-0	0-0	0-0	0-0	0-0	0-0	0-0	0-0	0-0
0-0	0-1	0-0	0-0	0-1	0-0	0-0	0-1	0-0
0-0	0-0	0-0	0-0	0-0	0-0	0-0	0-0	0-0

0	0	0	0	0	0	0	0	0
0	-1	0	0	-1	0	0	-1	0
0	0	0	0	0	0	0	0	0
0	0	0	1	1	1	0	0	0
0	-1	0	1	0	1	0	-1	0
0	0	0	1	1	1	0	0	0
0	0	0	0	0	0	0	0	0
0	-1	0	0	-1	0	0	-1	0
0	0	0	0	0	0	0	0	0

(3) 3단계 뺄셈 프랙탈

① 같은 방법으로 3단계의 뺄셈 프랙탈을 만들 수 있다. 1단계의 각 셀을 27번 반복하였다.

0	0	0	0	0	0	0	0	0	0	0	0	0	0	0	0	0	0	0	0	0	0	0	0	0	0	0
0	0	0	0	0	0	0	0	0	0	0	0	0	0	0	0	0	0	0	0	0	0	0	0	0	0	0
0	0	0	0	0	0	0	0	0	0	0	0	0	0	0	0	0	0	0	0	0	0	0	0	0	0	0
0	0	0	0	0	0	0	0	0	0	0	0	0	0	0	0	0	0	0	0	0	0	0	0	0	0	0
0	0	0	0	0	0	0	0	0	0	0	0	0	0	0	0	0	0	0	0	0	0	0	0	0	0	0
0	0	0	0	0	0	0	0	0	0	0	0	0	0	0	0	0	0	0	0	0	0	0	0	0	0	0
0	0	0	0	0	0	0	0	0	0	0	0	0	0	0	0	0	0	0	0	0	0	0	0	0	0	0
0	0	0	0	0	0	0	0	0	0	0	0	0	0	0	0	0	0	0	0	0	0	0	0	0	0	0
0	0	0	0	0	0	0	0	0	0	0	0	0	0	0	0	0	0	0	0	0	0	0	0	0	0	0
0	0	0	0	0	0	0	0	0	1	1	1	1	1	1	1	1	1	0	0	0	0	0	0	0	0	0
0	0	0	0	0	0	0	0	0	1	1	1	1	1	1	1	1	1	0	0	0	0	0	0	0	0	0
0	0	0	0	0	0	0	0	0	1	1	1	1	1	1	1	1	1	0	0	0	0	0	0	0	0	0
0	0	0	0	0	0	0	0	0	1	1	1	1	1	1	1	1	1	0	0	0	0	0	0	0	0	0
0	0	0	0	0	0	0	0	0	1	1	1	1	1	1	1	1	1	0	0	0	0	0	0	0	0	0
0	0	0	0	0	0	0	0	0	1	1	1	1	1	1	1	1	1	0	0	0	0	0	0	0	0	0
0	0	0	0	0	0	0	0	0	1	1	1	1	1	1	1	1	1	0	0	0	0	0	0	0	0	0
0	0	0	0	0	0	0	0	0	1	1	1	1	1	1	1	1	1	0	0	0	0	0	0	0	0	0
0	0	0	0	0	0	0	0	0	1	1	1	1	1	1	1	1	1	0	0	0	0	0	0	0	0	0
0	0	0	0	0	0	0	0	0	0	0	0	0	0	0	0	0	0	0	0	0	0	0	0	0	0	0
0	0	0	0	0	0	0	0	0	0	0	0	0	0	0	0	0	0	0	0	0	0	0	0	0	0	0
0	0	0	0	0	0	0	0	0	0	0	0	0	0	0	0	0	0	0	0	0	0	0	0	0	0	0
0	0	0	0	0	0	0	0	0	0	0	0	0	0	0	0	0	0	0	0	0	0	0	0	0	0	0
0	0	0	0	0	0	0	0	0	0	0	0	0	0	0	0	0	0	0	0	0	0	0	0	0	0	0
0	0	0	0	0	0	0	0	0	0	0	0	0	0	0	0	0	0	0	0	0	0	0	0	0	0	0
0	0	0	0	0	0	0	0	0	0	0	0	0	0	0	0	0	0	0	0	0	0	0	0	0	0	0
0	0	0	0	0	0	0	0	0	0	0	0	0	0	0	0	0	0	0	0	0	0	0	0	0	0	0
0	0	0	0	0	0	0	0	0	0	0	0	0	0	0	0	0	0	0	0	0	0	0	0	0	0	0

② 2단계의 프랙탈을 9번 반복해보자.

0	0	0	0	0	0	0	0	0	0	0	0	0	0	0	0	0	0	0	0	0	0	0	0	0	0	0
0	−1	0	0	−1	0	0	−1	0	0	−1	0	0	−1	0	0	−1	0	0	−1	0	0	−1	0	0	−1	0
0	0	0	0	0	0	0	0	0	0	0	0	0	0	0	0	0	0	0	0	0	0	0	0	0	0	0
0	0	0	1	1	1	0	0	0	0	0	0	1	1	1	0	0	0	0	0	0	1	1	1	0	0	0
0	−1	0	1	0	1	0	−1	0	0	−1	0	1	0	1	0	−1	0	0	−1	0	1	0	1	0	−1	0
0	0	0	1	1	1	0	0	0	0	0	0	1	1	1	0	0	0	0	0	0	1	1	1	0	0	0
0	0	0	0	0	0	0	0	0	0	0	0	0	0	0	0	0	0	0	0	0	0	0	0	0	0	0
0	−1	0	0	−1	0	0	−1	0	0	−1	0	0	−1	0	0	−1	0	0	−1	0	0	−1	0	0	−1	0
0	0	0	0	0	0	0	0	0	0	0	0	0	0	0	0	0	0	0	0	0	0	0	0	0	0	0
0	0	0	0	0	0	0	0	0	0	0	0	0	0	0	0	0	0	0	0	0	0	0	0	0	0	0
0	−1	0	0	−1	0	0	−1	0	0	−1	0	0	−1	0	0	−1	0	0	−1	0	0	−1	0	0	−1	0
0	0	0	0	0	0	0	0	0	0	0	0	0	0	0	0	0	0	0	0	0	0	0	0	0	0	0
0	0	0	1	1	1	0	0	0	0	0	0	1	1	1	0	0	0	0	0	0	1	1	1	0	0	0
0	−1	0	1	0	1	0	−1	0	0	−1	0	1	0	1	0	−1	0	0	−1	0	1	0	1	0	−1	0
0	0	0	1	1	1	0	0	0	0	0	0	1	1	1	0	0	0	0	0	0	1	1	1	0	0	0
0	0	0	0	0	0	0	0	0	0	0	0	0	0	0	0	0	0	0	0	0	0	0	0	0	0	0
0	−1	0	0	−1	0	0	−1	0	0	−1	0	0	−1	0	0	−1	0	0	−1	0	0	−1	0	0	−1	0
0	0	0	0	0	0	0	0	0	0	0	0	0	0	0	0	0	0	0	0	0	0	0	0	0	0	0
0	0	0	0	0	0	0	0	0	0	0	0	0	0	0	0	0	0	0	0	0	0	0	0	0	0	0
0	−1	0	0	−1	0	0	−1	0	0	−1	0	0	−1	0	0	−1	0	0	−1	0	0	−1	0	0	−1	0
0	0	0	0	0	0	0	0	0	0	0	0	0	0	0	0	0	0	0	0	0	0	0	0	0	0	0
0	0	0	1	1	1	0	0	0	0	0	0	1	1	1	0	0	0	0	0	0	1	1	1	0	0	0
0	−1	0	1	0	1	0	−1	0	0	−1	0	1	0	1	0	−1	0	0	−1	0	1	0	1	0	−1	0
0	0	0	1	1	1	0	0	0	0	0	0	1	1	1	0	0	0	0	0	0	1	1	1	0	0	0
0	0	0	0	0	0	0	0	0	0	0	0	0	0	0	0	0	0	0	0	0	0	0	0	0	0	0
0	−1	0	0	−1	0	0	−1	0	0	−1	0	0	−1	0	0	−1	0	0	−1	0	0	−1	0	0	−1	0
0	0	0	0	0	0	0	0	0	0	0	0	0	0	0	0	0	0	0	0	0	0	0	0	0	0	0

③ 대응하는 셀의 차이를 구해보자.

0	0	0	0	0	0	0	0	0	0	0	0	0	0	0	0	0	0	0	0	0	0	0	0	0	0	0
0	1	0	0	1	0	0	1	0	0	1	0	0	1	0	0	1	0	0	1	0	0	1	0	0	1	0
0	0	0	0	0	0	0	0	0	0	0	0	0	0	0	0	0	0	0	0	0	0	0	0	0	0	0
0	0	0	-1	-1	-1	0	0	0	0	0	0	-1	-1	-1	0	0	0	0	0	0	-1	-1	-1	0	0	0
0	1	0	-1	0	-1	0	1	0	0	1	0	-1	0	-1	0	1	0	0	1	0	-1	0	-1	0	1	0
0	0	0	-1	-1	-1	0	0	0	0	0	0	-1	-1	-1	0	0	0	0	0	0	-1	-1	-1	0	0	0
0	0	0	0	0	0	0	0	0	0	0	0	0	0	0	0	0	0	0	0	0	0	0	0	0	0	0
0	1	0	0	1	0	0	1	0	0	1	0	0	1	0	0	1	0	0	1	0	0	1	0	0	1	0
0	0	0	0	0	0	0	0	0	0	0	0	0	0	0	0	0	0	0	0	0	0	0	0	0	0	0
0	0	0	0	0	0	0	0	0	1	1	1	1	1	1	1	1	1	0	0	0	0	0	0	0	0	0
0	1	0	0	1	0	0	1	0	1	2	1	1	2	1	1	2	1	0	1	0	0	1	0	0	1	0
0	0	0	0	0	0	0	0	0	1	1	1	1	1	1	1	1	1	0	0	0	0	0	0	0	0	0
0	0	0	-1	-1	-1	0	0	0	1	1	1	0	0	0	1	1	1	0	0	0	-1	-1	-1	0	0	0
0	1	0	-1	0	-1	0	1	0	1	2	1	0	1	0	1	2	1	0	1	0	-1	0	-1	0	1	0
0	0	0	-1	-1	-1	0	0	0	1	1	1	0	0	0	1	1	1	0	0	0	-1	-1	-1	0	0	0
0	0	0	0	0	0	0	0	0	1	1	1	1	1	1	1	1	1	0	0	0	0	0	0	0	0	0
0	1	0	0	1	0	0	1	0	1	2	1	1	2	1	1	2	1	0	1	0	0	1	0	0	1	0
0	0	0	0	0	0	0	0	0	1	1	1	1	1	1	1	1	1	0	0	0	0	0	0	0	0	0
0	0	0	0	0	0	0	0	0	0	0	0	0	0	0	0	0	0	0	0	0	0	0	0	0	0	0
0	1	0	0	1	0	0	1	0	0	1	0	0	1	0	0	1	0	0	1	0	0	1	0	0	1	0
0	0	0	0	0	0	0	0	0	0	0	0	0	0	0	0	0	0	0	0	0	0	0	0	0	0	0
0	0	0	-1	-1	-1	0	0	0	0	0	0	-1	-1	-1	0	0	0	0	0	0	-1	-1	-1	0	0	0
0	1	0	-1	0	-1	0	1	0	0	1	0	-1	0	-1	0	1	0	0	1	0	-1	0	-1	0	1	0
0	0	0	-1	-1	-1	0	0	0	0	0	0	-1	-1	-1	0	0	0	0	0	0	-1	-1	-1	0	0	0
0	0	0	0	0	0	0	0	0	0	0	0	0	0	0	0	0	0	0	0	0	0	0	0	0	0	0
0	1	0	0	1	0	0	1	0	0	1	0	0	1	0	0	1	0	0	1	0	0	1	0	0	1	0
0	0	0	0	0	0	0	0	0	0	0	0	0	0	0	0	0	0	0	0	0	0	0	0	0	0	0

④ 계산 결과가 0보다 큰 수에 색을 칠해 보자.

0	0	0	0	0	0	0	0	0	0	0	0	0	0	0	0	0	0	0	0	0	0	0	0	0	0	0
0	1	0	0	1	0	0	1	0	0	1	0	0	1	0	0	1	0	0	1	0	0	1	0	0	1	0
0	0	0	0	0	0	0	0	0	0	0	0	0	0	0	0	0	0	0	0	0	0	0	0	0	0	0
0	0	0	-1	-1	-1	0	0	0	0	0	0	-1	-1	-1	0	0	0	0	0	0	-1	-1	-1	0	0	0
0	1	0	-1	0	-1	0	1	0	0	1	0	-1	0	-1	0	1	0	0	1	0	-1	0	-1	0	1	0
0	0	0	-1	-1	-1	0	0	0	0	0	0	-1	-1	-1	0	0	0	0	0	0	-1	-1	-1	0	0	0
0	0	0	0	0	0	0	0	0	0	0	0	0	0	0	0	0	0	0	0	0	0	0	0	0	0	0
0	1	0	0	1	0	0	1	0	0	1	0	0	1	0	0	1	0	0	1	0	0	1	0	0	1	0
0	0	0	0	0	0	0	0	0	0	0	0	0	0	0	0	0	0	0	0	0	0	0	0	0	0	0
0	0	0	0	0	0	0	0	0	1	1	1	1	1	1	1	1	1	0	0	0	0	0	0	0	0	0
0	1	0	0	1	0	0	1	0	1	2	1	1	2	1	1	2	1	0	1	0	0	1	0	0	1	0
0	0	0	0	0	0	0	0	0	1	1	1	1	1	1	1	1	1	0	0	0	0	0	0	0	0	0
0	0	0	-1	-1	-1	0	0	0	1	1	1	0	0	0	1	1	1	0	0	0	-1	-1	-1	0	0	0
0	1	0	-1	0	-1	0	1	0	1	2	1	0	1	0	1	2	1	0	1	0	-1	0	-1	0	1	0
0	0	0	-1	-1	-1	0	0	0	1	1	1	0	0	0	1	1	1	0	0	0	-1	-1	-1	0	0	0
0	0	0	0	0	0	0	0	0	1	1	1	1	1	1	1	1	1	0	0	0	0	0	0	0	0	0
0	1	0	0	1	0	0	1	0	1	2	1	1	2	1	1	2	1	0	1	0	0	1	0	0	1	0
0	0	0	0	0	0	0	0	0	1	1	1	1	1	1	1	1	1	0	0	0	0	0	0	0	0	0
0	0	0	0	0	0	0	0	0	0	0	0	0	0	0	0	0	0	0	0	0	0	0	0	0	0	0
0	1	0	0	1	0	0	1	0	0	1	0	0	1	0	0	1	0	0	1	0	0	1	0	0	1	0
0	0	0	0	0	0	0	0	0	0	0	0	0	0	0	0	0	0	0	0	0	0	0	0	0	0	0
0	0	0	-1	-1	-1	0	0	0	0	0	0	-1	-1	-1	0	0	0	0	0	0	-1	-1	-1	0	0	0
0	1	0	-1	0	-1	0	1	0	0	1	0	-1	0	-1	0	1	0	0	1	0	-1	0	-1	0	1	0
0	0	0	-1	-1	-1	0	0	0	0	0	0	-1	-1	-1	0	0	0	0	0	0	-1	-1	-1	0	0	0
0	0	0	0	0	0	0	0	0	0	0	0	0	0	0	0	0	0	0	0	0	0	0	0	0	0	0
0	1	0	0	1	0	0	1	0	0	1	0	0	1	0	0	1	0	0	1	0	0	1	0	0	1	0
0	0	0	0	0	0	0	0	0	0	0	0	0	0	0	0	0	0	0	0	0	0	0	0	0	0	0

4 나눗셈 프랙탈 디자인

(1) 1단계 프랙탈

① 나눗셈 프랙탈은 덧셈 프랙탈을 2로 나눈 나머지를 이용한다. 1단계의 프랙탈이 다음과 같이 주어져 있다.

0	0	0
0	1	0
0	0	0

(2) 2단계 덧셈 프랙탈

① 2단계의 프랙탈을 만들어 보자.

0	0	0	0	0	0	0	0	0
0	0	0	0	0	0	0	0	0
0	0	0	0	0	0	0	0	0
0	0	0	1	1	1	0	0	0
0	0	0	1	1	1	0	0	0
0	0	0	1	1	1	0	0	0
0	0	0	0	0	0	0	0	0
0	0	0	0	0	0	0	0	0
0	0	0	0	0	0	0	0	0

0	0	0	0	0	0	0	0	0
0	1	0	0	1	0	0	1	0
0	0	0	0	0	0	0	0	0
0	0	0	0	0	0	0	0	0
0	1	0	0	1	0	0	1	0
0	0	0	0	0	0	0	0	0
0	0	0	0	0	0	0	0	0
0	1	0	0	1	0	0	1	0
0	0	0	0	0	0	0	0	0

② 두 개의 대응하는 수의 합을 구해보자. 오른쪽의 결과를 살펴보자. 2로 나눈 나머지를 구한다. 오른쪽 맨 가운데 값은 2이다. 2로 나눈 나머지 0을 구한다.

0+0	0+0	0+0	0+0	0+0	0+0	0+0	0+0	0+0
0+0	0+1	0+0	0+0	0+1	0+0	0+0	0+1	0+0
0+0	0+0	0+0	0+0	0+0	0+0	0+0	0+0	0+0
0+0	0+0	0+0	1+0	1+0	1+0	0+0	0+0	0+0
0+0	0+1	0+0	1+0	1+1	1+0	0+0	0+1	0+0
0+0	0+0	0+0	1+0	1+0	1+0	0+0	0+0	0+0
0+0	0+0	0+0	0+0	0+0	0+0	0+0	0+0	0+0
0+0	0+1	0+0	0+0	0+1	0+0	0+0	0+1	0+0
0+0	0+0	0+0	0+0	0+0	0+0	0+0	0+0	0+0

0	0	0	0	0	0	0	0	0
0	1	0	0	1	0	0	1	0
0	0	0	0	0	0	0	0	0
0	0	0	1	1	1	0	0	0
0	1	0	1	2→0	1	0	1	0
0	0	0	1	1	1	0	0	0
0	0	0	0	0	0	0	0	0
0	1	0	0	1	0	0	1	0
0	0	0	0	0	0	0	0	0

(3) 3단계 나눗셈 프랙탈

① 같은 방법으로 3단계의 나눗셈 프랙탈을 만들 수 있다. 1단계의 각 셀을 반복하였다.

0	0	0	0	0	0	0	0	0	0	0	0	0	0	0	0	0	0	0	0	0	0	0	0	0	0	0
0	0	0	0	0	0	0	0	0	0	0	0	0	0	0	0	0	0	0	0	0	0	0	0	0	0	0
0	0	0	0	0	0	0	0	0	0	0	0	0	0	0	0	0	0	0	0	0	0	0	0	0	0	0
0	0	0	0	0	0	0	0	0	0	0	0	0	0	0	0	0	0	0	0	0	0	0	0	0	0	0
0	0	0	0	0	0	0	0	0	0	0	0	0	0	0	0	0	0	0	0	0	0	0	0	0	0	0
0	0	0	0	0	0	0	0	0	0	0	0	0	0	0	0	0	0	0	0	0	0	0	0	0	0	0
0	0	0	0	0	0	0	0	0	0	0	0	0	0	0	0	0	0	0	0	0	0	0	0	0	0	0
0	0	0	0	0	0	0	0	0	0	0	0	0	0	0	0	0	0	0	0	0	0	0	0	0	0	0
0	0	0	0	0	0	0	0	0	0	0	0	0	0	0	0	0	0	0	0	0	0	0	0	0	0	0
0	0	0	0	0	0	0	0	0	1	1	1	1	1	1	1	1	1	0	0	0	0	0	0	0	0	0
0	0	0	0	0	0	0	0	0	1	1	1	1	1	1	1	1	1	0	0	0	0	0	0	0	0	0
0	0	0	0	0	0	0	0	0	1	1	1	1	1	1	1	1	1	0	0	0	0	0	0	0	0	0
0	0	0	0	0	0	0	0	0	1	1	1	1	1	1	1	1	1	0	0	0	0	0	0	0	0	0
0	0	0	0	0	0	0	0	0	1	1	1	1	1	1	1	1	1	0	0	0	0	0	0	0	0	0
0	0	0	0	0	0	0	0	0	1	1	1	1	1	1	1	1	1	0	0	0	0	0	0	0	0	0
0	0	0	0	0	0	0	0	0	1	1	1	1	1	1	1	1	1	0	0	0	0	0	0	0	0	0
0	0	0	0	0	0	0	0	0	1	1	1	1	1	1	1	1	1	0	0	0	0	0	0	0	0	0
0	0	0	0	0	0	0	0	0	1	1	1	1	1	1	1	1	1	0	0	0	0	0	0	0	0	0
0	0	0	0	0	0	0	0	0	0	0	0	0	0	0	0	0	0	0	0	0	0	0	0	0	0	0
0	0	0	0	0	0	0	0	0	0	0	0	0	0	0	0	0	0	0	0	0	0	0	0	0	0	0
0	0	0	0	0	0	0	0	0	0	0	0	0	0	0	0	0	0	0	0	0	0	0	0	0	0	0
0	0	0	0	0	0	0	0	0	0	0	0	0	0	0	0	0	0	0	0	0	0	0	0	0	0	0
0	0	0	0	0	0	0	0	0	0	0	0	0	0	0	0	0	0	0	0	0	0	0	0	0	0	0
0	0	0	0	0	0	0	0	0	0	0	0	0	0	0	0	0	0	0	0	0	0	0	0	0	0	0
0	0	0	0	0	0	0	0	0	0	0	0	0	0	0	0	0	0	0	0	0	0	0	0	0	0	0
0	0	0	0	0	0	0	0	0	0	0	0	0	0	0	0	0	0	0	0	0	0	0	0	0	0	0
0	0	0	0	0	0	0	0	0	0	0	0	0	0	0	0	0	0	0	0	0	0	0	0	0	0	0

② 2단계의 프랙탈을 9번 반복해보자.

0	0	0	0	0	0	0	0	0	0	0	0	0	0	0	0	0	0	0	0	0	0	0	0	0	0	0
0	1	0	0	1	0	0	1	0	0	1	0	0	1	0	0	1	0	0	1	0	0	1	0	0	1	0
0	0	0	0	0	0	0	0	0	0	0	0	0	0	0	0	0	0	0	0	0	0	0	0	0	0	0
0	0	0	1	1	1	0	0	0	0	0	0	1	1	1	0	0	0	0	0	0	1	1	1	0	0	0
0	1	0	1	0	1	0	1	0	0	1	0	1	0	1	0	1	0	0	1	0	1	0	1	0	1	0
0	0	0	1	1	1	0	0	0	0	0	0	1	1	1	0	0	0	0	0	0	1	1	1	0	0	0
0	0	0	0	0	0	0	0	0	0	0	0	0	0	0	0	0	0	0	0	0	0	0	0	0	0	0
0	1	0	0	1	0	0	1	0	0	1	0	0	1	0	0	1	0	0	1	0	0	1	0	0	1	0
0	0	0	0	0	0	0	0	0	0	0	0	0	0	0	0	0	0	0	0	0	0	0	0	0	0	0
0	0	0	0	0	0	0	0	0	0	0	0	0	0	0	0	0	0	0	0	0	0	0	0	0	0	0
0	1	0	0	1	0	0	1	0	0	1	0	0	1	0	0	1	0	0	1	0	0	1	0	0	1	0
0	0	0	0	0	0	0	0	0	0	0	0	0	0	0	0	0	0	0	0	0	0	0	0	0	0	0
0	0	0	1	1	1	0	0	0	0	0	0	1	1	1	0	0	0	0	0	0	1	1	1	0	0	0
0	1	0	1	0	1	0	1	0	0	1	0	1	0	1	0	1	0	0	1	0	1	0	1	0	1	0
0	0	0	1	1	1	0	0	0	0	0	0	1	1	1	0	0	0	0	0	0	1	1	1	0	0	0
0	0	0	0	0	0	0	0	0	0	0	0	0	0	0	0	0	0	0	0	0	0	0	0	0	0	0
0	1	0	0	1	0	0	1	0	0	1	0	0	1	0	0	1	0	0	1	0	0	1	0	0	1	0
0	0	0	0	0	0	0	0	0	0	0	0	0	0	0	0	0	0	0	0	0	0	0	0	0	0	0
0	0	0	0	0	0	0	0	0	0	0	0	0	0	0	0	0	0	0	0	0	0	0	0	0	0	0
0	1	0	0	1	0	0	1	0	0	1	0	0	1	0	0	1	0	0	1	0	0	1	0	0	1	0
0	0	0	0	0	0	0	0	0	0	0	0	0	0	0	0	0	0	0	0	0	0	0	0	0	0	0
0	0	0	1	1	1	0	0	0	0	0	0	1	1	1	0	0	0	0	0	0	1	1	1	0	0	0
0	1	0	1	0	1	0	1	0	0	1	0	1	0	1	0	1	0	0	1	0	1	0	1	0	1	0
0	0	0	1	1	1	0	0	0	0	0	0	1	1	1	0	0	0	0	0	0	1	1	1	0	0	0
0	0	0	0	0	0	0	0	0	0	0	0	0	0	0	0	0	0	0	0	0	0	0	0	0	0	0
0	1	0	0	1	0	0	1	0	0	1	0	0	1	0	0	1	0	0	1	0	0	1	0	0	1	0
0	0	0	0	0	0	0	0	0	0	0	0	0	0	0	0	0	0	0	0	0	0	0	0	0	0	0

③ 대응하는 셀의 합을 구해보자.

0	0	0	0	0	0	0	0	0	0	0	0	0	0	0	0	0	0	0	0	0	0	0	0	0	0	0
0	1	0	0	1	0	0	1	0	0	1	0	0	1	0	0	1	0	0	1	0	0	1	0	0	1	0
0	0	0	0	0	0	0	0	0	0	0	0	0	0	0	0	0	0	0	0	0	0	0	0	0	0	0
0	0	0	1	1	1	0	0	0	0	0	0	1	1	1	0	0	0	0	0	0	1	1	1	0	0	0
0	1	0	1	0	1	0	1	0	0	1	0	1	0	1	0	1	0	0	1	0	1	0	1	0	1	0
0	0	0	1	1	1	0	0	0	0	0	0	1	1	1	0	0	0	0	0	0	1	1	1	0	0	0
0	0	0	0	0	0	0	0	0	0	0	0	0	0	0	0	0	0	0	0	0	0	0	0	0	0	0
0	1	0	0	1	0	0	1	0	0	1	0	0	1	0	0	1	0	0	1	0	0	1	0	0	1	0
0	0	0	0	0	0	0	0	0	0	0	0	0	0	0	0	0	0	0	0	0	0	0	0	0	0	0
0	0	0	0	0	0	0	0	0	1	1	1	1	1	1	1	1	1	0	0	0	0	0	0	0	0	0
0	1	0	0	1	0	0	1	0	1	0	1	1	0	1	1	0	1	0	1	0	0	1	0	0	1	0
0	0	0	0	0	0	0	0	0	1	1	1	1	1	1	1	1	1	0	0	0	0	0	0	0	0	0
0	0	0	1	1	1	0	0	0	1	1	1	0	0	0	1	1	1	0	0	0	1	1	1	0	0	0
0	1	0	1	0	1	0	1	0	1	0	1	0	1	0	1	0	1	0	1	0	1	0	1	0	1	0
0	0	0	1	1	1	0	0	0	1	1	1	0	0	0	1	1	1	0	0	0	1	1	1	0	0	0
0	0	0	0	0	0	0	0	0	1	1	1	1	1	1	1	1	1	0	0	0	0	0	0	0	0	0
0	1	0	0	1	0	0	1	0	1	0	1	1	0	1	1	0	1	0	1	0	0	1	0	0	1	0
0	0	0	0	0	0	0	0	0	1	1	1	1	1	1	1	1	1	0	0	0	0	0	0	0	0	0
0	0	0	0	0	0	0	0	0	0	0	0	0	0	0	0	0	0	0	0	0	0	0	0	0	0	0
0	1	0	0	1	0	0	1	0	0	1	0	0	1	0	0	1	0	0	1	0	0	1	0	0	1	0
0	0	0	0	0	0	0	0	0	0	0	0	0	0	0	0	0	0	0	0	0	0	0	0	0	0	0
0	0	0	1	1	1	0	0	0	0	0	0	1	1	1	0	0	0	0	0	0	1	1	1	0	0	0
0	1	0	1	0	1	0	1	0	0	1	0	1	0	1	0	1	0	0	1	0	1	0	1	0	1	0
0	0	0	1	1	1	0	0	0	0	0	0	1	1	1	0	0	0	0	0	0	1	1	1	0	0	0
0	0	0	0	0	0	0	0	0	0	0	0	0	0	0	0	0	0	0	0	0	0	0	0	0	0	0
0	1	0	0	1	0	0	1	0	0	1	0	0	1	0	0	1	0	0	1	0	0	1	0	0	1	0
0	0	0	0	0	0	0	0	0	0	0	0	0	0	0	0	0	0	0	0	0	0	0	0	0	0	0

④ 계산 결과가 0보다 큰 수에 색을 칠해 보자.

0	0	0	0	0	0	0	0	0	0	0	0	0	0	0	0	0	0	0	0	0	0	0	0	0	0	0
0	1	0	0	1	0	0	1	0	0	1	0	0	1	0	0	1	0	0	1	0	0	1	0	0	1	0
0	0	0	0	0	0	0	0	0	0	0	0	0	0	0	0	0	0	0	0	0	0	0	0	0	0	0
0	0	0	1	1	1	0	0	0	0	0	0	1	1	1	0	0	0	0	0	0	1	1	1	0	0	0
0	1	0	1	0	1	0	1	0	0	1	0	1	0	1	0	1	0	0	1	0	1	0	1	0	1	0
0	0	0	1	1	1	0	0	0	0	0	0	1	1	1	0	0	0	0	0	0	1	1	1	0	0	0
0	0	0	0	0	0	0	0	0	0	0	0	0	0	0	0	0	0	0	0	0	0	0	0	0	0	0
0	1	0	0	1	0	0	1	0	0	1	0	0	1	0	0	1	0	0	1	0	0	1	0	0	1	0
0	0	0	0	0	0	0	0	0	0	0	0	0	0	0	0	0	0	0	0	0	0	0	0	0	0	0
0	0	0	0	0	0	0	0	0	1	1	1	1	1	1	1	1	1	0	0	0	0	0	0	0	0	0
0	1	0	0	1	0	0	1	0	1	0	1	1	0	1	1	0	1	0	1	0	0	1	0	0	1	0
0	0	0	0	0	0	0	0	0	1	1	1	1	1	1	1	1	1	0	0	0	0	0	0	0	0	0
0	0	0	1	1	1	0	0	0	1	1	1	0	0	0	1	1	1	0	0	0	1	1	1	0	0	0
0	1	0	1	0	1	0	1	0	1	0	1	0	1	0	1	0	1	0	1	0	1	0	1	0	1	0
0	0	0	1	1	1	0	0	0	1	1	1	0	0	0	1	1	1	0	0	0	1	1	1	0	0	0
0	0	0	0	0	0	0	0	0	1	1	1	1	1	1	1	1	1	0	0	0	0	0	0	0	0	0
0	1	0	0	1	0	0	1	0	1	0	1	1	0	1	1	0	1	0	1	0	0	1	0	0	1	0
0	0	0	0	0	0	0	0	0	1	1	1	1	1	1	1	1	1	0	0	0	0	0	0	0	0	0
0	0	0	0	0	0	0	0	0	0	0	0	0	0	0	0	0	0	0	0	0	0	0	0	0	0	0
0	1	0	0	1	0	0	1	0	0	1	0	0	1	0	0	1	0	0	1	0	0	1	0	0	1	0
0	0	0	0	0	0	0	0	0	0	0	0	0	0	0	0	0	0	0	0	0	0	0	0	0	0	0
0	0	0	1	1	1	0	0	0	0	0	0	1	1	1	0	0	0	0	0	0	1	1	1	0	0	0
0	1	0	1	0	1	0	1	0	0	1	0	1	0	1	0	1	0	0	1	0	1	0	1	0	1	0
0	0	0	1	1	1	0	0	0	0	0	0	1	1	1	0	0	0	0	0	0	1	1	1	0	0	0
0	0	0	0	0	0	0	0	0	0	0	0	0	0	0	0	0	0	0	0	0	0	0	0	0	0	0
0	1	0	0	1	0	0	1	0	0	1	0	0	1	0	0	1	0	0	1	0	0	1	0	0	1	0
0	0	0	0	0	0	0	0	0	0	0	0	0	0	0	0	0	0	0	0	0	0	0	0	0	0	0

제 2 장

프랙탈 디자인 활동지

1 3×3 프랙탈 디자인

1.1 1단계 1개

1단계	2단계	탐구 내용
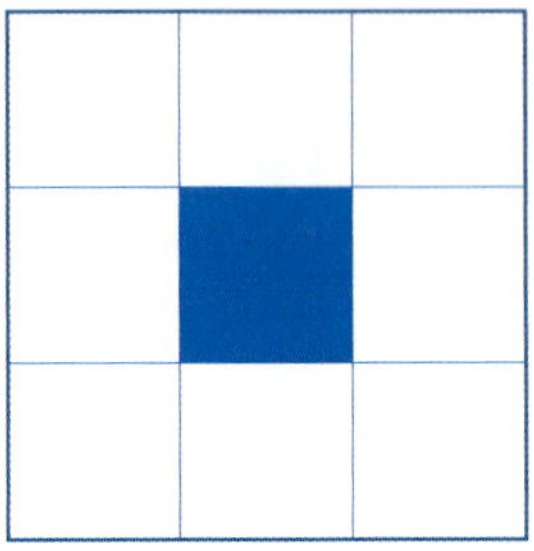		

3단계

1.2 1단계 2개

1단계	2단계	탐구 내용

3단계

1.3 1단계 3개

<table>
<tr><th>1단계</th><th>2단계</th><th>탐구 내용</th></tr>
<tr><td></td><td></td><td></td></tr>
<tr><th colspan="3">3단계</th></tr>
<tr><td colspan="3"></td></tr>
</table>

1.4 1단계 3개

1단계	2단계	탐구 내용

3단계

1.5 1단계 3개

1단계	2단계	탐구 내용

3단계

1.6 1단계 3개

1단계	2단계	탐구 내용

3단계

1.7 1단계 4개

1단계	2단계	탐구 내용

3단계

1.8 1단계 4개

1단계	2단계	탐구 내용

3단계		

1.9 1단계 4개

1단계	2단계	탐구 내용

3단계

1.10 1단계 4개

1단계	2단계	탐구 내용

3단계		

1.11 1단계 4개

1단계	2단계	탐구 내용

3단계

1.12 1단계 4개

1단계	2단계	탐구 내용

3단계

1.13 1단계 5개

1단계	2단계	탐구 내용

3단계

1.14 1단계 5개

1단계	2단계	탐구 내용

3단계

1.15 1단계 5개

1단계	2단계	탐구 내용

3단계

1.16 1단계 5개

1단계	2단계	탐구 내용
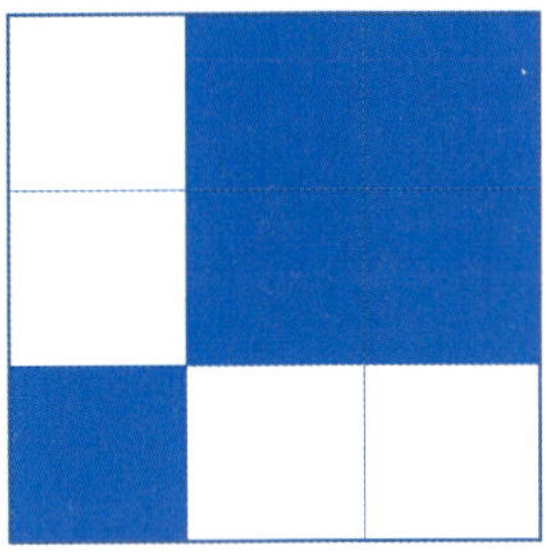	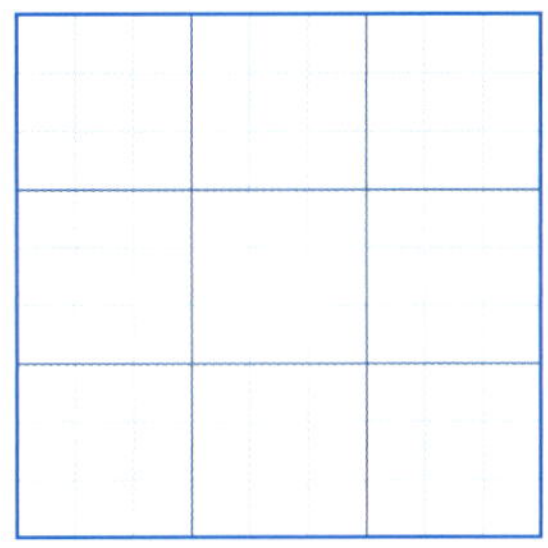	

3단계

1.17 1단계 5개

1단계	2단계	탐구 내용

3단계

1.18 1단계 5개

1단계	2단계	탐구 내용

3단계

1.19 1단계 7개

1단계	2단계	탐구 내용

3단계

1.20 1단계 7개

1단계	2단계	탐구 내용

3단계

1.21 1단계 7개

1단계	2단계	탐구 내용
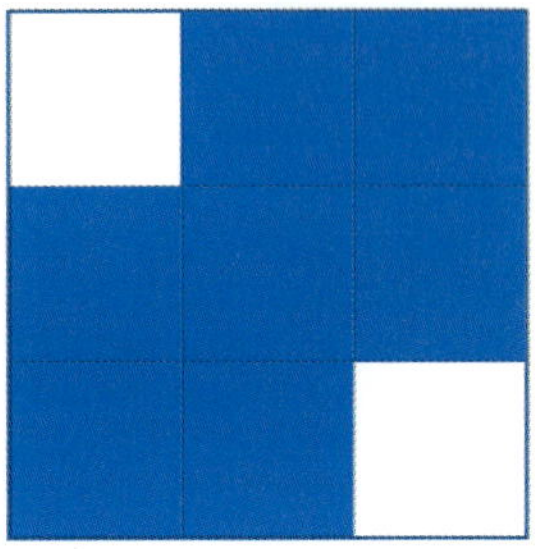		

3단계

1.22 1단계 7개

1단계	2단계	탐구 내용

3단계

1.23 1단계 7개

1단계	2단계	탐구 내용

3단계

1.24 1단계 7개

1단계	2단계	탐구 내용

3단계

1.25 1단계 8개

1단계	2단계	탐구 내용

3단계

2 4×4 프랙탈 디자인

2.1 1단계 1개

1단계	2단계	탐구 내용
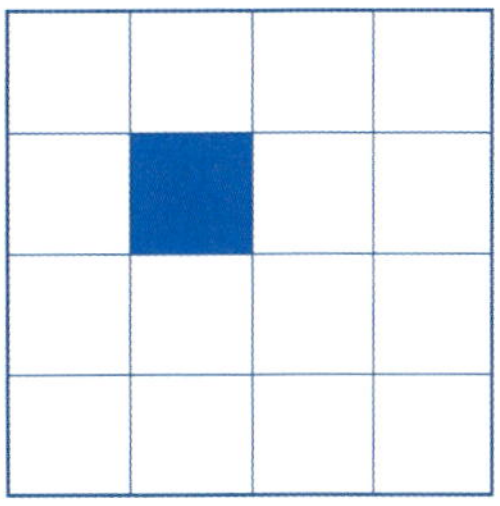		

3단계

2.2 1단계 2개

1단계	2단계	탐구 내용

3단계

2.3 1단계 3개

1단계	2단계	탐구 내용

3단계

2.4 1단계 3개

1단계	2단계	탐구 내용

3단계

2.5 1단계 3개

1단계	2단계	탐구 내용
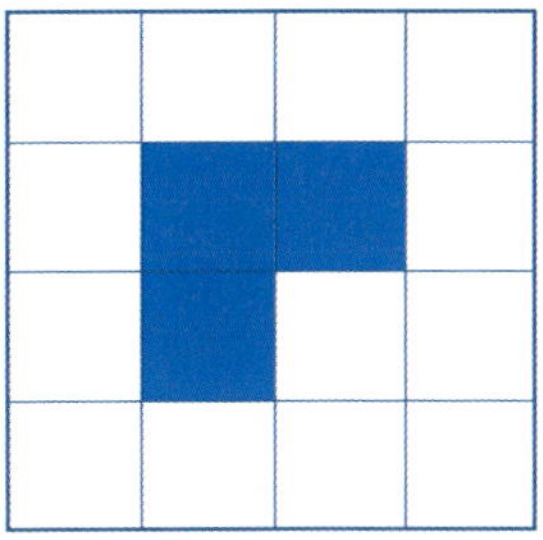		

3단계

2.6 1단계 3개

1단계	2단계	탐구 내용

3단계

2.7 1단계 4개

1단계	2단계	탐구 내용

3단계

2.8 1단계 8개

1단계	2단계	탐구 내용

3단계

2.9 1단계 8개

1단계	2단계	탐구 내용

3단계

2.10 1단계 8개

1단계	2단계	탐구 내용

3단계

2.11 1단계 12개

1단계	2단계	탐구 내용

3단계

2.12 1단계 12개

1단계	2단계	탐구 내용

3단계

2.13 1단계 12개

1단계	2단계	탐구 내용

3단계

3 5×5 프랙탈 디자인

3.1 1단계 4개

1단계	탐구 내용
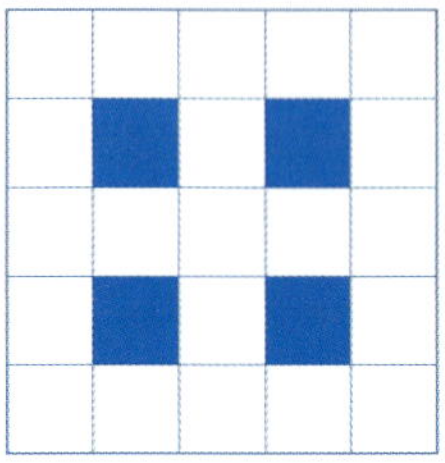	
2단계	

3.2 1단계 8개

1단계	탐구 내용

2단계	

3.3 1단계 8개

1단계	탐구 내용

2단계

3.4 1단계 8개

1단계	탐구 내용

2단계

3.5 1단계 9개

1단계	탐구 내용

2단계

3.6 1단계 9개

1단계	탐구 내용

2단계

3.7 1단계 9개

1단계	탐구 내용

2단계

3.8 1단계 12개

1단계	탐구 내용

2단계

3.9 1단계 12개

1단계	탐구 내용

2단계

3.10 1단계 12개

1단계	탐구 내용

2단계

3.11 1단계 12개

1단계	탐구 내용
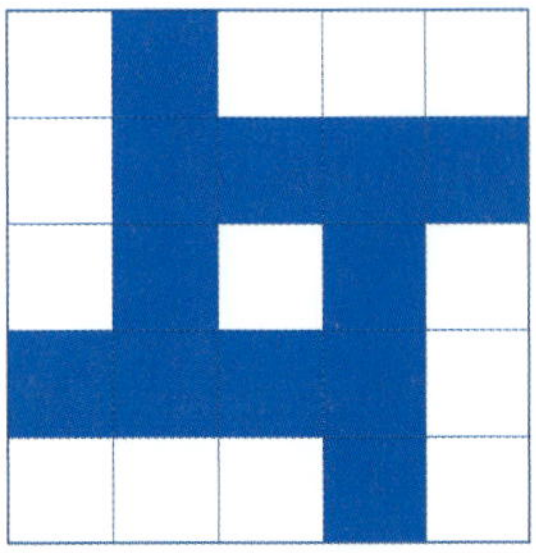	

2단계

3.12 1단계 12개

1단계	탐구 내용
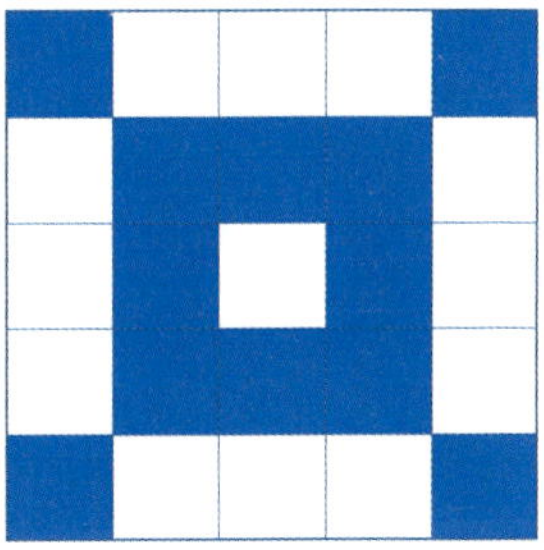	

2단계

3.13 1단계 12개

1단계	탐구 내용

2단계	

3.14 1단계 13개

1단계	탐구 내용
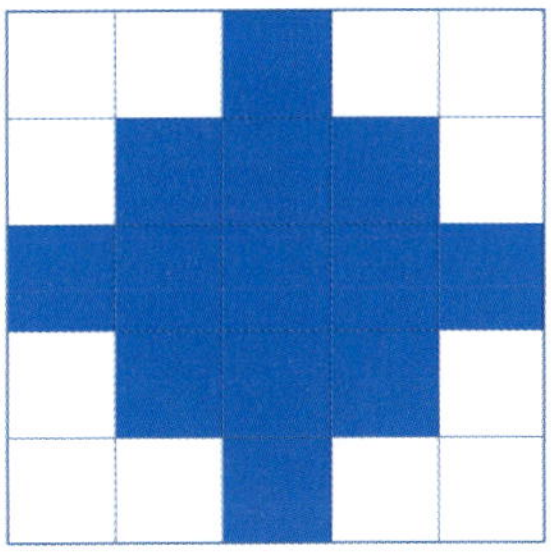	

2단계

3.15 1단계 13개

1단계	탐구 내용

2단계

3.16 1단계 13개

1단계	탐구 내용

2단계

3.17 1단계 13개

1단계	탐구 내용

2단계

3.18 1단계 17개

1단계	탐구 내용

2단계

3.19 1단계 17개

1단계	탐구 내용

2단계

3.20 1단계 17개

1단계	탐구 내용

2단계

3.21 1단계 20개

1단계	탐구 내용

2단계	

3.22 1단계 21개

1단계	탐구 내용

2단계

3.23 1단계 21개

1단계	탐구 내용
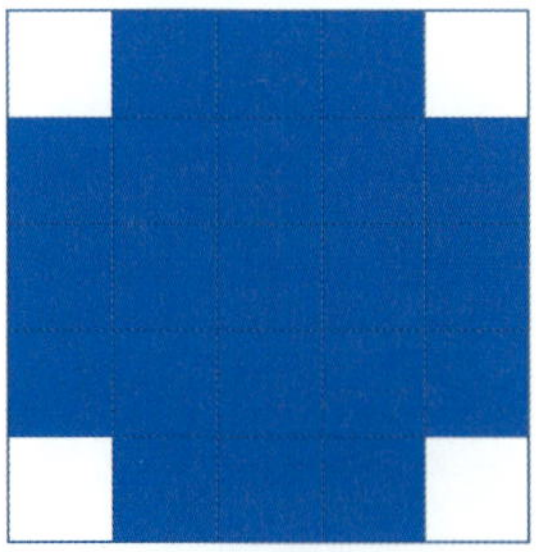	
2단계	

3.24 1단계 21개

1단계	탐구 내용

2단계

4 6×6 프랙탈 디자인

4.1 1단계 3개

1단계	탐구 내용
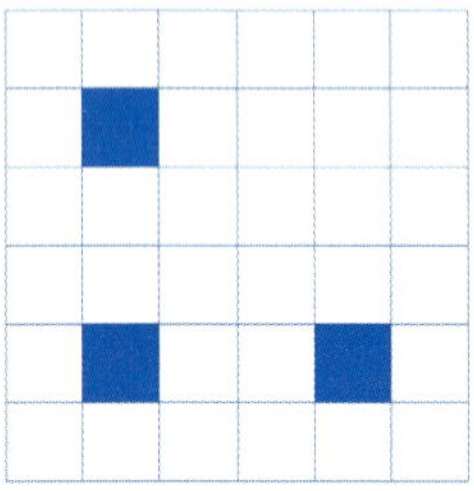	
2단계	

4.2 1단계 4개

1단계	탐구 내용
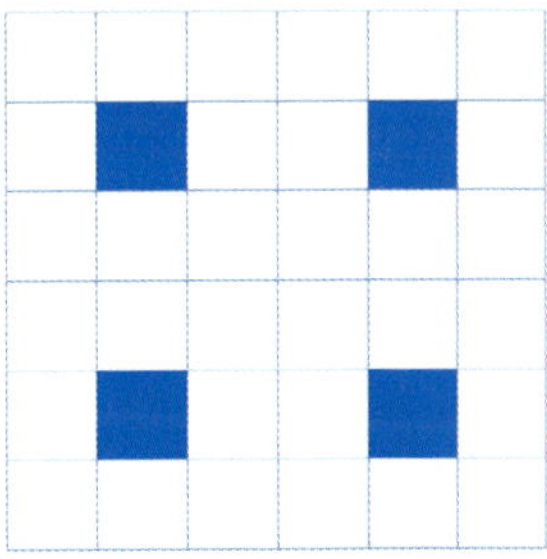	

2단계

4.3 1단계 8개

1단계	탐구 내용

2단계

4.4 1단계 12개

1단계	탐구 내용

2단계

4.5 1단계 12개

1단계	탐구 내용

2단계

4.6 1단계 12개

1단계	탐구 내용

2단계	

4.7 1단계 12개

1단계	탐구 내용

2단계	

4.8 1단계 12개

1단계	탐구 내용

2단계

4.9 1단계 16개

1단계	탐구 내용

2단계

4.10 1단계 16개

1단계	탐구 내용

2단계

4.11 1단계 16개

1단계	탐구 내용

2단계	

4.12 1단계 16개

1단계	탐구 내용
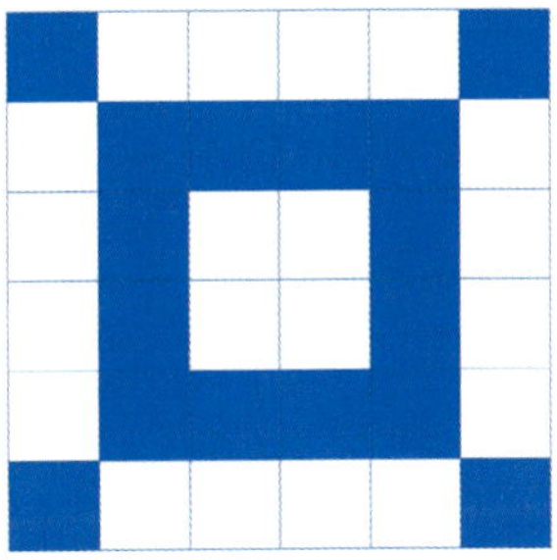	
2단계	

4.13 1단계 16개

1단계	탐구 내용

2단계	

4.14 1단계 20개

1단계	탐구 내용
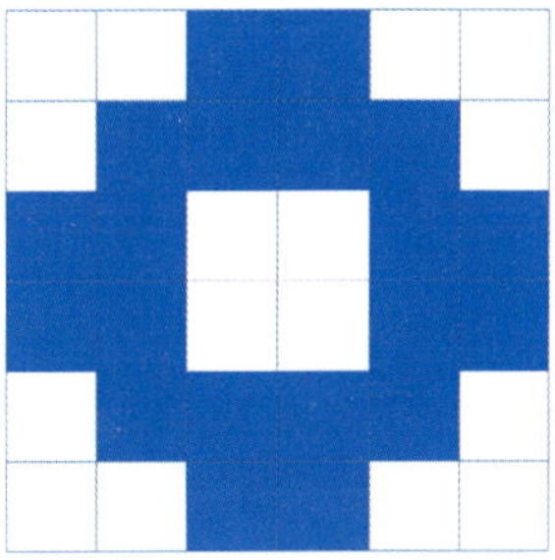	

2단계

4.15 1단계 20개

1단계	탐구 내용

2단계

4.16 1단계 20개

1단계	탐구 내용

2단계

4.17 1단계 20개

1단계	탐구 내용

2단계	

4.18 1단계 20개

1단계	탐구 내용

2단계

4.19 1단계 24개

1단계	탐구 내용

3단계

4.20 1단계 24개

1단계	탐구 내용

2단계

4.21 1단계 24개

1단계	탐구 내용

2단계

4.22 1단계 32개

1단계	탐구 내용
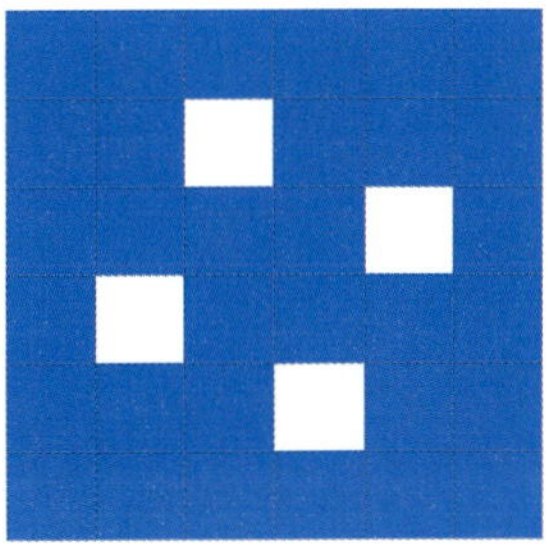	
2단계	

5 7×7 프랙탈 디자인

5.1 1단계 9개

1단계	탐구 내용
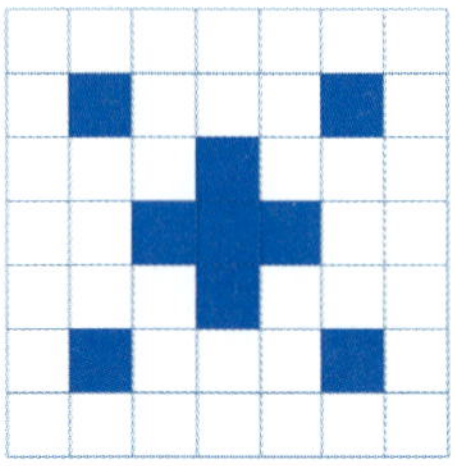	
2단계	

5.2 1단계 9개

1단계	탐구 내용

2단계

5.3 1단계 12개

1단계	탐구 내용

2단계

5.4 1단계 13개

1단계	탐구 내용

2단계	

5.5 1단계 16개

1단계	탐구 내용

2단계

5.6 1단계 16개

1단계	탐구 내용
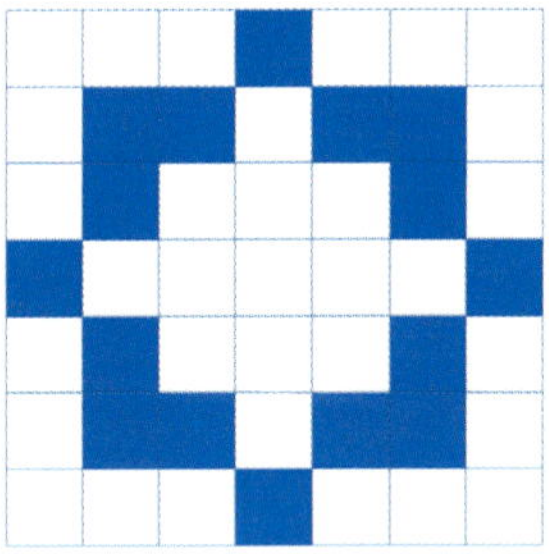	
2단계	

5.7 1단계 16개

1단계	탐구 내용

2단계

5.8 1단계 17개

1단계	탐구 내용

2단계

5.9 1단계 17개

1단계	탐구 내용

2단계

5.10 1단계 20개

1단계	탐구 내용

2단계

5.11 1단계 20개

1단계	탐구 내용

2단계

5.12 1단계 20개

1단계	탐구 내용

2단계	

5.13 1단계 20개

1단계	탐구 내용

2단계

5.14 1단계 21개

1단계	탐구 내용

2단계

5.15 1단계 21개

1단계	탐구 내용

2단계	

5.16 1단계 21개

1단계	탐구 내용

2단계

5.17 1단계 21개

1단계	탐구 내용

2단계	

5.18 1단계 24개

1단계	탐구 내용

2단계

5.19 1단계 24개

1단계	탐구 내용

2단계

5.20 1단계 24개

1단계	탐구 내용

2단계

5.21 1단계 24개

1단계	탐구 내용

2단계

5.22 1단계 24개

1단계	탐구 내용

2단계

5.23 1단계 25개

1단계	탐구 내용

2단계

5.24 1단계 25개

1단계	탐구 내용

2단계

5.25 1단계 28개

1단계	탐구 내용

2단계

5.26 1단계 28개

1단계	탐구 내용

2단계	

6 8×8 프랙탈 디자인

6.1 1단계 4개

1단계	탐구 내용
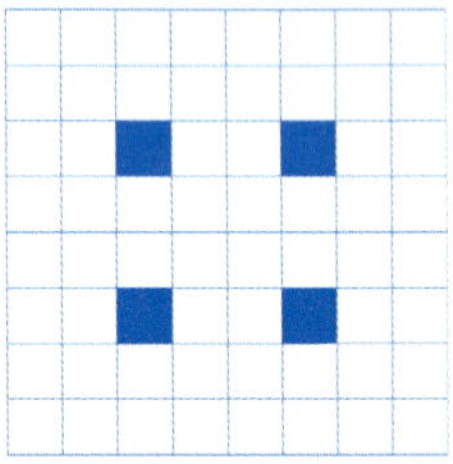	

2단계

6.2 1단계 8개

1단계	탐구 내용
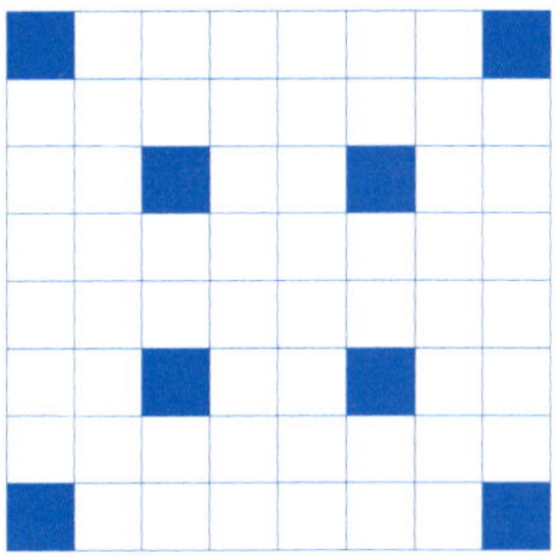	

2단계

6.3 1단계 12개

1단계	탐구 내용
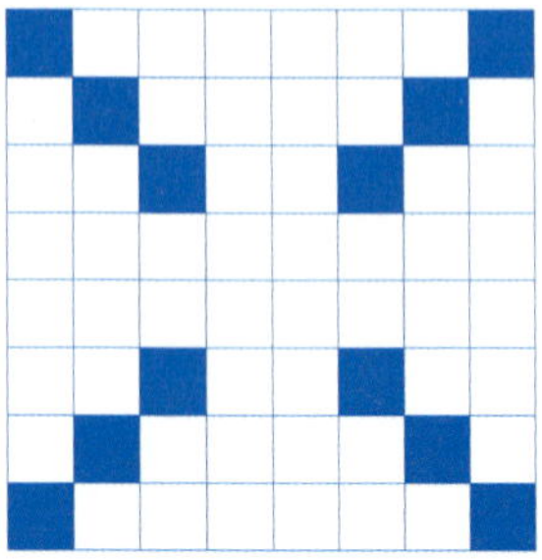	

2단계

6.4 1단계 16개

1단계	탐구 내용
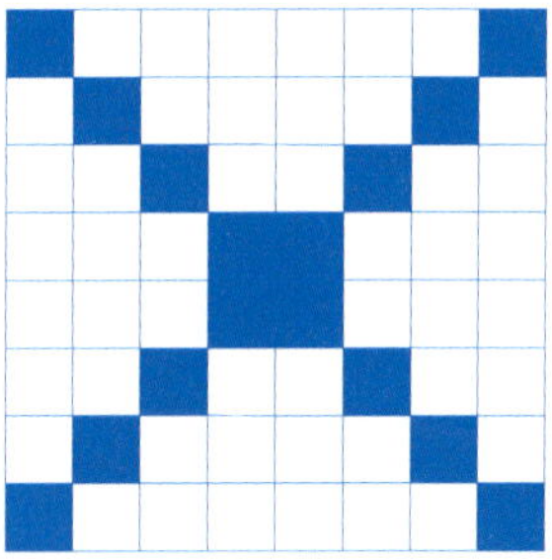	

2단계

6.5 1단계 16개

1단계	탐구 내용
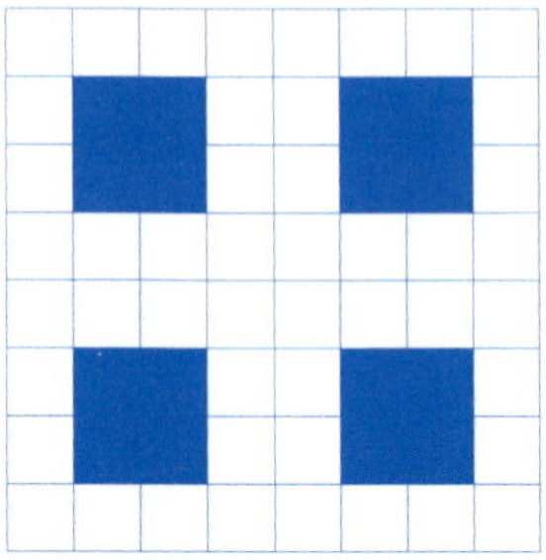	

2단계

6.6 1단계 20개

1단계	탐구 내용
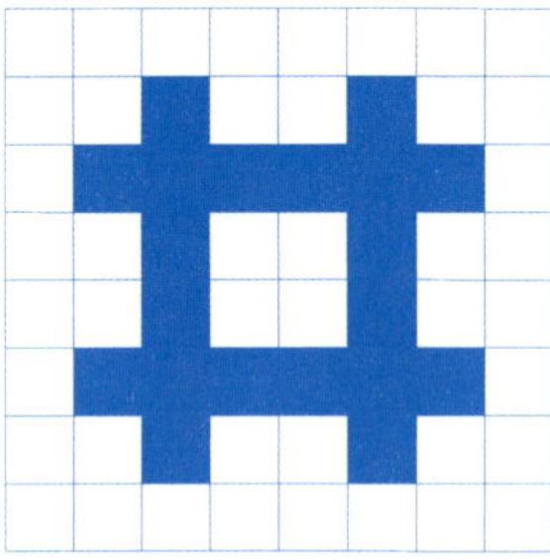	
2단계	

6.7 1단계 20개

1단계	탐구 내용

2단계	

6.8 1단계 20개

1단계	탐구 내용

2단계

6.9 1단계 20개

1단계	탐구 내용

2단계	

6.10 1단계 24개

1단계	탐구 내용
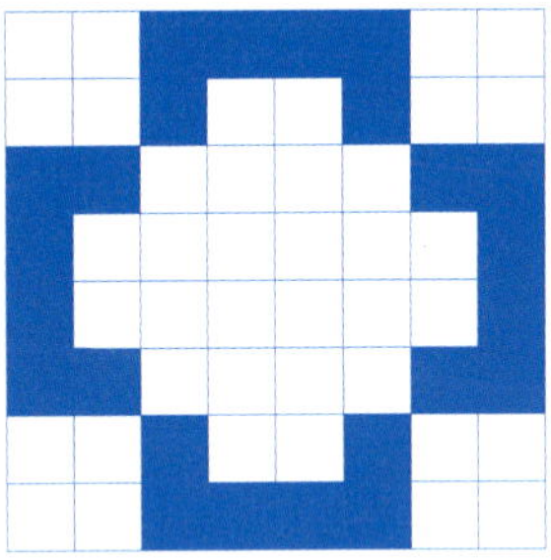	

2단계

6.11 1단계 28개

1단계	탐구 내용
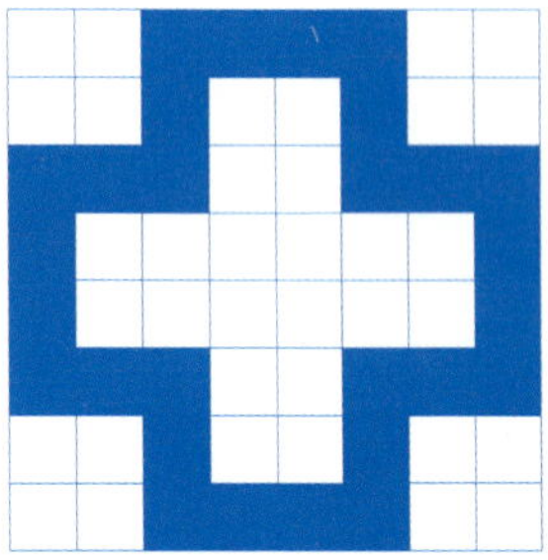	

2단계

6.12 1단계 28개

1단계	탐구 내용

2단계

6.13 1단계 28개

1단계	탐구 내용
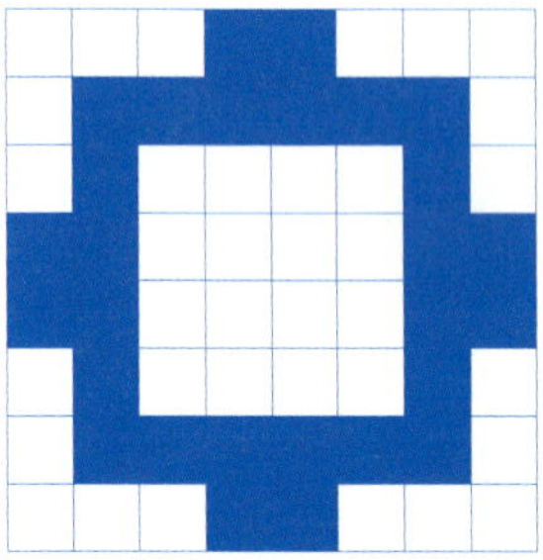	

2단계

6.14 1단계 28개

1단계	탐구 내용
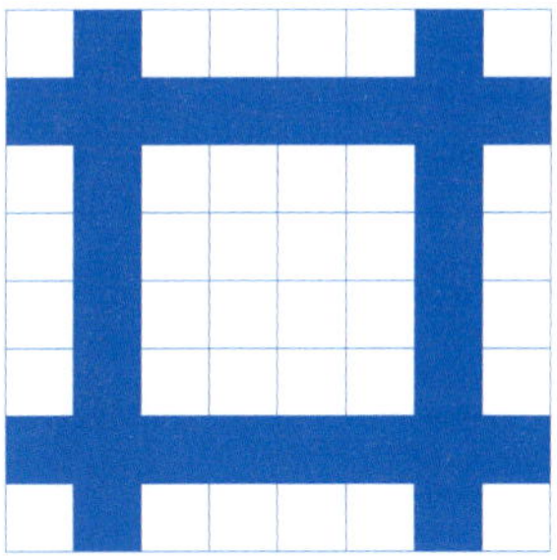	

2단계

6.15 1단계 32개

1단계	탐구 내용

2단계	

6.16 1단계 32개

1단계	탐구 내용

2단계

6.17 1단계 36개

1단계	탐구 내용
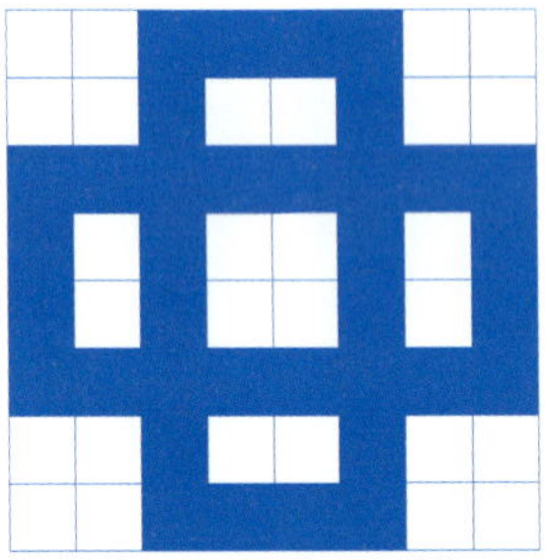	

2단계

6.18 1단계 40개

1단계	탐구 내용
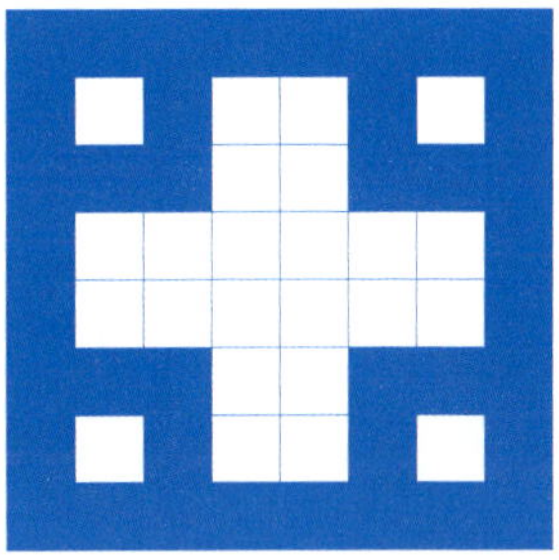	

2단계

7 셀의 합에 색칠하기

7.1 셀 2개의 합을 구한 후 2로 나눌 때

1단계

	1	1	1	1
1	2	3	4	5
1	3	6	10	15
1	4	10	20	35
1	5	15	35	70

2단계

	1	1	1	1
1	0	1	0	1
1	1	0	0	1
1	0	0	0	1
1	1	1	1	0

탐구 내용

1단계에서 2단계로 진행하면서 규칙을 찾아보자. 1에 색칠하자. 대각선으로 있는 두 개의 셀의 합을 생각해 보자.

3단계

	1	1	1	1	1	1	1	1	1	1	1	1	1	1	1	1	1	1	1	1	1	1	1	1	1	1	1	1	1	1	1	1
1	0	1	0	1	0	1	0	1	0	1	0	1	0	1	0	1	0	1	0	1	0	1	0	1	0	1	0	1	0	1	0	1
1	1	0	0	1	1	0	0	1	1	0	0	1	1	0	0	1	1	0	0	1	1	0	0	1	1	0	0	1	1	0	0	1
1	0	0	0	1	0	0	0	1	0	0	0	1	0	0	0	1	0	0	0	1	0	0	0	1	0	0	0	1	0	0	0	1
1	1	1	1	0	0	0	0	1	1	1	1	0	0	0	0	1	1	1	1	0	0	0	0	1	1	1	1	0	0	0	0	1
1	0	1	0	0	0	0	0	1	0	1	0	0	0	0	0	1	0	1	0	0	0	0	0	1	0	1	0	0	0	0	0	1
1	1	0	0	0	0	0	0	1	1	0	0	0	0	0	0	1	1	0	0	0	0	0	0	1	1	0	0	0	0	0	0	1
1	0	0	0	0	0	0	0	1	0	0	0	0	0	0	0	1	0	0	0	0	0	0	0	1	0	0	0	0	0	0	0	1
1	1	1	1	1	1	1	1	0	0	0	0	0	0	0	0	1	1	1	1	1	1	1	1	0	0	0	0	0	0	0	0	1
1	0	1	0	1	0	1	0	0	0	0	0	0	0	0	0	1	0	1	0	1	0	1	0	0	0	0	0	0	0	0	0	1
1	1	0	0	1	1	0	0	0	0	0	0	0	0	0	0	1	1	0	0	1	1	0	0	0	0	0	0	0	0	0	0	1
1	0	0	0	1	0	0	0	0	0	0	0	0	0	0	0	1	0	0	0	1	0	0	0	0	0	0	0	0	0	0	0	1
1	1	1	1	0	0	0	0	0	0	0	0	0	0	0	0	1	1	1	1	0	0	0	0	0	0	0	0	0	0	0	0	1
1	0	1	0	0	0	0	0	0	0	0	0	0	0	0	0	1	0	1	0	0	0	0	0	0	0	0	0	0	0	0	0	1
1	1	0	0	0	0	0	0	0	0	0	0	0	0	0	0	1	1	0	0	0	0	0	0	0	0	0	0	0	0	0	0	1
1	0	0	0	0	0	0	0	0	0	0	0	0	0	0	0	1	0	0	0	0	0	0	0	0	0	0	0	0	0	0	0	1
1	1	1	1	1	1	1	1	1	1	1	1	1	1	1	1	0	0	0	0	0	0	0	0	0	0	0	0	0	0	0	0	1
1	0	1	0	1	0	1	0	1	0	1	0	1	0	1	0	0	0	0	0	0	0	0	0	0	0	0	0	0	0	0	0	1
1	1	0	0	1	1	0	0	1	1	0	0	1	1	0	0	0	0	0	0	0	0	0	0	0	0	0	0	0	0	0	0	1
1	0	0	0	1	0	0	0	1	0	0	0	1	0	0	0	0	0	0	0	0	0	0	0	0	0	0	0	0	0	0	0	1
1	1	1	1	0	0	0	0	1	1	1	1	0	0	0	0	0	0	0	0	0	0	0	0	0	0	0	0	0	0	0	0	1
1	0	1	0	0	0	0	0	1	0	1	0	0	0	0	0	0	0	0	0	0	0	0	0	0	0	0	0	0	0	0	0	1
1	1	0	0	0	0	0	0	1	1	0	0	0	0	0	0	0	0	0	0	0	0	0	0	0	0	0	0	0	0	0	0	1
1	0	0	0	0	0	0	0	1	0	0	0	0	0	0	0	0	0	0	0	0	0	0	0	0	0	0	0	0	0	0	0	1
1	1	1	1	1	1	1	1	0	0	0	0	0	0	0	0	0	0	0	0	0	0	0	0	0	0	0	0	0	0	0	0	1
1	0	1	0	1	0	1	0	0	0	0	0	0	0	0	0	0	0	0	0	0	0	0	0	0	0	0	0	0	0	0	0	1
1	1	0	0	1	1	0	0	0	0	0	0	0	0	0	0	0	0	0	0	0	0	0	0	0	0	0	0	0	0	0	0	1
1	0	0	0	1	0	0	0	0	0	0	0	0	0	0	0	0	0	0	0	0	0	0	0	0	0	0	0	0	0	0	0	1
1	1	1	1	0	0	0	0	0	0	0	0	0	0	0	0	0	0	0	0	0	0	0	0	0	0	0	0	0	0	0	0	1
1	0	1	0	0	0	0	0	0	0	0	0	0	0	0	0	0	0	0	0	0	0	0	0	0	0	0	0	0	0	0	0	1
1	1	0	0	0	0	0	0	0	0	0	0	0	0	0	0	0	0	0	0	0	0	0	0	0	0	0	0	0	0	0	0	1
1	0	0	0	0	0	0	0	0	0	0	0	0	0	0	0	0	0	0	0	0	0	0	0	0	0	0	0	0	0	0	0	1
1	1	1	1	1	1	1	1	1	1	1	1	1	1	1	1	1	1	1	1	1	1	1	1	1	1	1	1	1	1	1	1	0

7.2 셀 2개의 합을 구한 후 3으로 나눌 때

1단계

	1	1	1	1
1	2	3	4	5
1	3	6	10	15
1	4	10	20	35
1	5	15	35	70

2단계

	1	1	1	1
1	2	0	1	2
1	0	0	1	0
1	1	1	2	2
1	2	0	2	1

탐구 내용

1단계에서 2단계로 진행하면서 규칙을 찾아보자. 0이 아닌 수에 색칠해 보자

3단계

	1	1	1	1	1	1	1	1	1	1	1	1	1	1	1	1	1	1	1	1	1	1	1	1	1	1	1	1	1	1	1	1
1	2	0	1	2	0	1	2	0	1	2	0	1	2	0	1	2	0	1	2	0	1	2	0	1	2	0	1	2	0	1	2	0
1	0	0	1	0	0	1	0	0	1	0	0	1	0	0	1	0	0	1	0	0	1	0	0	1	0	0	1	0	0	1	0	0
1	1	1	2	2	2	0	0	0	1	1	1	2	2	2	0	0	0	1	1	1	2	2	2	0	0	0	1	1	1	2	2	2
1	2	0	2	1	0	0	0	0	1	2	0	2	1	0	0	0	0	1	2	0	2	1	0	0	0	0	1	2	0	2	1	0
1	0	0	2	0	0	0	0	0	1	0	0	2	0	0	0	0	0	1	0	0	2	0	0	0	0	0	1	0	0	2	0	0
1	1	1	0	0	0	0	0	0	1	1	1	0	0	0	0	0	0	1	1	1	0	0	0	0	0	0	1	1	1	0	0	0
1	2	0	0	0	0	0	0	0	1	2	0	0	0	0	0	0	0	1	2	0	0	0	0	0	0	0	1	2	0	0	0	0
1	0	0	0	0	0	0	0	0	1	0	0	0	0	0	0	0	0	1	0	0	0	0	0	0	0	0	1	0	0	0	0	0
1	1	1	1	1	1	1	1	1	2	2	2	2	2	2	2	2	2	0	0	0	0	0	0	0	0	0	1	1	1	1	1	1
1	2	0	1	2	0	1	2	0	2	1	0	2	1	0	2	1	0	0	0	0	0	0	0	0	0	0	1	2	0	1	2	0
1	0	0	1	0	0	1	0	0	2	0	0	2	0	0	2	0	0	0	0	0	0	0	0	0	0	0	1	0	0	1	0	0
1	1	1	2	2	2	0	0	0	2	2	2	1	1	1	0	0	0	0	0	0	0	0	0	0	0	0	1	1	1	2	2	2
1	2	0	2	1	0	0	0	0	2	1	0	1	2	0	0	0	0	0	0	0	0	0	0	0	0	0	1	2	0	2	1	0
1	0	0	2	0	0	0	0	0	2	0	0	1	0	0	0	0	0	0	0	0	0	0	0	0	0	0	1	0	0	2	0	0
1	1	1	0	0	0	0	0	0	2	2	2	0	0	0	0	0	0	0	0	0	0	0	0	0	0	0	1	1	1	0	0	0
1	2	0	0	0	0	0	0	0	2	1	0	0	0	0	0	0	0	0	0	0	0	0	0	0	0	0	1	2	0	0	0	0
1	0	0	0	0	0	0	0	0	2	0	0	0	0	0	0	0	0	0	0	0	0	0	0	0	0	0	1	0	0	0	0	0
1	1	1	1	1	1	1	1	1	0	0	0	0	0	0	0	0	0	0	0	0	0	0	0	0	0	0	1	1	1	1	1	1
1	2	0	1	2	0	1	2	0	0	0	0	0	0	0	0	0	0	0	0	0	0	0	0	0	0	0	1	2	0	1	2	0
1	0	0	1	0	0	1	0	0	0	0	0	0	0	0	0	0	0	0	0	0	0	0	0	0	0	0	1	0	0	1	0	0
1	1	1	2	2	2	0	0	0	0	0	0	0	0	0	0	0	0	0	0	0	0	0	0	0	0	0	1	1	1	2	2	2
1	2	0	2	1	0	0	0	0	0	0	0	0	0	0	0	0	0	0	0	0	0	0	0	0	0	0	1	2	0	2	1	0
1	0	0	2	0	0	0	0	0	0	0	0	0	0	0	0	0	0	0	0	0	0	0	0	0	0	0	1	0	0	2	0	0
1	1	1	0	0	0	0	0	0	0	0	0	0	0	0	0	0	0	0	0	0	0	0	0	0	0	0	1	1	1	0	0	0
1	2	0	0	0	0	0	0	0	0	0	0	0	0	0	0	0	0	0	0	0	0	0	0	0	0	0	1	2	0	0	0	0
1	0	0	0	0	0	0	0	0	0	0	0	0	0	0	0	0	0	0	0	0	0	0	0	0	0	0	1	0	0	0	0	0
1	1	1	1	1	1	1	1	1	1	1	1	1	1	1	1	1	1	1	1	1	1	1	1	1	1	1	2	2	2	2	2	2
1	2	0	1	2	0	1	2	0	1	2	0	1	2	0	1	2	0	1	2	0	1	2	0	1	2	0	2	1	0	2	1	0
1	0	0	1	0	0	1	0	0	1	0	0	1	0	0	1	0	0	1	0	0	1	0	0	1	0	0	2	0	0	2	0	0
1	1	1	2	2	2	0	0	0	1	1	1	2	2	2	0	0	0	1	1	1	2	2	2	0	0	0	2	2	2	1	1	1
1	2	0	2	1	0	0	0	0	1	2	0	2	1	0	0	0	0	1	2	0	2	1	0	0	0	0	2	1	0	1	2	0
1	0	0	2	0	0	0	0	0	1	0	0	2	0	0	0	0	0	1	0	0	2	0	0	0	0	0	2	0	0	1	0	0

7.3 셀 2개의 합을 구한 후 5로 나눌 때

1단계	2단계	탐구 내용
(표 참조)	(표 참조)	1단계에서 2단계로 진행하면서 규칙을 찾아보자. 5로 나누어 나머지가 0이 아닌 경우 색칠한다.

1단계

	1	1	1	1
1	2	3	4	5
1	3	6	10	15
1	4	10	20	35
1	5	15	35	70

2단계

	1	1	1	1
1	2	3	4	0
1	3	1	0	0
1	4	0	0	0
1	0	0	0	0

탐구 내용

1단계에서 2단계로 진행하면서 규칙을 찾아보자. 5로 나누어 나머지가 0이 아닌 경우 색칠한다.

3단계

	1	1	1	1	1	1	1	1	1	1	1	1	1	1	1	1	1	1	1	1	1	1	1	1	1	1	1	1	1	1	1	1
1	2	3	4	0	1	2	3	4	0	1	2	3	4	0	1	2	3	4	0	1	2	3	4	0	1	2	3	4	0	1	2	3
1	3	1	0	0	1	3	1	0	0	1	3	1	0	0	1	3	1	0	0	1	3	1	0	0	1	3	1	0	0	1	3	1
1	4	0	0	0	1	4	0	0	0	1	4	0	0	0	1	4	0	0	0	1	4	0	0	0	1	4	0	0	0	1	4	0
1	0	0	0	0	1	0	0	0	0	1	0	0	0	0	1	0	0	0	0	1	0	0	0	0	1	0	0	0	0	1	0	0
1	1	1	1	1	2	2	2	2	2	3	3	3	3	3	4	4	4	4	4	0	0	0	0	0	1	1	1	1	1	2	2	2
1	2	3	4	0	2	4	1	3	0	3	1	4	2	0	4	3	2	1	0	0	0	0	0	0	1	2	3	4	0	2	4	1
1	3	1	0	0	2	1	2	0	0	3	4	3	0	0	4	2	4	0	0	0	0	0	0	0	1	3	1	0	0	2	1	2
1	4	0	0	0	2	3	0	0	0	3	2	0	0	0	4	1	0	0	0	0	0	0	0	0	1	4	0	0	0	2	3	0
1	0	0	0	0	2	0	0	0	0	3	0	0	0	0	4	0	0	0	0	0	0	0	0	0	1	0	0	0	0	2	0	0
1	1	1	1	1	3	3	3	3	3	1	1	1	1	1	0	0	0	0	0	0	0	0	0	0	1	1	1	1	1	3	3	3
1	2	3	4	0	3	1	4	2	0	1	2	3	4	0	0	0	0	0	0	0	0	0	0	0	1	2	3	4	0	3	1	4
1	3	1	0	0	3	4	3	0	0	1	3	1	0	0	0	0	0	0	0	0	0	0	0	0	1	3	1	0	0	3	4	3
1	4	0	0	0	3	2	0	0	0	1	4	0	0	0	0	0	0	0	0	0	0	0	0	0	1	4	0	0	0	3	2	0
1	0	0	0	0	3	0	0	0	0	1	0	0	0	0	0	0	0	0	0	0	0	0	0	0	1	0	0	0	0	3	0	0
1	1	1	1	1	4	4	4	4	4	0	0	0	0	0	0	0	0	0	0	0	0	0	0	0	1	1	1	1	1	4	4	4
1	2	3	4	0	4	3	2	1	0	0	0	0	0	0	0	0	0	0	0	0	0	0	0	0	1	2	3	4	0	4	3	2
1	3	1	0	0	4	2	4	0	0	0	0	0	0	0	0	0	0	0	0	0	0	0	0	0	1	3	1	0	0	4	2	4
1	4	0	0	0	4	1	0	0	0	0	0	0	0	0	0	0	0	0	0	0	0	0	0	0	1	4	0	0	0	4	1	0
1	0	0	0	0	4	0	0	0	0	0	0	0	0	0	0	0	0	0	0	0	0	0	0	0	1	0	0	0	0	4	0	0
1	1	1	1	1	0	0	0	0	0	0	0	0	0	0	0	0	0	0	0	0	0	0	0	0	1	1	1	1	1	0	0	0
1	2	3	4	0	0	0	0	0	0	0	0	0	0	0	0	0	0	0	0	0	0	0	0	0	1	2	3	4	0	0	0	0
1	3	1	0	0	0	0	0	0	0	0	0	0	0	0	0	0	0	0	0	0	0	0	0	0	1	3	1	0	0	0	0	0
1	4	0	0	0	0	0	0	0	0	0	0	0	0	0	0	0	0	0	0	0	0	0	0	0	1	4	0	0	0	0	0	0
1	0	0	0	0	0	0	0	0	0	0	0	0	0	0	0	0	0	0	0	0	0	0	0	0	1	0	0	0	0	0	0	0
1	1	1	1	1	1	1	1	1	1	1	1	1	1	1	1	1	1	1	1	1	1	1	1	1	2	2	2	2	2	2	2	2
1	2	3	4	0	1	2	3	4	0	1	2	3	4	0	1	2	3	4	0	1	2	3	4	0	2	4	1	3	0	2	4	1
1	3	1	0	0	1	3	1	0	0	1	3	1	0	0	1	3	1	0	0	1	3	1	0	0	2	1	2	0	0	2	1	2
1	4	0	0	0	1	4	0	0	0	1	4	0	0	0	1	4	0	0	0	1	4	0	0	0	2	3	0	0	0	2	3	0
1	0	0	0	0	1	0	0	0	0	1	0	0	0	0	1	0	0	0	0	1	0	0	0	0	2	0	0	0	0	2	0	0
1	1	1	1	1	2	2	2	2	2	3	3	3	3	3	4	4	4	4	4	0	0	0	0	0	2	2	2	2	2	4	4	4
1	2	3	4	0	2	4	1	3	0	3	1	4	2	0	4	3	2	1	0	0	0	0	0	0	2	4	1	3	0	4	3	2
1	3	1	0	0	2	1	2	0	0	3	4	3	0	0	4	2	4	0	0	0	0	0	0	0	2	1	2	0	0	4	2	4

7.4 셀 2개의 합을 구한 후 7로 나눌 때

1단계

	1	1	1	1
1	2	3	4	5
1	3	6	10	15
1	4	10	20	35
1	5	15	35	70

2단계

	1	1	1	1
1	2	3	4	5
1	3	6	3	1
1	4	3	6	0
1	5	1	0	0

탐구 내용

1단계에서 2단계로 진행하면서 규칙을 찾아보자. 7로 나누어 나머지가 0이 아닌 수에 색칠해 보자.

3단계

	1	1	1	1	1	1	1	1	1	1	1	1	1	1	1	1	1	1	1	1	1	1	1	1	1	1	1	1	1	1	1	1
1	2	3	4	5	6	0	1	2	3	4	5	6	0	1	2	3	4	5	6	0	1	2	3	4	5	6	0	1	2	3	4	5
1	3	6	3	1	0	0	1	3	6	3	1	0	0	1	3	6	3	1	0	0	1	3	6	3	1	0	0	1	3	6	3	1
1	4	3	6	0	0	0	1	4	3	6	0	0	0	1	4	3	6	0	0	0	1	4	3	6	0	0	0	1	4	3	6	0
1	5	1	0	0	0	0	1	5	1	0	0	0	0	1	5	1	0	0	0	0	1	5	1	0	0	0	0	1	5	1	0	0
1	6	0	0	0	0	0	1	6	0	0	0	0	0	1	6	0	0	0	0	0	1	6	0	0	0	0	0	1	6	0	0	0
1	0	0	0	0	0	0	1	0	0	0	0	0	0	1	0	0	0	0	0	0	1	0	0	0	0	0	0	1	0	0	0	0
1	1	1	1	1	1	1	2	2	2	2	2	2	2	3	3	3	3	3	3	3	4	4	4	4	4	4	4	5	5	5	5	5
1	2	3	4	5	6	0	2	4	6	1	3	5	0	3	6	2	5	1	4	0	4	1	5	2	6	3	0	5	3	1	6	4
1	3	6	3	1	0	0	2	6	5	6	2	0	0	3	2	4	2	3	0	0	4	5	3	5	4	0	0	5	1	2	1	5
1	4	3	6	0	0	0	2	1	6	5	0	0	0	3	5	2	4	0	0	0	4	2	5	3	0	0	0	5	6	1	2	0
1	5	1	0	0	0	0	2	3	2	0	0	0	0	3	1	3	0	0	0	0	4	6	4	0	0	0	0	5	4	5	0	0
1	6	0	0	0	0	0	2	5	0	0	0	0	0	3	4	0	0	0	0	0	4	3	0	0	0	0	0	5	2	0	0	0
1	0	0	0	0	0	0	2	0	0	0	0	0	0	3	0	0	0	0	0	0	4	0	0	0	0	0	0	5	0	0	0	0
1	1	1	1	1	1	1	3	3	3	3	3	3	3	6	6	6	6	6	6	6	3	3	3	3	3	3	3	1	1	1	1	1
1	2	3	4	5	6	0	3	6	2	5	1	4	0	6	5	4	3	2	1	0	3	6	2	5	1	4	0	1	2	3	4	5
1	3	6	3	1	0	0	3	2	4	2	3	0	0	6	4	1	4	6	0	0	3	2	4	2	3	0	0	1	3	6	3	1
1	4	3	6	0	0	0	3	5	2	4	0	0	0	6	3	4	1	0	0	0	3	5	2	4	0	0	0	1	4	3	6	0
1	5	1	0	0	0	0	3	1	3	0	0	0	0	6	2	6	0	0	0	0	3	1	3	0	0	0	0	1	5	1	0	0
1	6	0	0	0	0	0	3	4	0	0	0	0	0	6	1	0	0	0	0	0	3	4	0	0	0	0	0	1	6	0	0	0
1	0	0	0	0	0	0	3	0	0	0	0	0	0	6	0	0	0	0	0	0	3	0	0	0	0	0	0	1	0	0	0	0
1	1	1	1	1	1	1	4	4	4	4	4	4	4	3	3	3	3	3	3	3	6	6	6	6	6	6	6	0	0	0	0	0
1	2	3	4	5	6	0	4	1	5	2	6	3	0	3	6	2	5	1	4	0	6	5	4	3	2	1	0	0	0	0	0	0
1	3	6	3	1	0	0	4	5	3	5	4	0	0	3	2	4	2	3	0	0	6	4	1	4	6	0	0	0	0	0	0	0
1	4	3	6	0	0	0	4	2	5	3	0	0	0	3	5	2	4	0	0	0	6	3	4	1	0	0	0	0	0	0	0	0
1	5	1	0	0	0	0	4	6	4	0	0	0	0	3	1	3	0	0	0	0	6	2	6	0	0	0	0	0	0	0	0	0
1	6	0	0	0	0	0	4	3	0	0	0	0	0	3	4	0	0	0	0	0	6	1	0	0	0	0	0	0	0	0	0	0
1	0	0	0	0	0	0	4	0	0	0	0	0	0	3	0	0	0	0	0	0	6	0	0	0	0	0	0	0	0	0	0	0
1	1	1	1	1	1	1	5	5	5	5	5	5	5	1	1	1	1	1	1	1	0	0	0	0	0	0	0	0	0	0	0	0
1	2	3	4	5	6	0	5	3	1	6	4	2	0	1	2	3	4	5	6	0	0	0	0	0	0	0	0	0	0	0	0	0
1	3	6	3	1	0	0	5	1	2	1	5	0	0	1	3	6	3	1	0	0	0	0	0	0	0	0	0	0	0	0	0	0
1	4	3	6	0	0	0	5	6	1	2	0	0	0	1	4	3	6	0	0	0	0	0	0	0	0	0	0	0	0	0	0	0
1	5	1	0	0	0	0	5	4	5	0	0	0	0	1	5	1	0	0	0	0	0	0	0	0	0	0	0	0	0	0	0	0

7.5 셀 2개의 합, 2로 나누었을 때

1단계

	1	1	1	1
1	2	3	4	5
1	3	6	10	15
1	4	10	20	35
1	5	15	35	70

2단계

	1	1	1	1
1	0	1	0	1
1	1	0	0	1
1	0	0	0	1
1	1	1	1	0

탐구 내용

1단계에서 2단계로 진행하면서 규칙을 찾아보자. 2로 나누었을 때 나머지 1에 색칠한다.

3단계

	1	1	1	1	1	1	1	1	1	1	1	1	1	1	1	1	1	1	1	1	1	1	1	1	1	1	1	1	1	1	1	1
1	0	1	0	1																												
1	1	0	0	1																												
1	0	0	0	1																												
1	1	1	1	0																												
1																																
1																																
1																																
1																																
1																																
1																																
1																																
1																																
1																																
1																																
1																																
1																																
1																																
1																																
1																																
1																																
1																																
1																																
1																																
1																																
1																																
1																																
1																																
1																																
1																																
1																																
1																																

7.6 셀 2개의 합, 3으로 나누었을 때

1단계

	1	1	1	1
1	2	3	4	5
1	3	6	10	15
1	4	10	20	35
1	5	15	35	70

2단계

	1	1	1	1
1	2	0	1	2
1	0	0	1	0
1	1	1	2	2
1	2	0	2	1

탐구 내용

1단계에서 2단계로 진행하면서 규칙을 찾아보자. 3으로 나누었을 때 나머지가 0이 아닌 수에 색칠한다.

3단계

	1	1	1	1	1	1	1	1	1	1	1	1	1	1	1	1	1	1	1	1	1	1	1	1	1	1	1	1	1	1	1	1
1	2	0	1	2																												
1	0	0	1	0																												
1	1	1	2	2																												
1	2	0	2	1																												
1																																
1																																
1																																
1																																
1																																
1																																
1																																
1																																
1																																
1																																
1																																
1																																
1																																
1																																
1																																
1																																
1																																
1																																
1																																
1																																
1																																
1																																
1																																
1																																
1																																
1																																
1																																
1																																

7.7 셀 2개의 합, 5 나누었을 때

1단계

	1	1	1	1
1	2	3	4	5
1	3	6	10	15
1	4	10	20	35
1	5	15	35	70

2단계

	1	1	1	1
1	2	3	4	0
1	3	1	0	0
1	4	0	0	0
1	0	0	0	0

탐구 내용

1단계에서 2단계로 진행하면서 규칙을 찾아보자. 5로 나누었을 때 나머지가 0이 아닌 경우에 색칠한다.

3단계

	1	1	1	1	1	1	1	1	1	1	1	1	1	1	1	1	1	1	1	1	1	1	1	1	1	1	1	1	1	1	1	1
1	2	3	4	0																												
1	3	1	0	0																												
1	4	0	0	0																												
1	0	0	0	0																												
1																																
1																																
1																																
1																																
1																																
1																																
1																																
1																																
1																																
1																																
1																																
1																																
1																																
1																																
1																																
1																																
1																																
1																																
1																																
1																																
1																																
1																																
1																																
1																																
1																																
1																																
1																																
1																																

7.8 셀 2개의 합, 7로 나눌 때

1단계

	1	1	1	1
1	2	3	4	5
1	3	6	10	15
1	4	10	20	35
1	5	15	35	70

2단계

	1	1	1	1
1	2	3	4	5
1	3	6	3	1
1	4	3	6	0
1	5	1	0	0

탐구 내용

1단계에서 2단계로 진행하면서 규칙을 찾아보자. 7로 나누었을 때 나머지가 0이 아닌 경우에 색칠한다.

3단계

	1	1	1	1	1	1	1	1	1	1	1	1	1	1	1	1	1	1	1	1	1	1	1	1	1	1	1	1	1	1	1	1
1	2	3	4	5																												
1	3	6	3	1																												
1	4	3	6	0																												
1	5	1	0	0																												
1																																
1																																
1																																
1																																
1																																
1																																
1																																
1																																
1																																
1																																
1																																
1																																
1																																
1																																
1																																
1																																
1																																
1																																
1																																
1																																
1																																
1																																
1																																
1																																
1																																
1																																
1																																
1																																

7.9 셀 3개의 합 3으로 나눌 때

1단계

1	1	1	1	1
1	3	5	7	9
1	5	13	25	41
1	7	25	63	129
1	9	41	129	321

2단계

1	1	1	1	1
1	0	2	1	0
1	2	1	1	2
1	1	1	0	0
1	0	2	0	0

탐구 내용

1단계에서 2단계로 진행하면서 규칙을 찾아보자. 3으로 나누었을 때 나머지가 0인 경우에 색칠해 보자.

3단계

1	1	1	1	1	1	1	1	1	1	1	1	1	1	1	1	1	1	1	1	1	1	1	1	1	1	1	1	1	1	1	1	1
1	0	2	1	0	2	1	0	2	1	0	2	1	0	2	1	0	2	1	0	2	1	0	2	1	0	2	1	0	2	1	0	2
1	2	1	1	2	1	1	2	1	1	2	1	1	2	1	1	2	1	1	2	1	1	2	1	1	2	1	1	2	1	1	2	1
1	1	1	0	0	0	2	2	2	1	1	1	0	0	0	2	2	2	1	1	1	0	0	0	2	2	2	1	1	1	0	0	0
1	0	2	0	0	0	2	0	1	1	0	2	0	0	0	2	0	1	1	0	2	0	0	0	2	0	1	1	0	2	0	0	0
1	2	1	0	0	0	2	1	2	1	2	1	0	0	0	2	1	2	1	2	1	0	0	0	2	1	2	1	2	1	0	0	0
1	1	1	2	2	2	1	1	1	1	1	1	2	2	2	1	1	1	1	1	1	2	2	2	1	1	1	1	1	1	2	2	2
1	0	2	2	0	1	1	0	2	1	0	2	2	0	1	1	0	2	1	0	2	2	0	1	1	0	2	1	0	2	2	0	1
1	2	1	2	1	2	1	2	1	1	2	1	2	1	2	1	2	1	1	2	1	2	1	2	1	2	1	1	2	1	2	1	2
1	1	1	1	1	1	1	1	1	0	0	0	0	0	0	0	0	0	2	2	2	2	2	2	2	2	2	1	1	1	1	1	1
1	0	2	1	0	2	1	0	2	0	0	0	0	0	0	0	0	0	2	0	1	2	0	1	2	0	1	1	0	2	1	0	2
1	2	1	1	2	1	1	2	1	0	0	0	0	0	0	0	0	0	2	1	2	2	1	2	2	1	2	1	2	1	1	2	1
1	1	1	0	0	0	2	2	2	0	0	0	0	0	0	0	0	0	2	2	2	0	0	0	1	1	1	1	1	1	0	0	0
1	0	2	0	0	0	2	0	1	0	0	0	0	0	0	0	0	0	2	0	1	0	0	0	1	0	2	1	0	2	0	0	0
1	2	1	0	0	0	2	1	2	0	0	0	0	0	0	0	0	0	2	1	2	0	0	0	1	2	1	1	2	1	0	0	0
1	1	1	2	2	2	1	1	1	0	0	0	0	0	0	0	0	0	2	2	2	1	1	1	2	2	2	1	1	1	2	2	2
1	0	2	2	0	1	1	0	2	0	0	0	0	0	0	0	0	0	2	0	1	1	0	2	2	0	1	1	0	2	2	0	1
1	2	1	2	1	2	1	2	1	0	0	0	0	0	0	0	0	0	2	1	2	1	2	1	2	1	2	1	2	1	2	1	2
1	1	1	1	1	1	1	1	1	2	2	2	2	2	2	2	2	2	1	1	1	1	1	1	1	1	1	1	1	1	1	1	1
1	0	2	1	0	2	1	0	2	2	0	1	2	0	1	2	0	1	1	0	2	1	0	2	1	0	2	1	0	2	1	0	2
1	2	1	1	2	1	1	2	1	2	1	2	2	1	2	2	1	2	1	2	1	1	2	1	1	2	1	1	2	1	1	2	1
1	1	1	0	0	0	2	2	2	2	2	2	0	0	0	1	1	1	1	1	1	0	0	0	2	2	2	1	1	1	0	0	0
1	0	2	0	0	0	2	0	1	2	0	1	0	0	0	1	0	2	1	0	2	0	0	0	2	0	1	1	0	2	0	0	0
1	2	1	0	0	0	2	1	2	2	1	2	0	0	0	1	2	1	1	2	1	0	0	0	2	1	2	1	2	1	0	0	0
1	1	1	2	2	2	1	1	1	2	2	2	1	1	1	2	2	2	1	1	1	2	2	2	1	1	1	1	1	1	2	2	2
1	0	2	2	0	1	1	0	2	2	0	1	1	0	2	2	0	1	1	0	2	2	0	1	1	0	2	1	0	2	2	0	1
1	2	1	2	1	2	1	2	1	2	1	2	1	2	1	2	1	2	1	2	1	2	1	2	1	2	1	1	2	1	2	1	2
1	1	1	1	1	1	1	1	1	1	1	1	1	1	1	1	1	1	1	1	1	1	1	1	1	1	1	0	0	0	0	0	0
1	0	2	1	0	2	1	0	2	1	0	2	1	0	2	1	0	2	1	0	2	1	0	2	1	0	2	0	0	0	0	0	0
1	2	1	1	2	1	1	2	1	1	2	1	1	2	1	1	2	1	1	2	1	1	2	1	1	2	1	0	0	0	0	0	0
1	1	1	0	0	0	2	2	2	1	1	1	0	0	0	2	2	2	1	1	1	0	0	0	2	2	2	0	0	0	0	0	0
1	0	2	0	0	0	2	0	1	1	0	2	0	0	0	2	0	1	1	0	2	0	0	0	2	0	1	0	0	0	0	0	0
1	2	1	0	0	0	2	1	2	1	2	1	0	0	0	2	1	2	1	2	1	0	0	0	2	1	2	0	0	0	0	0	0

7.10 셀 3개의 합을 구한 후 3으로 나눌 때

1단계

1	1	1	1	1
1	3	5	7	9
1	5	13	25	41
1	7	25	63	29
1	9	41	29	21

2단계

1	1	1	1	1
1	0	2	1	0
1	2	1	1	2
1	1	1	0	0
1	0	2	0	0

탐구 내용

1단계에서 2단계로 진행하면서 규칙을 찾아보자. 3으로 나누었을 때 나머지가 0이 아닌 경우에 색칠하는 도형에 대해 생각해 보자.

3단계

1	1	1	1	1	1	1	1	1	1	1	1	1	1	1	1	1	1	1	1	1	1	1	1	1	1	1	1	1	1	1	1	1
1	0	2	1	0	2	1	0	2	1	0	2	1	0	2	1	0	2	1	0	2	1	0	2	1	0	2	1	0	2	1	0	2
1	2	1	1	2	1	1	2	1	1	2	1	1	2	1	1	2	1	1	2	1	1	2	1	1	2	1	1	2	1	1	2	1
1	1	1	0	0	0	2	2	2	1	1	1	0	0	0	2	2	2	1	1	1	0	0	0	2	2	2	1	1	1	0	0	0
1	0	2	0	0	0	2	0	1	1	0	2	0	0	0	2	0	1	1	0	2	0	0	0	2	0	1	1	0	2	0	0	0
1	2	1	0	0	0	2	1	2	1	2	1	0	0	0	2	1	2	1	2	1	0	0	0	2	1	2	1	2	1	0	0	0
1	1	1	2	2	2	1	1	1	1	1	1	2	2	2	1	1	1	1	1	1	2	2	2	1	1	1	1	1	1	2	2	2
1	0	2	2	0	1	1	0	2	1	0	2	2	0	1	1	0	2	1	0	2	2	0	1	1	0	2	1	0	2	2	0	1
1	2	1	2	1	2	1	2	1	1	2	1	2	1	2	1	2	1	1	2	1	2	1	2	1	2	1	1	2	1	2	1	2
1	1	1	1	1	1	1	1	1	0	0	0	0	0	0	0	0	0	2	2	2	2	2	2	2	2	2	1	1	1	1	1	1
1	0	2	1	0	2	1	0	2	0	0	0	0	0	0	0	0	0	2	0	1	2	0	1	2	0	1	1	0	2	1	0	2
1	2	1	1	2	1	1	2	1	0	0	0	0	0	0	0	0	0	2	1	2	2	1	2	2	1	2	1	2	1	1	2	1
1	1	1	0	0	0	2	2	2	0	0	0	0	0	0	0	0	0	2	2	2	0	0	0	1	1	1	1	1	1	0	0	0
1	0	2	0	0	0	2	0	1	0	0	0	0	0	0	0	0	0	2	0	1	0	0	0	1	0	2	1	0	2	0	0	0
1	2	1	0	0	0	2	1	2	0	0	0	0	0	0	0	0	0	2	1	2	0	0	0	1	2	1	1	2	1	0	0	0
1	1	1	2	2	2	1	1	1	0	0	0	0	0	0	0	0	0	2	2	2	1	1	1	2	2	2	1	1	1	2	2	2
1	0	2	2	0	1	1	0	2	0	0	0	0	0	0	0	0	0	2	0	1	1	0	2	2	0	1	1	0	2	2	0	1
1	2	1	2	1	2	1	2	1	0	0	0	0	0	0	0	0	0	2	1	2	1	2	1	2	1	2	1	2	1	2	1	2
1	1	1	1	1	1	1	1	1	2	2	2	2	2	2	2	2	2	1	1	1	1	1	1	1	1	1	1	1	1	1	1	1
1	0	2	1	0	2	1	0	2	2	0	1	2	0	1	2	0	1	1	0	2	1	0	2	1	0	2	1	0	2	1	0	2
1	2	1	1	2	1	1	2	1	2	1	2	2	1	2	2	1	2	1	2	1	1	2	1	1	2	1	1	2	1	1	2	1
1	1	1	0	0	0	2	2	2	2	2	2	0	0	0	1	1	1	1	1	1	0	0	0	2	2	2	1	1	1	0	0	0
1	0	2	0	0	0	2	0	1	2	0	1	0	0	0	1	0	2	1	0	2	0	0	0	2	0	1	1	0	2	0	0	0
1	2	1	0	0	0	2	1	2	2	1	2	0	0	0	1	2	1	1	2	1	0	0	0	2	1	2	1	2	1	0	0	0
1	1	1	2	2	2	1	1	1	2	2	2	1	1	1	2	2	2	1	1	1	2	2	2	1	1	1	1	1	1	2	2	2
1	0	2	2	0	1	1	0	2	2	0	1	1	0	2	2	0	1	1	0	2	2	0	1	1	0	2	1	0	2	2	0	1
1	2	1	2	1	2	1	2	1	2	1	2	1	2	1	2	1	2	1	2	1	2	1	2	1	2	1	1	2	1	2	1	2
1	1	1	1	1	1	1	1	1	1	1	1	1	1	1	1	1	1	1	1	1	1	1	1	1	1	1	0	0	0	0	0	0
1	0	2	1	0	2	1	0	2	1	0	2	1	0	2	1	0	2	1	0	2	1	0	2	1	0	2	0	0	0	0	0	0
1	2	1	1	2	1	1	2	1	1	2	1	1	2	1	1	2	1	1	2	1	1	2	1	1	2	1	0	0	0	0	0	0
1	1	1	0	0	0	2	2	2	1	1	1	0	0	0	2	2	2	1	1	1	0	0	0	2	2	2	0	0	0	0	0	0
1	0	2	0	0	0	2	0	1	1	0	2	0	0	0	2	0	1	1	0	2	0	0	0	2	0	1	0	0	0	0	0	0
1	2	1	0	0	0	2	1	2	1	2	1	0	0	0	2	1	2	1	2	1	0	0	0	2	1	2	0	0	0	0	0	0

7.11 셀 3개의 합을 구한 후 5로 나눌 때

1단계

1	1	1	1	1
1	3	5	7	9
1	5	13	25	41
1	7	25	63	29
1	9	41	29	21

2단계

1	1	1	1	1
1	3	0	2	4
1	0	3	0	1
1	2	0	3	4
1	4	1	4	1

탐구 내용

1단계에서 2단계로 진행하면서 규칙을 찾아보자. 5로 나누었을 때 나머지가 0이 아닌 경우에 색칠하는 도형에 대해 생각해 보자.

3단계

1	1	1	1	1	1	1	1	1	1	1	1	1	1	1	1	1	1	1	1	1	1	1	1	1	1	1	1	1	1	1	1	1
1	3	0	2	4	1	3	0	2	4	1	3	0	2	4	1	3	0	2	4	1	3	0	2	4	1	3	0	2	4	1	3	0
1	0	3	0	1	1	0	3	0	1	1	0	3	0	1	1	0	3	0	1	1	0	3	0	1	1	0	3	0	1	1	0	3
1	2	0	3	4	1	2	0	3	4	1	2	0	3	4	1	2	0	3	4	1	2	0	3	4	1	2	0	3	4	1	2	0
1	4	1	4	1	1	4	1	4	1	1	4	1	4	1	1	4	1	4	1	1	4	1	4	1	1	4	1	4	1	1	4	1
1	1	1	1	1	3	3	3	3	3	0	0	0	0	0	2	2	2	2	2	4	4	4	4	4	1	1	1	1	1	3	3	3
1	3	0	2	4	3	4	0	1	2	0	0	0	0	0	2	1	0	4	3	4	2	0	3	1	1	3	0	2	4	3	4	0
1	0	3	0	1	3	0	4	0	3	0	0	0	0	0	2	0	1	0	2	4	0	2	0	4	1	0	3	0	1	3	0	4
1	2	0	3	4	3	1	0	4	2	0	0	0	0	0	2	4	0	1	3	4	3	0	2	1	1	2	0	3	4	3	1	0
1	4	1	4	1	3	2	3	2	3	0	0	0	0	0	2	3	2	3	2	4	1	4	1	4	1	4	1	4	1	3	2	3
1	1	1	1	1	0	0	0	0	0	3	3	3	3	3	0	0	0	0	0	1	1	1	1	1	1	1	1	1	1	0	0	0
1	3	0	2	4	0	0	0	0	0	3	4	0	1	2	0	0	0	0	0	1	3	0	2	4	1	3	0	2	4	0	0	0
1	0	3	0	1	0	0	0	0	0	3	0	4	0	3	0	0	0	0	0	1	0	3	0	1	1	0	3	0	1	0	0	0
1	2	0	3	4	0	0	0	0	0	3	1	0	4	2	0	0	0	0	0	1	2	0	3	4	1	2	0	3	4	0	0	0
1	4	1	4	1	0	0	0	0	0	3	2	3	2	3	0	0	0	0	0	1	4	1	4	1	1	4	1	4	1	0	0	0
1	1	1	1	1	2	2	2	2	2	0	0	0	0	0	3	3	3	3	3	4	4	4	4	4	1	1	1	1	1	2	2	2
1	3	0	2	4	2	1	0	4	3	0	0	0	0	0	3	4	0	1	2	4	2	0	3	1	1	3	0	2	4	2	1	0
1	0	3	0	1	2	0	1	0	2	0	0	0	0	0	3	0	4	0	3	4	0	2	0	4	1	0	3	0	1	2	0	1
1	2	0	3	4	2	4	0	1	3	0	0	0	0	0	3	1	0	4	2	4	3	0	2	1	1	2	0	3	4	2	4	0
1	4	1	4	1	2	3	2	3	2	0	0	0	0	0	3	2	3	2	3	4	1	4	1	4	1	4	1	4	1	2	3	2
1	1	1	1	1	4	4	4	4	4	1	1	1	1	1	4	4	4	4	4	1	1	1	1	1	1	1	1	1	1	4	4	4
1	3	0	2	4	4	2	0	3	1	1	3	0	2	4	4	2	0	3	1	1	3	0	2	4	1	3	0	2	4	4	2	0
1	0	3	0	1	4	0	2	0	4	1	0	3	0	1	4	0	2	0	4	1	0	3	0	1	1	0	3	0	1	4	0	2
1	2	0	3	4	4	3	0	2	1	1	2	0	3	4	4	3	0	2	1	1	2	0	3	4	1	2	0	3	4	4	3	0
1	4	1	4	1	4	1	4	1	4	1	4	1	4	1	4	1	4	1	4	1	4	1	4	1	1	4	1	4	1	4	1	4
1	1	1	1	1	1	1	1	1	1	1	1	1	1	1	1	1	1	1	1	1	1	1	1	1	3	3	3	3	3	3	3	3
1	3	0	2	4	1	3	0	2	4	1	3	0	2	4	1	3	0	2	4	1	3	0	2	4	3	4	0	1	2	3	4	0
1	0	3	0	1	1	0	3	0	1	1	0	3	0	1	1	0	3	0	1	1	0	3	0	1	3	0	4	0	3	3	0	4
1	2	0	3	4	1	2	0	3	4	1	2	0	3	4	1	2	0	3	4	1	2	0	3	4	3	1	0	4	2	3	1	0
1	4	1	4	1	1	4	1	4	1	1	4	1	4	1	1	4	1	4	1	1	4	1	4	1	3	2	3	2	3	3	2	3
1	1	1	1	1	3	3	3	3	3	0	0	0	0	0	2	2	2	2	2	4	4	4	4	4	3	3	3	3	3	4	4	4
1	3	0	2	4	3	4	0	1	2	0	0	0	0	0	2	1	0	4	3	4	2	0	3	1	3	4	0	1	2	4	2	0
1	0	3	0	1	3	0	4	0	3	0	0	0	0	0	2	0	1	0	2	4	0	2	0	4	3	0	4	0	3	4	0	2

7.12 셀 3개의 합을 구한 후 5로 나눌 때

1단계

1	1	1	1	1
1	3	5	7	9
1	5	13	25	41
1	7	25	63	29
1	9	41	29	21

2단계

1	1	1	1	1
1	3	0	2	4
1	0	3	0	1
1	2	0	3	4
1	4	1	4	1

탐구 내용

1단계에서 2단계로 진행하면서 규칙을 찾아보자. 5로 나누었을 때 나머지가 0이 아닌 경우에 색칠하는 도형에 대해 생각해 보자.

3단계

1	1	1	1	1	1	1	1	1	1	1	1	1	1	1	1	1	1	1	1	1	1	1	1	1	1	1	1	1	1	1	1	1
1	3	0	2	4	1	3	0	2	4	1	3	0	2	4	1	3	0	2	4	1	3	0	2	4	1	3	0	2	4	1	3	0
1	0	3	0	1	1	0	3	0	1	1	0	3	0	1	1	0	3	0	1	1	0	3	0	1	1	0	3	0	1	1	0	3
1	2	0	3	4	1	2	0	3	4	1	2	0	3	4	1	2	0	3	4	1	2	0	3	4	1	2	0	3	4	1	2	0
1	4	1	4	1	1	4	1	4	1	1	4	1	4	1	1	4	1	4	1	1	4	1	4	1	1	4	1	4	1	1	4	1
1	1	1	1	1	3	3	3	3	3	0	0	0	0	0	2	2	2	2	2	4	4	4	4	4	1	1	1	1	1	3	3	3
1	3	0	2	4	3	4	0	1	2	0	0	0	0	0	2	1	0	4	3	4	2	0	3	1	1	3	0	2	4	3	4	0
1	0	3	0	1	3	0	4	0	3	0	0	0	0	0	2	0	1	0	2	4	0	2	0	4	1	0	3	0	1	3	0	4
1	2	0	3	4	3	1	0	4	2	0	0	0	0	0	2	4	0	1	3	4	3	0	2	1	1	2	0	3	4	3	1	0
1	4	1	4	1	3	2	3	2	3	0	0	0	0	0	2	3	2	3	2	4	1	4	1	4	1	4	1	4	1	3	2	3
1	1	1	1	1	0	0	0	0	0	3	3	3	3	3	0	0	0	0	0	1	1	1	1	1	1	1	1	1	1	0	0	0
1	3	0	2	4	0	0	0	0	0	3	4	0	1	2	0	0	0	0	0	1	3	0	2	4	1	3	0	2	4	0	0	0
1	0	3	0	1	0	0	0	0	0	3	0	4	0	3	0	0	0	0	0	1	0	3	0	1	1	0	3	0	1	0	0	0
1	2	0	3	4	0	0	0	0	0	3	1	0	4	2	0	0	0	0	0	1	2	0	3	4	1	2	0	3	4	0	0	0
1	4	1	4	1	0	0	0	0	0	3	2	3	2	3	0	0	0	0	0	1	4	1	4	1	1	4	1	4	1	0	0	0
1	1	1	1	1	2	2	2	2	2	0	0	0	0	0	3	3	3	3	3	4	4	4	4	4	1	1	1	1	1	2	2	2
1	3	0	2	4	2	1	0	4	3	0	0	0	0	0	3	4	0	1	2	4	2	0	3	1	1	3	0	2	4	2	1	0
1	0	3	0	1	2	0	1	0	2	0	0	0	0	0	3	0	4	0	3	4	0	2	0	4	1	0	3	0	1	2	0	1
1	2	0	3	4	2	4	0	1	3	0	0	0	0	0	3	1	0	4	2	4	3	0	2	1	1	2	0	3	4	2	4	0
1	4	1	4	1	2	3	2	3	2	0	0	0	0	0	3	2	3	2	3	4	1	4	1	4	1	4	1	4	1	2	3	2
1	1	1	1	1	4	4	4	4	4	1	1	1	1	1	4	4	4	4	4	1	1	1	1	1	1	1	1	1	1	4	4	4
1	3	0	2	4	4	2	0	3	1	1	3	0	2	4	4	2	0	3	1	1	3	0	2	4	1	3	0	2	4	4	2	0
1	0	3	0	1	4	0	2	0	4	1	0	3	0	1	4	0	2	0	4	1	0	3	0	1	1	0	3	0	1	4	0	2
1	2	0	3	4	4	3	0	2	1	1	2	0	3	4	4	3	0	2	1	1	2	0	3	4	1	2	0	3	4	4	3	0
1	4	1	4	1	4	1	4	1	4	1	4	1	4	1	4	1	4	1	4	1	4	1	4	1	1	4	1	4	1	4	1	4
1	1	1	1	1	1	1	1	1	1	1	1	1	1	1	1	1	1	1	1	1	1	1	1	1	3	3	3	3	3	3	3	3
1	3	0	2	4	1	3	0	2	4	1	3	0	2	4	1	3	0	2	4	1	3	0	2	4	3	4	0	1	2	3	4	0
1	0	3	0	1	1	0	3	0	1	1	0	3	0	1	1	0	3	0	1	1	0	3	0	1	3	0	4	0	3	3	0	4
1	2	0	3	4	1	2	0	3	4	1	2	0	3	4	1	2	0	3	4	1	2	0	3	4	3	1	0	4	2	3	1	0
1	4	1	4	1	1	4	1	4	1	1	4	1	4	1	1	4	1	4	1	1	4	1	4	1	3	2	3	2	3	3	2	3
1	1	1	1	1	3	3	3	3	3	0	0	0	0	0	2	2	2	2	2	4	4	4	4	4	3	3	3	3	3	4	4	4
1	3	0	2	4	3	4	0	1	2	0	0	0	0	0	2	1	0	4	3	4	2	0	3	1	3	4	0	1	2	4	2	0
1	0	3	0	1	3	0	4	0	3	0	0	0	0	0	2	0	1	0	2	4	0	2	0	4	3	0	4	0	3	4	0	2

7.13 셀 3개의 합 7로 나누고, 나머지 0에 색칠

1단계

1	1	1	1	1
1	3	5	7	9
1	5	13	25	41
1	7	25	63	29
1	9	41	29	21

2단계

1	1	1	1	1
1	3	5	0	2
1	5	6	4	6
1	0	4	0	3
1	2	6	3	6

탐구 내용

1단계에서 2단계로 진행하면서 규칙을 찾아보자. 7로 나누었을 때 나머지가 0인 도형을 생각해 보자.

3단계

1	1	1	1	1	1	1	1	1	1	1	1	1	1	1	1	1	1	1	1	1	1	1	1	1	1	1	1	1	1	1	1	1
1	3	5	0	2	4	6	1	3	5	0	2	4	6	1	3	5	0	2	4	6	1	3	5	0	2	4	6	1	3	5	0	2
1	5	6	4	6	5	1	1	5	6	4	6	5	1	1	5	6	4	6	5	1	1	5	6	4	6	5	1	1	5	6	4	6
1	0	4	0	3	0	6	1	0	4	0	3	0	6	1	0	4	0	3	0	6	1	0	4	0	3	0	6	1	0	4	0	3
1	2	6	3	6	2	1	1	2	6	3	6	2	1	1	2	6	3	6	2	1	1	2	6	3	6	2	1	1	2	6	3	6
1	4	5	0	2	3	6	1	4	5	0	2	3	6	1	4	5	0	2	3	6	1	4	5	0	2	3	6	1	4	5	0	2
1	6	1	6	1	6	1	1	6	1	6	1	6	1	1	6	1	6	1	6	1	1	6	1	6	1	6	1	1	6	1	6	1
1	1	1	1	1	1	1	3	3	3	3	3	3	3	5	5	5	5	5	5	5	0	0	0	0	0	0	0	2	2	2	2	2
1	3	5	0	2	4	6	3	2	1	0	6	5	4	5	1	4	0	3	6	2	0	0	0	0	0	0	0	2	6	3	0	4
1	5	6	4	6	5	1	3	1	4	5	4	1	3	5	4	2	6	2	4	5	0	0	0	0	0	0	0	2	3	5	1	5
1	0	4	0	3	0	6	3	0	5	0	2	0	4	5	0	6	0	1	0	2	0	0	0	0	0	0	0	2	0	1	0	6
1	2	6	3	6	2	1	3	6	4	2	4	6	3	5	3	2	1	2	3	5	0	0	0	0	0	0	0	2	4	5	6	5
1	4	5	0	2	3	6	3	5	1	0	6	2	4	5	6	4	0	3	1	2	0	0	0	0	0	0	0	2	1	3	0	4
1	6	1	6	1	6	1	3	4	3	4	3	4	3	5	2	5	2	5	2	5	0	0	0	0	0	0	0	2	5	2	5	2
1	1	1	1	1	1	1	5	5	5	5	5	5	5	6	6	6	6	6	6	6	4	4	4	4	4	4	4	6	6	6	6	6
1	3	5	0	2	4	6	5	1	4	0	3	6	2	6	4	2	0	5	3	1	4	5	6	0	1	2	3	6	4	2	0	5
1	5	6	4	6	5	1	5	4	2	6	2	4	5	6	2	1	3	1	2	6	4	6	3	2	3	6	4	6	2	1	3	1
1	0	4	0	3	0	6	5	0	6	0	1	0	2	6	0	3	0	4	0	1	4	0	2	0	5	0	3	6	0	3	0	4
1	2	6	3	6	2	1	5	3	2	1	2	3	5	6	5	1	4	1	5	6	4	1	3	5	3	1	4	6	5	1	4	1
1	4	5	0	2	3	6	5	6	4	0	3	1	2	6	3	2	0	5	4	1	4	2	6	0	1	5	3	6	3	2	0	5
1	6	1	6	1	6	1	5	2	5	2	5	2	5	6	1	6	1	6	1	6	4	3	4	3	4	3	4	6	1	6	1	6
1	1	1	1	1	1	1	0	0	0	0	0	0	0	4	4	4	4	4	4	4	0	0	0	0	0	0	0	3	3	3	3	3
1	3	5	0	2	4	6	0	0	0	0	0	0	0	4	5	6	0	1	2	3	0	0	0	0	0	0	0	3	2	1	0	6
1	5	6	4	6	5	1	0	0	0	0	0	0	0	4	6	3	2	3	6	4	0	0	0	0	0	0	0	3	1	4	5	4
1	0	4	0	3	0	6	0	0	0	0	0	0	0	4	0	2	0	5	0	3	0	0	0	0	0	0	0	3	0	5	0	2
1	2	6	3	6	2	1	0	0	0	0	0	0	0	4	1	3	5	3	1	4	0	0	0	0	0	0	0	3	6	4	2	4
1	4	5	0	2	3	6	0	0	0	0	0	0	0	4	2	6	0	1	5	3	0	0	0	0	0	0	0	3	5	1	0	6
1	6	1	6	1	6	1	0	0	0	0	0	0	0	4	3	4	3	4	3	4	0	0	0	0	0	0	0	3	4	3	4	3
1	1	1	1	1	1	1	2	2	2	2	2	2	2	6	6	6	6	6	6	6	3	3	3	3	3	3	3	6	6	6	6	6
1	3	5	0	2	4	6	2	6	3	0	4	1	5	6	4	2	0	5	3	1	3	2	1	0	6	5	4	6	4	2	0	5
1	5	6	4	6	5	1	2	3	5	1	5	3	2	6	2	1	3	1	2	6	3	1	4	5	4	1	3	6	2	1	3	1
1	0	4	0	3	0	6	2	0	1	0	6	0	5	6	0	3	0	4	0	1	3	0	5	0	2	0	4	6	0	3	0	4
1	2	6	3	6	2	1	2	4	5	6	5	4	2	6	5	1	4	1	5	6	3	6	4	2	4	6	3	6	5	1	4	1

7.14 셀 3개의 합 7로 나누고, 나머지 0 보다 큰 수에 색칠

1단계

1	1	1	1	1
1	3	5	7	9
1	5	13	25	41
1	7	25	63	29
1	9	41	29	21

2단계

1	1	1	1	1
1	3	5	0	2
1	5	6	4	6
1	0	4	0	3
1	2	6	3	6

탐구 내용

1단계에서 2단계로 진행하면서 규칙을 찾아보자. 7로 나누었을 때 나머지가 0이 아닌 경우에 색칠하는 도형을 생각해보자.

3단계

1	1	1	1	1	1	1	1	1	1	1	1	1	1	1	1	1	1	1	1	1	1	1	1	1	1	1	1	1	1	1	1	1
1	3	5	0	2	4	6	1	3	5	0	2	4	6	1	3	5	0	2	4	6	1	3	5	0	2	4	6	1	3	5	0	2
1	5	6	4	6	5	1	1	5	6	4	6	5	1	1	5	6	4	6	5	1	1	5	6	4	6	5	1	1	5	6	4	6
1	0	4	0	3	0	6	1	0	4	0	3	0	6	1	0	4	0	3	0	6	1	0	4	0	3	0	6	1	0	4	0	3
1	2	6	3	6	2	1	1	2	6	3	6	2	1	1	2	6	3	6	2	1	1	2	6	3	6	2	1	1	2	6	3	6
1	4	5	0	2	3	6	1	4	5	0	2	3	6	1	4	5	0	2	3	6	1	4	5	0	2	3	6	1	4	5	0	2
1	6	1	6	1	6	1	1	6	1	6	1	6	1	1	6	1	6	1	6	1	1	6	1	6	1	6	1	1	6	1	6	1
1	1	1	1	1	1	1	3	3	3	3	3	3	3	5	5	5	5	5	5	5	0	0	0	0	0	0	0	2	2	2	2	2
1	3	5	0	2	4	6	3	2	1	0	6	5	4	5	1	4	0	3	6	2	0	0	0	0	0	0	0	2	6	3	0	4
1	5	6	4	6	5	1	3	1	4	5	4	1	3	5	4	2	6	2	4	5	0	0	0	0	0	0	0	2	3	5	1	5
1	0	4	0	3	0	6	3	0	5	0	2	0	4	5	0	6	0	1	0	2	0	0	0	0	0	0	0	2	0	1	0	6
1	2	6	3	6	2	1	3	6	4	2	4	6	3	5	3	2	1	2	3	5	0	0	0	0	0	0	0	2	4	5	6	5
1	4	5	0	2	3	6	3	5	1	0	6	2	4	5	6	4	0	3	1	2	0	0	0	0	0	0	0	2	1	3	0	4
1	6	1	6	1	6	1	3	4	3	4	3	4	3	5	2	5	2	5	2	5	0	0	0	0	0	0	0	2	5	2	5	2
1	1	1	1	1	1	1	5	5	5	5	5	5	5	6	6	6	6	6	6	6	4	4	4	4	4	4	4	6	6	6	6	6
1	3	5	0	2	4	6	5	1	4	0	3	6	2	6	4	2	0	5	3	1	4	5	6	0	1	2	3	6	4	2	0	5
1	5	6	4	6	5	1	5	4	2	6	2	4	5	6	2	1	3	1	2	6	4	6	3	2	3	6	4	6	2	1	3	1
1	0	4	0	3	0	6	5	0	6	0	1	0	2	6	0	3	0	4	0	1	4	0	2	0	5	0	3	6	0	3	0	4
1	2	6	3	6	2	1	5	3	2	1	2	3	5	6	5	1	4	1	5	6	4	1	3	5	3	1	4	6	5	1	4	1
1	4	5	0	2	3	6	5	6	4	0	3	1	2	6	3	2	0	5	4	1	4	2	6	0	1	5	3	6	3	2	0	5
1	6	1	6	1	6	1	5	2	5	2	5	2	5	6	1	6	1	6	1	6	4	3	4	3	4	3	4	6	1	6	1	6
1	1	1	1	1	1	1	0	0	0	0	0	0	0	4	4	4	4	4	4	4	0	0	0	0	0	0	0	3	3	3	3	3
1	3	5	0	2	4	6	0	0	0	0	0	0	0	4	5	6	0	1	2	3	0	0	0	0	0	0	0	3	2	1	0	6
1	5	6	4	6	5	1	0	0	0	0	0	0	0	4	6	3	2	3	6	4	0	0	0	0	0	0	0	3	1	4	5	4
1	0	4	0	3	0	6	0	0	0	0	0	0	0	4	0	2	0	5	0	3	0	0	0	0	0	0	0	3	0	5	0	2
1	2	6	3	6	2	1	0	0	0	0	0	0	0	4	1	3	5	3	1	4	0	0	0	0	0	0	0	3	6	4	2	4
1	4	5	0	2	3	6	0	0	0	0	0	0	0	4	2	6	0	1	5	3	0	0	0	0	0	0	0	3	5	1	0	6
1	6	1	6	1	6	1	0	0	0	0	0	0	0	4	3	4	3	4	3	4	0	0	0	0	0	0	0	3	4	3	4	3
1	1	1	1	1	1	1	2	2	2	2	2	2	2	6	6	6	6	6	6	6	3	3	3	3	3	3	3	6	6	6	6	6
1	3	5	0	2	4	6	2	6	3	0	4	1	5	6	4	2	0	5	3	1	3	2	1	0	6	5	4	6	4	2	0	5
1	5	6	4	6	5	1	2	3	5	1	5	3	2	6	2	1	3	1	2	6	3	1	4	5	4	1	3	6	2	1	3	1
1	0	4	0	3	0	6	2	0	1	0	6	0	5	6	0	3	0	4	0	1	3	0	5	0	2	0	4	6	0	3	0	4
1	2	6	3	6	2	1	2	4	5	6	5	4	2	6	5	1	4	1	5	6	3	6	4	2	4	6	3	6	5	1	4	1

7.15 셀 3개의 합 9로 나누고, 나머지 0에 색칠

1단계

1	1	1	1	1
1	3	5	7	9
1	5	13	25	41
1	7	25	63	29
1	9	41	29	21

2단계

1	1	1	1	1
1	3	5	7	0
1	5	4	7	5
1	7	7	0	3
1	0	5	3	6

탐구 내용

1단계에서 2단계로 진행하면서 규칙을 찾아보자. 9로 나누었을 때 나머지가 0에 색칠하는 도형을 생각해보자.

3단계

1	1	1	1	1	1	1	1	1	1	1	1	1	1	1	1	1	1	1	1	1	1	1	1	1	1	1	1	1	1	1	1	1
1	3	5	7	0	2	4	6	8	1	3	5	7	0	2	4	6	8	1	3	5	7	0	2	4	6	8	1	3	5	7	0	2
1	5	4	7	5	7	4	5	1	1	5	4	7	5	7	4	5	1	1	5	4	7	5	7	4	5	1	1	5	4	7	5	7
1	7	7	0	3	6	8	8	5	7	4	4	6	0	3	5	5	2	4	1	1	3	6	0	2	2	8	1	7	7	0	3	6
1	0	5	3	6	6	2	0	4	7	0	8	0	6	0	8	0	7	4	0	2	6	6	3	5	0	1	1	0	5	3	6	6
1	2	7	6	6	0	8	1	5	7	5	4	3	0	6	5	4	2	4	8	1	0	3	3	2	7	8	1	2	7	6	6	0
1	4	4	8	2	8	7	7	4	7	1	1	8	2	8	1	1	7	4	7	7	8	2	8	4	4	1	1	4	4	8	2	8
1	6	5	8	0	1	7	3	5	7	6	8	8	0	1	1	3	2	4	6	2	8	0	1	4	3	8	1	6	5	8	0	1
1	8	1	5	4	5	4	5	4	7	2	7	5	4	5	7	2	7	4	5	4	5	4	5	1	8	1	1	8	1	5	4	5
1	1	1	7	7	7	7	7	7	0	0	0	3	3	3	6	6	6	8	8	8	8	8	8	5	5	5	7	7	7	4	4	4
1	3	5	4	0	5	1	6	2	0	0	0	3	0	6	6	0	3	8	6	4	2	0	7	2	3	4	7	3	8	1	0	8
1	5	4	4	8	4	1	8	7	0	0	0	3	6	3	6	3	6	8	4	5	2	4	2	2	7	5	7	8	1	1	2	1
1	7	7	6	0	3	8	8	5	3	3	3	6	6	6	6	6	6	2	5	5	3	0	6	1	1	4	7	4	4	6	0	3
1	0	5	0	6	0	2	0	4	3	0	6	6	0	3	6	0	3	2	0	1	0	3	0	7	0	5	7	0	8	0	6	0
1	2	7	3	0	6	8	1	5	3	6	3	6	3	6	6	3	6	2	4	5	6	0	3	1	8	4	7	5	4	3	0	6
1	4	4	5	8	5	1	1	7	6	6	6	6	6	6	0	0	0	8	5	5	7	4	7	2	2	5	7	1	1	8	2	8
1	6	5	5	0	4	1	3	2	6	0	3	6	0	3	0	0	0	8	3	4	7	0	2	2	6	4	7	6	8	8	0	1
1	8	1	2	7	2	7	2	7	6	3	6	6	3	6	0	0	0	8	1	8	1	8	1	5	4	5	7	2	7	5	4	5
1	1	1	4	4	4	4	4	4	8	8	8	2	2	2	8	8	8	7	7	7	7	7	7	4	4	4	7	7	7	1	1	1
1	3	5	1	0	8	7	6	5	8	6	4	5	0	4	5	3	1	7	3	8	4	0	5	7	6	5	7	3	8	7	0	2
1	5	4	1	2	1	7	2	4	8	4	5	5	1	5	5	4	8	7	8	1	4	8	4	7	2	4	7	8	1	7	5	7
1	7	7	3	6	0	8	8	5	8	2	2	3	0	6	7	7	1	7	4	4	0	3	6	8	8	5	7	4	4	3	6	0
1	0	5	6	6	3	2	0	4	8	0	4	0	3	0	4	0	8	7	0	8	3	6	6	2	0	4	7	0	8	6	6	3
1	2	7	0	3	3	8	1	5	8	7	2	6	0	3	7	2	1	7	5	4	6	6	0	8	1	5	7	5	4	0	3	3
1	4	4	2	5	2	4	4	1	5	2	2	1	7	1	2	2	5	4	7	7	8	2	8	7	7	4	7	1	1	5	8	5
1	6	5	2	0	7	4	3	8	5	3	7	1	0	8	2	6	4	4	6	2	8	0	1	7	3	5	7	6	8	5	0	4
1	8	1	8	1	8	1	8	1	5	4	5	4	5	4	5	4	5	4	5	4	5	4	5	4	5	4	7	2	7	2	7	2
1	1	1	1	1	1	1	1	1	7	7	7	7	7	7	7	7	7	7	7	7	7	7	7	7	7	7	0	0	0	0	0	0
1	3	5	7	0	2	4	6	8	7	3	8	4	0	5	1	6	2	7	3	8	4	0	5	1	6	2	0	0	0	0	0	0
1	5	4	7	5	7	4	5	1	7	8	1	4	8	4	1	8	7	7	8	1	4	8	4	1	8	7	0	0	0	0	0	0
1	7	7	0	3	6	8	8	5	4	1	1	6	0	3	8	8	5	1	7	7	3	6	0	5	5	2	0	0	0	0	0	0
1	0	5	3	6	6	2	0	4	4	0	2	0	6	0	2	0	4	1	0	5	6	6	3	8	0	7	0	0	0	0	0	0
1	2	7	6	6	0	8	1	5	4	8	1	3	0	6	8	1	5	1	2	7	0	3	3	5	4	2	0	0	0	0	0	0

7.16 셀 3개의 합 12로 나누고, 나머지 3에 색칠

1단계

1	1	1	1	1
1	3	5	7	9
1	5	13	25	41
1	7	25	63	29
1	9	41	29	21

2단계

1	1	1	1	1
1	3	5	7	9
1	5	1	1	5
1	7	1	3	9
1	9	5	9	9

탐구 내용

1단계에서 2단계로 진행하면서 규칙을 찾아보자. 12로 나누었을 때 나머지가 3인 도형에 대해 생각해 보자.

3단계

1	1	1	1	1	1	1	1	1	1	1	1	1	1	1	1	1	1	1	1	1	1	1	1	1	1	1	1	1	1	1	1	1
1	3	5	7	0	2	4	6	8	1	3	5	7	0	2	4	6	8	1	3	5	7	0	2	4	6	8	1	3	5	7	0	2
1	5	4	7	5	7	4	5	1	1	5	4	7	5	7	4	5	1	1	5	4	7	5	7	4	5	1	1	5	4	7	5	7
1	7	7	0	3	6	8	8	5	7	4	4	6	0	3	5	5	2	4	1	1	3	6	0	2	2	8	1	7	7	0	3	6
1	0	5	3	6	6	2	0	4	7	0	8	0	6	0	8	0	7	4	0	2	6	6	3	5	0	1	1	0	5	3	6	6
1	2	7	6	6	0	8	1	5	7	5	4	3	0	6	5	4	2	4	8	1	0	3	3	2	7	8	1	2	7	6	6	0
1	4	4	8	2	8	7	7	4	7	1	1	8	2	8	1	1	7	4	7	7	8	2	8	4	4	1	1	4	4	8	2	8
1	6	5	8	0	1	7	3	5	7	6	8	8	0	1	1	3	2	4	6	2	8	0	1	4	3	8	1	6	5	8	0	1
1	8	1	5	4	5	4	5	4	7	2	7	5	4	5	7	2	7	4	5	4	5	4	5	1	8	1	1	8	1	5	4	5
1	1	1	7	7	7	7	7	7	0	0	0	3	3	3	6	6	6	8	8	8	8	8	8	5	5	5	7	7	7	4	4	4
1	3	5	4	0	5	1	6	2	0	0	0	3	0	6	6	0	3	8	6	4	2	0	7	2	3	4	7	3	8	1	0	8
1	5	4	4	8	4	1	8	7	0	0	0	3	6	3	6	3	6	8	4	5	2	4	2	2	7	5	7	8	1	1	2	1
1	7	7	6	0	3	8	8	5	3	3	3	6	6	6	6	6	6	2	5	5	3	0	6	1	1	4	7	4	4	6	0	3
1	0	5	0	6	0	2	0	4	3	0	6	6	0	3	6	0	3	2	0	1	0	3	0	7	0	5	7	0	8	0	6	0
1	2	7	3	0	6	8	1	5	3	6	3	6	3	6	6	3	6	2	4	5	6	0	3	1	8	4	7	5	4	3	0	6
1	4	4	5	8	5	1	1	7	6	6	6	6	6	6	0	0	0	8	5	5	7	4	7	2	2	5	7	1	1	8	2	8
1	6	5	5	0	4	1	3	2	6	0	3	6	0	3	0	0	0	8	3	4	7	0	2	2	6	4	7	6	8	8	0	1
1	8	1	2	7	2	7	2	7	6	3	6	6	3	6	0	0	0	8	1	8	1	8	1	5	4	5	7	2	7	5	4	5
1	1	1	4	4	4	4	4	4	8	8	8	2	2	2	8	8	8	7	7	7	7	7	7	4	4	4	7	7	7	1	1	1
1	3	5	1	0	8	7	6	5	8	6	4	5	0	4	5	3	1	7	3	8	4	0	5	7	6	5	7	3	8	7	0	2
1	5	4	1	2	1	7	2	4	8	4	5	5	1	5	5	4	8	7	8	1	4	8	4	7	2	4	7	8	1	7	5	7
1	7	7	3	6	0	8	8	5	8	2	2	3	0	6	7	7	1	7	4	4	0	3	6	8	8	5	7	4	4	3	6	0
1	0	5	6	6	3	2	0	4	8	0	4	0	3	0	4	0	8	7	0	8	3	6	6	2	0	4	7	0	8	6	6	3
1	2	7	0	3	3	8	1	5	8	7	2	6	0	3	7	2	1	7	5	4	6	6	0	8	1	5	7	5	4	0	3	3
1	4	4	2	5	2	4	4	1	5	2	2	1	7	1	2	2	5	4	7	7	8	2	8	7	7	4	7	1	1	5	8	5
1	6	5	2	0	7	4	3	8	5	3	7	1	0	8	2	6	4	4	6	2	8	0	1	7	3	5	7	6	8	5	0	4
1	8	1	8	1	8	1	8	1	5	4	5	4	5	4	5	4	5	4	5	4	5	4	5	4	5	4	7	2	7	2	7	2
1	1	1	1	1	1	1	1	1	7	7	7	7	7	7	7	7	7	7	7	7	7	7	7	7	7	7	0	0	0	0	0	0
1	3	5	7	0	2	4	6	8	7	3	8	4	0	5	1	6	2	7	3	8	4	0	5	1	6	2	0	0	0	0	0	0
1	5	4	7	5	7	4	5	1	7	8	1	4	8	4	1	8	7	7	8	1	4	8	4	1	8	7	0	0	0	0	0	0
1	7	7	0	3	6	8	8	5	4	1	1	6	0	3	8	8	5	1	7	7	3	6	0	5	5	2	0	0	0	0	0	0
1	0	5	3	6	6	2	0	4	4	0	2	0	6	0	2	0	4	1	0	5	6	6	3	8	0	7	0	0	0	0	0	0
1	2	7	6	6	0	8	1	5	4	8	1	3	0	6	8	1	5	1	2	7	0	3	3	5	4	2	0	0	0	0	0	0

7.17 셀 3개의 합 12로 나누고, 초기치 0, 나머지 0

1단계

0	1	1	1	1
1	2	4	6	8
1	4	10	20	34
1	6	20	50	4
1	8	34	4	58

2단계

0	1	1	1	1
1	2	4	6	8
1	4	10	8	10
1	6	8	2	8
1	8	10	8	6

탐구 내용

1단계에서 2단계로 진행하면서 규칙을 찾아보자. 초기치는 0이다. 12로 나누었을 때 나머지가 0에 색칠하자.

3단계

0	1	1	1	1	1	1	1	1	1	1	1	1	1	1	1	1	1	1	1	1	1	1	1	1	1	1	1	1	1	1	1	1
1	2	4	6	8	10	0	2	4	6	8	10	0	2	4	6	8	10	0	2	4	6	8	10	0	2	4	6	8	10	0	2	4
1	4	10	8	10	4	2	4	10	8	10	4	2	4	10	8	10	4	2	4	10	8	10	4	2	4	10	8	10	4	2	4	10
1	6	8	2	8	10	4	10	0	6	0	2	8	2	4	10	4	6	0	6	8	2	8	10	4	10	0	6	0	2	8	2	4
1	8	10	8	6	0	2	4	2	8	2	4	2	0	6	8	10	8	2	8	10	8	6	0	2	4	2	8	2	4	2	0	6
1	10	4	10	0	6	8	2	8	6	4	10	4	6	0	2	8	2	0	10	4	10	0	6	8	2	8	6	4	10	4	6	0
1	0	2	4	2	8	10	8	6	8	6	8	10	8	2	4	2	0	2	0	2	4	2	8	10	8	6	8	6	8	10	8	2
1	2	4	10	4	2	8	2	4	6	8	10	4	10	8	2	8	10	0	2	4	10	4	2	8	2	4	6	8	10	4	10	8
1	4	10	0	2	8	6	4	10	8	10	4	6	8	2	0	10	4	2	4	10	0	2	8	6	4	10	8	10	4	6	8	2
1	6	8	6	8	6	8	6	8	2	8	10	8	10	8	10	8	10	4	10	0	10	0	10	0	10	0	6	0	2	0	2	0
1	8	10	0	2	4	6	8	10	8	6	0	6	0	6	0	6	0	2	4	2	0	10	8	6	4	2	8	2	4	6	8	10
1	10	4	2	4	10	8	10	4	10	0	6	0	6	0	6	0	6	8	2	8	10	8	2	4	2	8	6	4	10	8	10	4
1	0	2	8	2	4	10	4	6	8	6	0	6	0	6	0	6	0	2	0	10	4	10	8	2	8	6	8	6	8	2	8	10
1	2	4	2	0	6	8	10	8	10	0	6	0	6	0	6	0	6	8	10	8	10	0	6	4	2	4	6	8	10	8	6	0
1	4	10	4	6	0	2	8	2	8	6	0	6	0	6	0	6	0	2	8	2	8	6	0	10	4	10	8	10	4	10	0	6
1	6	8	10	8	2	4	2	0	10	0	6	0	6	0	6	0	6	8	6	4	2	4	10	8	10	0	6	0	2	4	2	8
1	8	10	4	10	8	2	8	10	8	6	0	6	0	6	0	6	0	2	4	2	8	2	4	10	4	2	8	2	4	10	4	2
1	10	4	6	8	2	0	10	4	10	0	6	0	6	0	6	0	6	8	2	8	6	4	10	0	2	8	6	4	10	0	2	8
1	0	2	0	2	0	2	0	2	4	2	8	2	8	2	8	2	8	10	8	6	8	6	8	6	8	6	8	6	8	6	8	6
1	2	4	6	8	10	0	2	4	10	4	2	0	10	8	6	4	2	8	2	4	6	8	10	0	2	4	6	8	10	0	2	4
1	4	10	8	10	4	2	4	10	0	2	8	10	8	2	4	2	8	6	4	10	8	10	4	2	4	10	8	10	4	2	4	10
1	6	8	2	8	10	4	10	0	10	0	10	4	10	8	2	8	6	8	6	8	2	8	10	4	10	0	6	0	2	8	2	4
1	8	10	8	6	0	2	4	2	0	10	8	10	0	6	4	2	4	6	8	10	8	6	0	2	4	2	8	2	4	2	0	6
1	10	4	10	0	6	8	2	8	10	8	2	8	6	0	10	4	10	8	10	4	10	0	6	8	2	8	6	4	10	4	6	0
1	0	2	4	2	8	10	8	6	0	6	4	2	4	10	8	10	0	6	0	2	4	2	8	10	8	6	8	6	8	10	8	2
1	2	4	10	4	2	8	2	4	10	4	2	8	2	4	10	4	2	8	2	4	10	4	2	8	2	4	6	8	10	4	10	8
1	4	10	0	2	8	6	4	10	0	2	8	6	4	10	0	2	8	6	4	10	0	2	8	6	4	10	8	10	4	6	8	2
1	6	8	6	8	6	8	6	8	6	8	6	8	6	8	6	8	6	8	6	8	6	8	6	8	6	8	2	8	10	8	10	8
1	8	10	0	2	4	6	8	10	0	2	4	6	8	10	0	2	4	6	8	10	0	2	4	6	8	10	8	6	0	6	0	6
1	10	4	2	4	10	8	10	4	2	4	10	8	10	4	2	4	10	8	10	4	2	4	10	8	10	4	10	0	6	0	6	0
1	0	2	8	2	4	10	4	6	0	6	8	2	8	10	4	10	0	6	0	2	8	2	4	10	4	6	8	6	0	6	0	6
1	2	4	2	0	6	8	10	8	2	8	10	8	6	0	2	4	2	8	2	4	2	0	6	8	10	8	10	0	6	0	6	0
1	4	10	4	6	0	2	8	2	0	10	4	10	0	6	8	2	8	6	4	10	4	6	0	2	8	2	8	6	0	6	0	6

7.18 셀 3개의 합 12로 나누고, 초기치 6, 나머지 0

1단계

6	1	1	1	1
1	8	10	12	14
1	10	28	50	76
1	12	50	28	54
1	14	76	54	36

2단계

6	1	1	1	1
1	8	10	**0**	2
1	10	4	2	4
1	**0**	2	8	2
1	2	4	2	**0**

탐구 내용

1단계에서 2단계로 진행하면서 규칙을 찾아보자. 초기치는 12이다. 9로 나누었을 때 나머지가 0에 색칠하자.

3단계

6	1	1	1	1	1	1	1	1	1	1	1	1	1	1	1	1	1	1	1	1	1	1	1	1	1	1	1	1	1	1	1	1
1	8	10	0	2	4	6	8	10	0	2	4	6	8	10	0	2	4	6	8	10	0	2	4	6	8	10	0	2	4	6	8	10
1	10	4	2	4	10	8	10	4	2	4	10	8	10	4	2	4	10	8	10	4	2	4	10	8	10	4	2	4	10	8	10	4
1	0	2	8	2	4	10	4	6	0	6	8	2	8	10	4	10	0	6	0	2	8	2	4	10	4	6	0	6	8	2	8	10
1	2	4	2	0	6	8	10	8	2	8	10	8	6	0	2	4	2	8	2	4	2	0	6	8	10	8	2	8	10	8	6	0
1	4	10	4	6	0	2	8	2	0	10	4	10	0	6	8	2	8	6	4	10	4	6	0	2	8	2	0	10	4	10	0	6
1	6	8	10	8	2	4	2	0	2	0	2	4	2	8	10	8	6	8	6	8	10	8	2	4	2	0	2	0	2	4	2	8
1	8	10	4	10	8	2	8	10	0	2	4	10	4	2	8	2	4	6	8	10	4	10	8	2	8	10	0	2	4	10	4	2
1	10	4	6	8	2	0	10	4	2	4	10	0	2	8	6	4	10	8	10	4	6	8	2	0	10	4	2	4	10	0	2	8
1	0	2	0	2	0	2	0	2	8	2	4	2	4	2	4	2	4	10	4	6	4	6	4	6	4	6	0	6	8	6	8	6
1	2	4	6	8	10	0	2	4	2	0	6	0	6	0	6	0	6	8	10	8	6	4	2	0	10	8	2	8	10	0	2	4
1	4	10	8	10	4	2	4	10	4	6	0	6	0	6	0	6	0	2	8	2	4	2	8	10	8	2	0	10	4	2	4	10
1	6	8	2	8	10	4	10	0	2	0	6	0	6	0	6	0	6	8	6	4	10	4	2	8	2	0	2	0	2	8	2	4
1	8	10	8	6	0	2	4	2	4	6	0	6	0	6	0	6	0	2	4	2	4	6	0	10	8	10	0	2	4	2	0	6
1	10	4	10	0	6	8	2	8	2	0	6	0	6	0	6	0	6	8	2	8	2	0	6	4	10	4	2	4	10	4	6	0
1	0	2	4	2	8	10	8	6	4	6	0	6	0	6	0	6	0	2	0	10	8	10	4	2	4	6	0	6	8	10	8	2
1	2	4	10	4	2	8	2	4	2	0	6	0	6	0	6	0	6	8	10	8	2	8	10	4	10	8	2	8	10	4	10	8
1	4	10	0	2	8	6	4	10	4	6	0	6	0	6	0	6	0	2	8	2	0	10	4	6	8	2	0	10	4	6	8	2
1	6	8	6	8	6	8	6	8	10	8	2	8	2	8	2	8	2	4	2	0	2	0	2	0	2	0	2	0	2	0	2	0
1	8	10	0	2	4	6	8	10	4	10	8	6	4	2	0	10	8	2	8	10	0	2	4	6	8	10	0	2	4	6	8	10
1	10	4	2	4	10	8	10	4	6	8	2	4	2	8	10	8	2	0	10	4	2	4	10	8	10	4	2	4	10	8	10	4
1	0	2	8	2	4	10	4	6	4	6	4	10	4	2	8	2	0	2	0	2	8	2	4	10	4	6	0	6	8	2	8	10
1	2	4	2	0	6	8	10	8	6	4	2	4	6	0	10	8	10	0	2	4	2	0	6	8	10	8	2	8	10	8	6	0
1	4	10	4	6	0	2	8	2	4	2	8	2	0	6	4	10	4	2	4	10	4	6	0	2	8	2	0	10	4	10	0	6
1	6	8	10	8	2	4	2	0	6	0	10	8	10	4	2	4	6	0	6	8	10	8	2	4	2	0	2	0	2	4	2	8
1	8	10	4	10	8	2	8	10	4	10	8	2	8	10	4	10	8	2	8	10	4	10	8	2	8	10	0	2	4	10	4	2
1	10	4	6	8	2	0	10	4	6	8	2	0	10	4	6	8	2	0	10	4	6	8	2	0	10	4	2	4	10	0	2	8
1	0	2	0	2	0	2	0	2	0	2	0	2	0	2	0	2	0	2	0	2	0	2	0	2	0	2	8	2	4	2	4	2
1	2	4	6	8	10	0	2	4	6	8	10	0	2	4	6	8	10	0	2	4	6	8	10	0	2	4	2	0	6	0	6	0
1	4	10	8	10	4	2	4	10	8	10	4	2	4	10	8	10	4	2	4	10	8	10	4	2	4	10	4	6	0	6	0	6
1	6	8	2	8	10	4	10	0	6	0	2	8	2	4	10	4	6	0	6	8	2	8	10	4	10	0	2	0	6	0	6	0
1	8	10	8	6	0	2	4	2	8	2	4	2	0	6	8	10	8	2	8	10	8	6	0	2	4	2	4	6	0	6	0	6
1	10	4	10	0	6	8	2	8	6	4	10	4	6	0	2	8	2	0	10	4	10	0	6	8	2	8	2	0	6	0	6	0

7.19 셀 3개의 합 12로 나누고, 초기치 2, 나머지 0

1단계

2	1	1	1	1
1	4	6	8	10
1	6	16	30	48
1	8	30	76	54
1	10	48	54	84

2단계

2	1	1	1	1
1	4	6	8	10
1	6	4	6	0
1	8	6	4	10
1	10	0	10	0

탐구 내용

1단계에서 2단계로 진행하면서 규칙을 찾아보자. 초기치는 2이다. 9로 나누었을 때 나머지가 0에 색칠하자.

3단계

2	1	1	1	1	1	1	1	1	1	1	1	1	1	1	1	1	1	1	1	1	1	1	1	1	1	1	1	1	1	1	1	1
1	4	6	8	10	0	2	4	6	8	10	0	2	4	6	8	10	0	2	4	6	8	10	0	2	4	6	8	10	0	2	4	6
1	6	4	6	0	10	0	6	4	6	0	10	0	6	4	6	0	10	0	6	4	6	0	10	0	6	4	6	0	10	0	6	4
1	8	6	4	10	8	6	0	10	8	2	0	10	4	2	0	6	4	2	8	6	4	10	8	6	0	10	8	2	0	10	4	2
1	10	0	10	0	6	8	2	0	6	4	6	4	6	0	2	8	6	0	10	0	10	0	6	8	2	0	6	4	6	4	6	0
1	0	10	8	6	0	2	0	2	8	6	4	2	0	6	8	6	8	2	0	10	8	6	0	2	0	2	8	6	4	2	0	6
1	2	0	6	8	2	4	6	8	6	8	6	0	2	8	10	0	2	0	2	0	6	8	2	4	6	8	6	8	6	0	2	8
1	4	6	0	2	0	6	4	6	8	10	0	6	8	6	0	10	0	2	4	6	0	2	0	6	4	6	8	10	0	6	8	6
1	6	4	10	0	2	8	6	4	6	0	10	4	6	8	2	0	10	0	6	4	10	0	2	8	6	4	6	0	10	4	6	8
1	8	6	8	6	8	6	8	6	4	10	8	10	8	10	8	10	8	6	0	10	0	10	0	10	0	10	8	2	0	2	0	2
1	10	0	2	4	6	8	10	0	10	0	6	0	6	0	6	0	6	8	2	0	10	8	6	4	2	0	6	4	6	8	10	0
1	0	10	0	6	4	6	0	10	8	6	0	6	0	6	0	6	0	2	0	2	0	6	8	6	0	2	8	6	4	6	0	10
1	2	0	10	4	2	0	6	4	10	0	6	0	6	0	6	0	6	8	10	0	2	8	10	0	6	8	6	8	6	4	10	8
1	4	6	4	6	0	2	8	6	8	6	0	6	0	6	0	6	0	2	8	6	8	6	0	10	4	6	8	10	0	10	0	6
1	6	4	2	0	6	8	6	8	10	0	6	0	6	0	6	0	6	8	6	8	10	0	6	4	6	4	6	0	10	8	6	0
1	8	6	0	2	8	10	0	2	8	6	0	6	0	6	0	6	0	2	4	6	0	10	4	2	0	10	8	2	0	6	8	2
1	10	0	6	8	6	0	10	0	10	0	6	0	6	0	6	0	6	8	2	0	6	4	6	0	2	0	6	4	6	0	2	0
1	0	10	4	6	8	2	0	10	8	6	0	6	0	6	0	6	0	2	0	2	8	6	4	10	0	2	8	6	4	10	0	2
1	2	0	2	0	2	0	2	0	6	8	2	8	2	8	2	8	2	4	6	8	6	8	6	8	6	8	6	8	6	8	6	8
1	4	6	8	10	0	2	4	6	0	2	0	10	8	6	4	2	0	6	4	6	8	10	0	2	4	6	8	10	0	2	4	6
1	6	4	6	0	10	0	6	4	10	0	2	0	6	8	6	0	2	8	6	4	6	0	10	0	6	4	6	0	10	0	6	4
1	8	6	4	10	8	6	0	10	0	10	0	2	8	10	0	6	8	6	8	6	4	10	8	6	0	10	8	2	0	10	4	2
1	10	0	10	0	6	8	2	0	10	8	6	8	6	0	10	4	6	8	10	0	10	0	6	8	2	0	6	4	6	4	6	0
1	0	10	8	6	0	2	0	2	0	6	8	10	0	6	4	6	4	6	0	10	8	6	0	2	0	2	8	6	4	2	0	6
1	2	0	6	8	2	4	6	8	10	4	6	0	10	4	2	0	10	8	2	0	6	8	2	4	6	8	6	8	6	0	2	8
1	4	6	0	2	0	6	4	6	0	2	0	6	4	6	0	2	0	6	4	6	0	2	0	6	4	6	8	10	0	6	8	6
1	6	4	10	0	2	8	6	4	10	0	2	8	6	4	10	0	2	8	6	4	10	0	2	8	6	4	6	0	10	4	6	8
1	8	6	8	6	8	6	8	6	8	6	8	6	8	6	8	6	8	6	8	6	8	6	8	6	8	6	4	10	8	10	8	10
1	10	0	2	4	6	8	10	0	2	4	6	8	10	0	2	4	6	8	10	0	2	4	6	8	10	0	10	0	6	0	6	0
1	0	10	0	6	4	6	0	10	0	6	4	6	0	10	0	6	4	6	0	10	0	6	4	6	0	10	8	6	0	6	0	6
1	2	0	10	4	2	0	6	4	2	8	6	4	10	8	6	0	10	8	2	0	10	4	2	0	6	4	10	0	6	0	6	0
1	4	6	4	6	0	2	8	6	0	10	0	10	0	6	8	2	0	6	4	6	4	6	0	2	8	6	8	6	0	6	0	6
1	6	4	2	0	6	8	6	8	2	0	10	8	6	0	2	0	2	8	6	4	2	0	6	8	6	8	10	0	6	0	6	0

7.20 셀 3개의 합 12로 나누고, 초기치 8, 나머지 0

1단계

8	1	1	1	1
1	10	12	14	16
1	12	34	60	90
1	14	60	54	4
1	16	90	4	62

2단계

8	1	1	1	1
1	2	4	6	0
1	4	2	4	2
1	6	4	2	0
1	0	2	0	2

탐구 내용

1단계에서 2단계로 진행하면서 규칙을 찾아보자. 초기치는 8이다. 9로 나누었을 때 나머지가 0에 색칠하자.

3단계

8	1	1	1	1	1	1	1	1	1	1	1	1	1	1	1	1	1	1	1	1	1	1	1	1	1	1	1	1	1	1	1	1
1	10	0	2	4	6	8	10	0	2	4	6	8	10	0	2	4	6	8	10	0	2	4	6	8	10	0	2	4	6	8	10	0
1	0	10	0	6	4	6	0	10	0	6	4	6	0	10	0	6	4	6	0	10	0	6	4	6	0	10	0	6	4	6	0	10
1	2	0	10	4	2	0	6	4	2	8	6	4	10	8	6	0	10	8	2	0	10	4	2	0	6	4	2	8	6	4	10	8
1	4	6	4	6	0	2	8	6	0	10	0	10	0	6	8	2	0	6	4	6	4	6	0	2	8	6	0	10	0	10	0	6
1	6	4	2	0	6	8	6	8	2	0	10	8	6	0	2	0	2	8	6	4	2	0	6	8	6	8	2	0	10	8	6	0
1	8	6	0	2	8	10	0	2	0	2	0	6	8	2	4	6	8	6	8	6	0	2	8	10	0	2	0	2	0	6	8	2
1	10	0	6	8	6	0	10	0	2	4	6	0	2	0	6	4	6	8	10	0	6	8	6	0	10	0	2	4	6	0	2	0
1	0	10	4	6	8	2	0	10	0	6	4	10	0	2	8	6	4	6	0	10	4	6	8	2	0	10	0	6	4	10	0	2
1	2	0	2	0	2	0	2	0	10	4	2	4	2	4	2	4	2	0	6	4	6	4	6	4	6	4	2	8	6	8	6	8
1	4	6	8	10	0	2	4	6	4	6	0	6	0	6	0	6	0	2	8	6	4	2	0	10	8	6	0	10	0	2	4	6
1	6	4	6	0	10	0	6	4	2	0	6	0	6	0	6	0	6	8	6	8	6	0	2	0	6	8	2	0	10	0	6	4
1	8	6	4	10	8	6	0	10	4	6	0	6	0	6	0	6	0	2	4	6	8	2	4	6	0	2	0	2	0	10	4	2
1	10	0	10	0	6	8	2	0	2	0	6	0	6	0	6	0	6	8	2	0	2	0	6	4	10	0	2	4	6	4	6	0
1	0	10	8	6	0	2	0	2	4	6	0	6	0	6	0	6	0	2	0	2	4	6	0	10	0	10	0	6	4	2	0	6
1	2	0	6	8	2	4	6	8	2	0	6	0	6	0	6	0	6	8	10	0	6	4	10	8	6	4	2	8	6	0	2	8
1	4	6	0	2	0	6	4	6	4	6	0	6	0	6	0	6	0	2	8	6	0	10	0	6	8	6	0	10	0	6	8	6
1	6	4	10	0	2	8	6	4	2	0	6	0	6	0	6	0	6	8	6	8	2	0	10	4	6	8	2	0	10	4	6	8
1	8	6	8	6	8	6	8	6	0	2	8	2	8	2	8	2	8	10	0	2	0	2	0	2	0	2	0	2	0	2	0	2
1	10	0	2	4	6	8	10	0	6	8	6	4	2	0	10	8	6	0	10	0	2	4	6	8	10	0	2	4	6	8	10	0
1	0	10	0	6	4	6	0	10	4	6	8	6	0	2	0	6	8	2	0	10	0	6	4	6	0	10	0	6	4	6	0	10
1	2	0	10	4	2	0	6	4	6	4	6	8	2	4	6	0	2	0	2	0	10	4	2	0	6	4	2	8	6	4	10	8
1	4	6	4	6	0	2	8	6	4	2	0	2	0	6	4	10	0	2	4	6	4	6	0	2	8	6	0	10	0	10	0	6
1	6	4	2	0	6	8	6	8	6	0	2	4	6	0	10	0	10	0	6	4	2	0	6	8	6	8	2	0	10	8	6	0
1	8	6	0	2	8	10	0	2	4	10	0	6	4	10	8	6	4	2	8	6	0	2	8	10	0	2	0	2	0	6	8	2
1	10	0	6	8	6	0	10	0	6	8	6	0	10	0	6	8	6	0	10	0	6	8	6	0	10	0	2	4	6	0	2	0
1	0	10	4	6	8	2	0	10	4	6	8	2	0	10	4	6	8	2	0	10	4	6	8	2	0	10	0	6	4	10	0	2
1	2	0	2	0	2	0	2	0	2	0	2	0	2	0	2	0	2	0	2	0	2	0	2	0	2	0	10	4	2	4	2	4
1	4	6	8	10	0	2	4	6	8	10	0	2	4	6	8	10	0	2	4	6	8	10	0	2	4	6	4	6	0	6	0	6
1	6	4	6	0	10	0	6	4	6	0	10	0	6	4	6	0	10	0	6	4	6	0	10	0	6	4	2	0	6	0	6	0
1	8	6	4	10	8	6	0	10	8	2	0	10	4	2	0	6	4	2	8	6	4	10	8	6	0	10	4	6	0	6	0	6
1	10	0	10	0	6	8	2	0	6	4	6	4	6	0	2	8	6	0	10	0	10	0	6	8	2	0	2	0	6	0	6	0
1	0	10	8	6	0	2	0	2	8	6	4	2	0	6	8	6	8	2	0	10	8	6	0	2	0	2	4	6	0	6	0	6

7.21 셀 3개의 합 12로 나누고, 초기치 4, 나머지 0

1단계

4	1	1	1	1
1	6	8	10	12
1	8	22	40	62
1	10	40	2	4
1	12	62	4	10

2단계

4	1	1	1	1
1	6	0	2	4
1	0	6	0	6
1	2	0	6	4
1	4	6	4	6

탐구 내용

1단계에서 2단계로 진행하면서 규칙을 찾아보자. 초기치는 4이다. 9로 나누었을 때 나머지가 0에 색칠하자.

3단계

4	1	1	1	1	1	1	1	1	1	1	1	1	1	1	1	1	1	1	1	1	1	1	1	1	1	1	1	1	1	1	1	1
1	6	8	10	0	2	4	6	8	10	0	2	4	6	8	10	0	2	4	6	8	10	0	2	4	6	8	10	0	2	4	6	8
1	8	10	4	2	4	10	8	10	4	2	4	10	8	10	4	2	4	10	8	10	4	2	4	10	8	10	4	2	4	10	8	10
1	10	4	6	0	6	8	2	8	10	4	10	0	6	0	2	8	2	4	10	4	6	0	6	8	2	8	10	4	10	0	6	0
1	0	2	0	6	0	2	0	10	4	6	8	6	0	6	8	6	4	10	0	2	0	6	0	2	0	10	4	6	8	6	0	6
1	2	4	6	0	6	8	10	8	10	8	10	0	6	0	2	4	2	4	2	4	6	0	6	8	10	8	10	8	10	0	6	0
1	4	10	8	2	8	10	4	10	4	10	4	2	8	2	4	10	4	10	4	10	8	2	8	10	4	10	4	10	4	2	8	2
1	6	8	2	0	10	4	6	8	10	0	2	8	6	4	10	0	2	4	6	8	2	0	10	4	6	8	10	0	2	8	6	4
1	8	10	8	10	8	10	8	10	4	2	4	2	4	2	4	2	4	10	8	10	8	10	8	10	8	10	4	2	4	2	4	2
1	10	4	10	4	10	4	10	4	6	0	6	0	6	0	6	0	6	8	2	8	2	8	2	8	2	8	10	4	10	4	10	4
1	0	2	4	6	8	10	0	2	0	6	0	6	0	6	0	6	0	2	0	10	8	6	4	2	0	10	4	6	8	10	0	2
1	2	4	10	8	10	4	2	4	6	0	6	0	6	0	6	0	6	8	10	8	2	4	2	8	10	8	10	8	10	4	2	4
1	4	10	0	6	0	2	8	2	0	6	0	6	0	6	0	6	0	2	8	2	0	6	0	10	4	10	4	10	4	6	0	6
1	6	8	6	0	6	8	6	4	6	0	6	0	6	0	6	0	6	8	6	4	6	0	6	4	6	8	10	0	2	0	6	0
1	8	10	0	6	0	2	4	2	0	6	0	6	0	6	0	6	0	2	4	2	0	6	0	10	8	10	4	2	4	6	0	6
1	10	4	2	8	2	4	10	4	6	0	6	0	6	0	6	0	6	8	2	8	10	4	10	8	2	8	10	4	10	8	2	8
1	0	2	8	6	4	10	0	2	0	6	0	6	0	6	0	6	0	2	0	10	4	6	8	2	0	10	4	6	8	2	0	10
1	2	4	2	4	2	4	2	4	6	0	6	0	6	0	6	0	6	8	10	8	10	8	10	8	10	8	10	8	10	8	10	8
1	4	10	4	10	4	10	4	10	8	2	8	2	8	2	8	2	8	10	4	10	4	10	4	10	4	10	4	10	4	10	4	10
1	6	8	10	0	2	4	6	8	2	0	10	8	6	4	2	0	10	4	6	8	10	0	2	4	6	8	10	0	2	4	6	8
1	8	10	4	2	4	10	8	10	8	10	8	2	4	2	8	10	8	10	8	10	4	2	4	10	8	10	4	2	4	10	8	10
1	10	4	6	0	6	8	2	8	2	8	2	0	6	0	10	4	10	4	10	4	6	0	6	8	2	8	10	4	10	0	6	0
1	0	2	0	6	0	2	0	10	8	6	4	6	0	6	4	6	8	10	0	2	0	6	0	2	0	10	4	6	8	6	0	6
1	2	4	6	0	6	8	10	8	2	4	2	0	6	0	10	8	10	4	2	4	6	0	6	8	10	8	10	8	10	0	6	0
1	4	10	8	2	8	10	4	10	8	2	8	10	4	10	8	2	8	10	4	10	8	2	8	10	4	10	4	10	4	2	8	2
1	6	8	2	0	10	4	6	8	2	0	10	4	6	8	2	0	10	4	6	8	2	0	10	4	6	8	10	0	2	8	6	4
1	8	10	8	10	8	10	8	10	8	10	8	10	8	10	8	10	8	10	8	10	8	10	8	10	8	10	4	2	4	2	4	2
1	10	4	10	4	10	4	10	4	10	4	10	4	10	4	10	4	10	4	10	4	10	4	10	4	10	4	6	0	6	0	6	0
1	0	2	4	6	8	10	0	2	4	6	8	10	0	2	4	6	8	10	0	2	4	6	8	10	0	2	0	6	0	6	0	6
1	2	4	10	8	10	4	2	4	10	8	10	4	2	4	10	8	10	4	2	4	10	8	10	4	2	4	6	0	6	0	6	0
1	4	10	0	6	0	2	8	2	4	10	4	6	0	6	8	2	8	10	4	10	0	6	0	2	8	2	0	6	0	6	0	6
1	6	8	6	0	6	8	6	4	10	0	2	0	6	0	2	0	10	4	6	8	6	0	6	8	6	4	6	0	6	0	6	0
1	8	10	0	6	0	2	4	2	4	2	4	6	0	6	8	10	8	10	8	10	0	6	0	2	4	2	0	6	0	6	0	6

7.22 셀 3개의 합 12로 나누고, 초기치 10, 나머지 0

1단계

10	1	1	1	1
1	12	14	16	18
1	14	40	70	4
1	16	70	80	54
1	18	4	54	88

2단계

10	1	1	1	1
1	0	2	4	6
1	2	4	10	8
1	4	10	0	6
1	6	8	6	0

탐구 내용

1단계에서 2단계로 진행하면서 규칙을 찾아보자. 초기치는 10이다. 9로 나누었을 때 나머지가 0에 색칠하자.

3단계

10	1	1	1	1	1	1	1	1	1	1	1	1	1	1	1	1	1	1	1	1	1	1	1	1	1	1	1	1	1	1	1	1
1	0	2	4	6	8	10	0	2	4	6	8	10	0	2	4	6	8	10	0	2	4	6	8	10	0	2	4	6	8	10	0	2
1	2	4	10	8	10	4	2	4	10	8	10	4	2	4	10	8	10	4	2	4	10	8	10	4	2	4	10	8	10	4	2	4
1	4	10	0	6	0	2	8	2	4	10	4	6	0	6	8	2	8	10	4	10	0	6	0	2	8	2	4	10	4	6	0	6
1	6	8	6	0	6	8	6	4	10	0	2	0	6	0	2	0	10	4	6	8	6	0	6	8	6	4	10	0	2	0	6	0
1	8	10	0	6	0	2	4	2	4	2	4	6	0	6	8	10	8	10	8	10	0	6	0	2	4	2	4	2	4	6	0	6
1	10	4	2	8	2	4	10	4	10	4	10	8	2	8	10	4	10	4	10	4	2	8	2	4	10	4	10	4	10	8	2	8
1	0	2	8	6	4	10	0	2	4	6	8	2	0	10	4	6	8	10	0	2	8	6	4	10	0	2	4	6	8	2	0	10
1	2	4	2	4	2	4	2	4	10	8	10	8	10	8	10	8	10	4	2	4	2	4	2	4	2	4	10	8	10	8	10	8
1	4	10	4	10	4	10	4	10	0	6	0	6	0	6	0	6	0	2	8	2	8	2	8	2	8	2	4	10	4	10	4	10
1	6	8	10	0	2	4	6	8	6	0	6	0	6	0	6	0	6	8	6	4	2	0	10	8	6	4	10	0	2	4	6	8
1	8	10	4	2	4	10	8	10	0	6	0	6	0	6	0	6	0	2	4	2	8	10	8	2	4	2	4	2	4	10	8	10
1	10	4	6	0	6	8	2	8	6	0	6	0	6	0	6	0	6	8	2	8	6	0	6	4	10	4	10	4	10	0	6	0
1	0	2	0	6	0	2	0	10	0	6	0	6	0	6	0	6	0	2	0	10	0	6	0	10	0	2	4	6	8	6	0	6
1	2	4	6	0	6	8	10	8	6	0	6	0	6	0	6	0	6	8	10	8	6	0	6	4	2	4	10	8	10	0	6	0
1	4	10	8	2	8	10	4	10	0	6	0	6	0	6	0	6	0	2	8	2	4	10	4	2	8	2	4	10	4	2	8	2
1	6	8	2	0	10	4	6	8	6	0	6	0	6	0	6	0	6	8	6	4	10	0	2	8	6	4	10	0	2	8	6	4
1	8	10	8	10	8	10	8	10	0	6	0	6	0	6	0	6	0	2	4	2	4	2	4	2	4	2	4	2	4	2	4	2
1	10	4	10	4	10	4	10	4	2	8	2	8	2	8	2	8	2	4	10	4	10	4	10	4	10	4	10	4	10	4	10	4
1	0	2	4	6	8	10	0	2	8	6	4	2	0	10	8	6	4	10	0	2	4	6	8	10	0	2	4	6	8	10	0	2
1	2	4	10	8	10	4	2	4	2	4	2	8	10	8	2	4	2	4	2	4	10	8	10	4	2	4	10	8	10	4	2	4
1	4	10	0	6	0	2	8	2	8	2	8	6	0	6	4	10	4	10	4	10	0	6	0	2	8	2	4	10	4	6	0	6
1	6	8	6	0	6	8	6	4	2	0	10	0	6	0	10	0	2	4	6	8	6	0	6	8	6	4	10	0	2	0	6	0
1	8	10	0	6	0	2	4	2	8	10	8	6	0	6	4	2	4	10	8	10	0	6	0	2	4	2	4	2	4	6	0	6
1	10	4	2	8	2	4	10	4	2	8	2	4	10	4	2	8	2	4	10	4	2	8	2	4	10	4	10	4	10	8	2	8
1	0	2	8	6	4	10	0	2	8	6	4	10	0	2	8	6	4	10	0	2	8	6	4	10	0	2	4	6	8	2	0	10
1	2	4	2	4	2	4	2	4	2	4	2	4	2	4	2	4	2	4	2	4	2	4	2	4	2	4	10	8	10	8	10	8
1	4	10	4	10	4	10	4	10	4	10	4	10	4	10	4	10	4	10	4	10	4	10	4	10	4	10	0	6	0	6	0	6
1	6	8	10	0	2	4	6	8	10	0	2	4	6	8	10	0	2	4	6	8	10	0	2	4	6	8	6	0	6	0	6	0
1	8	10	4	2	4	10	8	10	4	2	4	10	8	10	4	2	4	10	8	10	4	2	4	10	8	10	0	6	0	6	0	6
1	10	4	6	0	6	8	2	8	10	4	10	0	6	0	2	8	2	4	10	4	6	0	6	8	2	8	6	0	6	0	6	0
1	0	2	0	6	0	2	0	10	4	6	8	6	0	6	8	6	4	10	0	2	0	6	0	2	0	10	0	6	0	6	0	6
1	2	4	6	0	6	8	10	8	10	8	10	0	6	0	2	4	2	4	2	4	6	0	6	8	10	8	6	0	6	0	6	0

제 3 장

프랙탈 디자인 활동 풀이

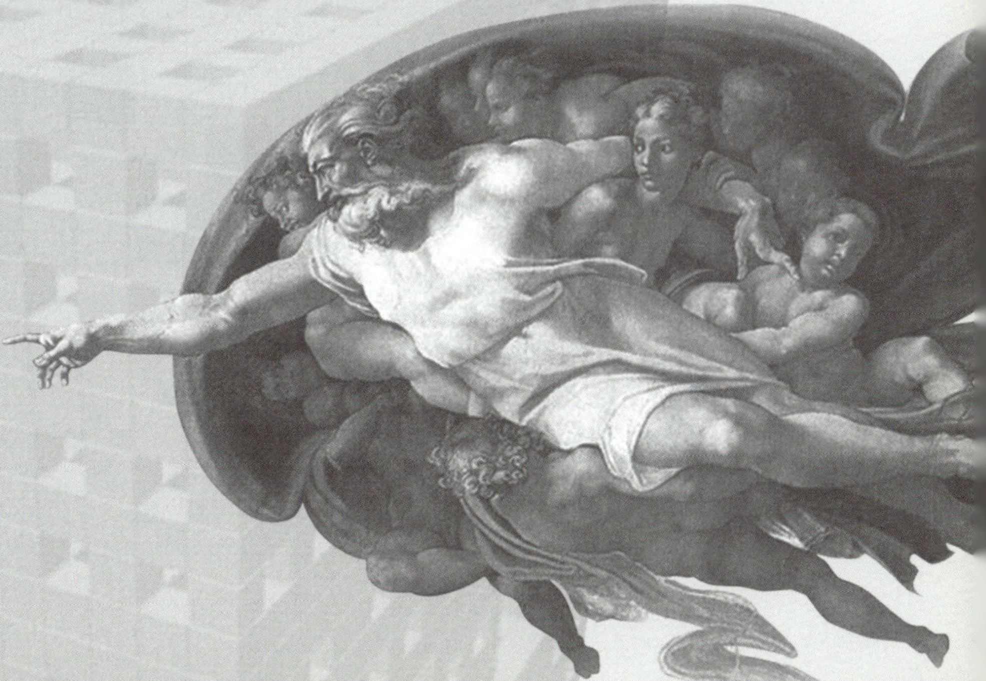

1 곱셈 프랙탈 디자인 풀이

1.1 $\log_9 1 = 0$	$\log_{27} 1 = 0$	1.2 $\log_9 4 = 0.631$	$\log_{27} 8 = 0.631$
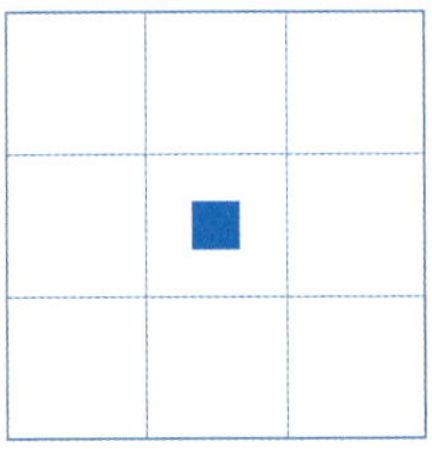	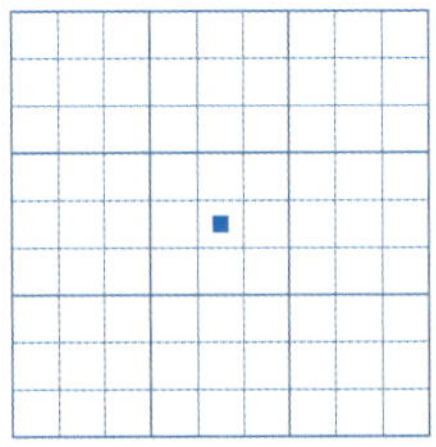	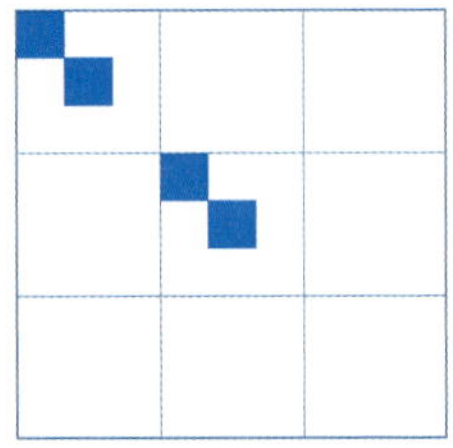	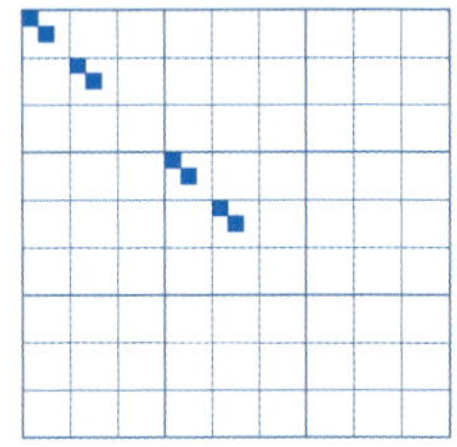
1.3 $\log_9 4 = 0.631$	$\log_{27} 8 = 0.631$	1.4 $\log_9 9 = 1$	$\log_{27} 27 = 1$
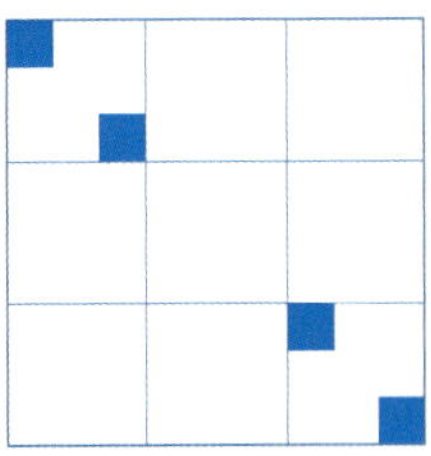	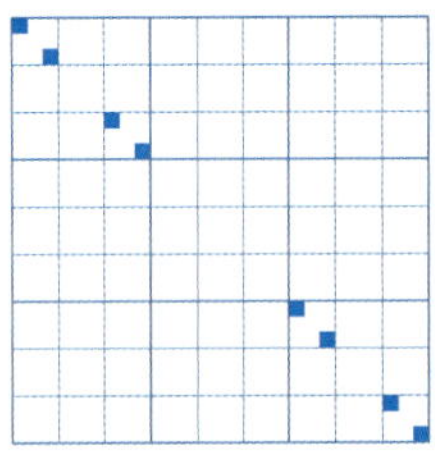		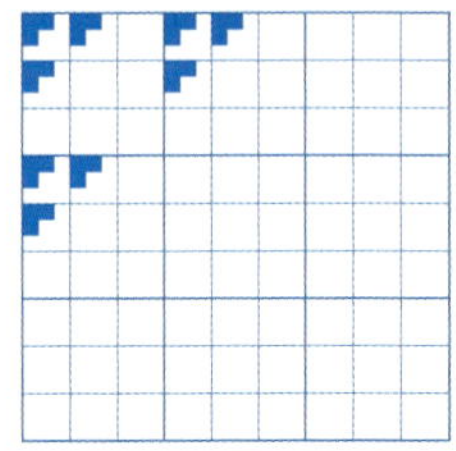
1.5 $\log_9 9 = 1$	$\log_{27} 27 = 1$	1.6 $\log_9 9 = 1$	$\log_{27} 27 = 1$
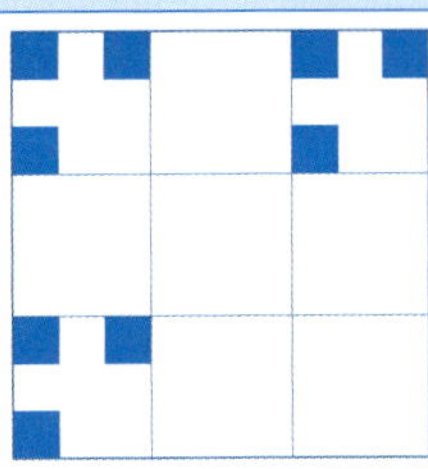	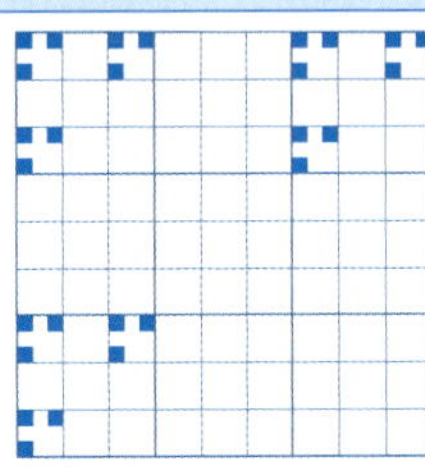	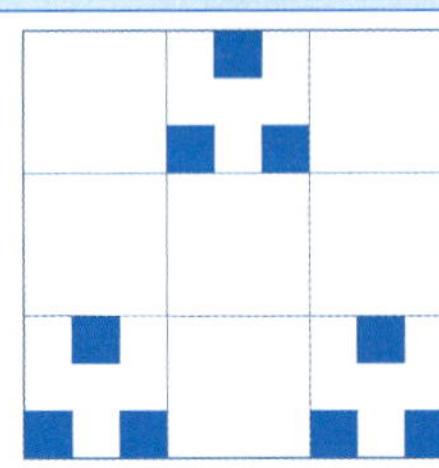	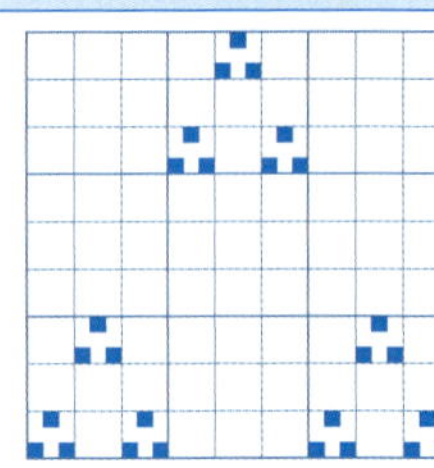
1.7 $\log_9 16 = 1.262$	$\log_{27} 64 = 1.262$	1.8 $\log_9 16 = 1.262$	$\log_{27} 64 = 1.262$
	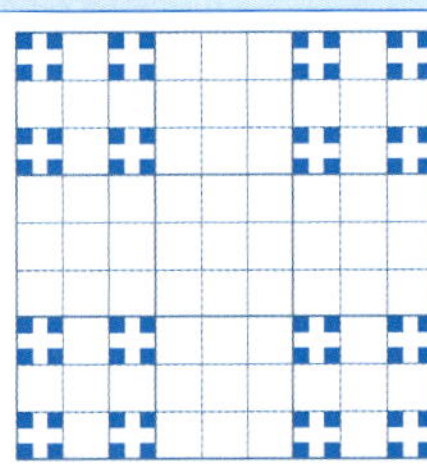		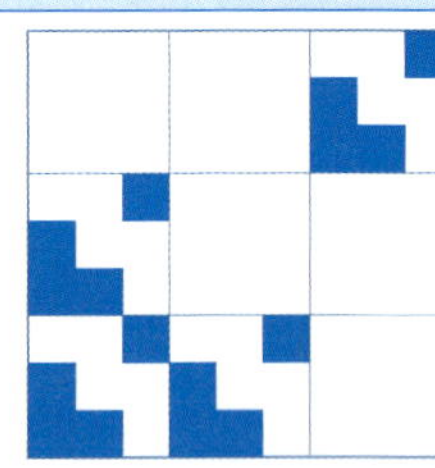
1.9 $\log_9 16 = 1.262$	$\log_{27} 64 = 1.262$	1.10 $\log_9 16 = 1.262$	$\log_{27} 64 = 1.262$
	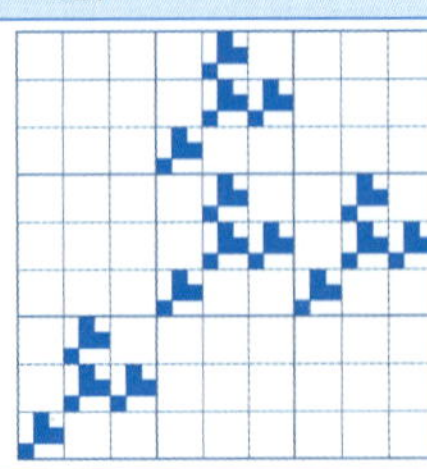	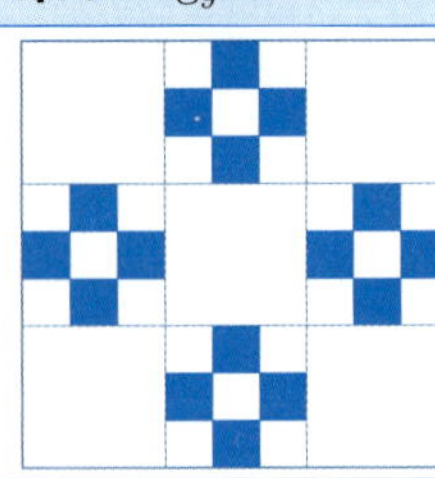	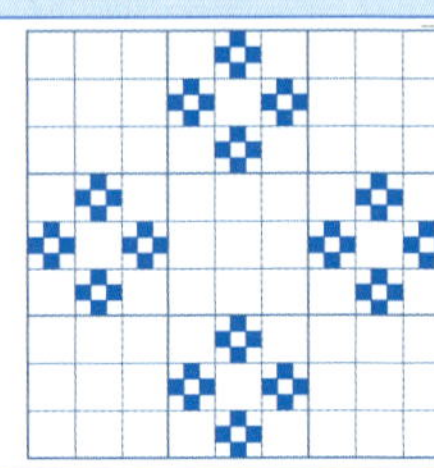

1.11 $\log_9 16 = 1.262$	$\log_{27} 64 = 1.262$	1.12 $\log_9 16 = 1.262$	$\log_{27} 64 = 1.262$
	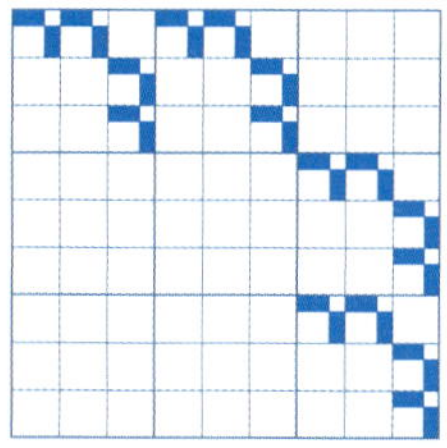		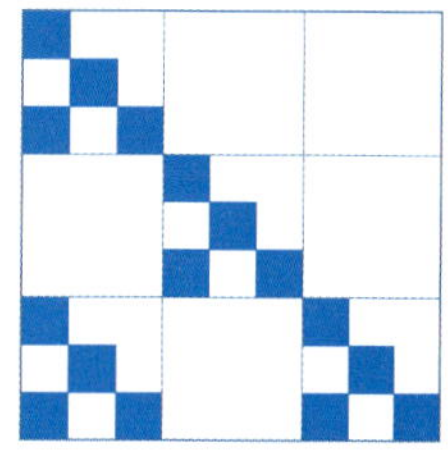
1.13 $\log_9 25 = 1.465$	$\log_{27} 125 = 1.465$	1.14 $\log_9 25 = 1.465$	$\log_{27} 125 = 1.465$

1.15 $\log_9 25 = 1.465$	$\log_{27} 125 = 1.465$	1.16 $\log_9 25 = 1.465$	$\log_{27} 125 = 1.465$
	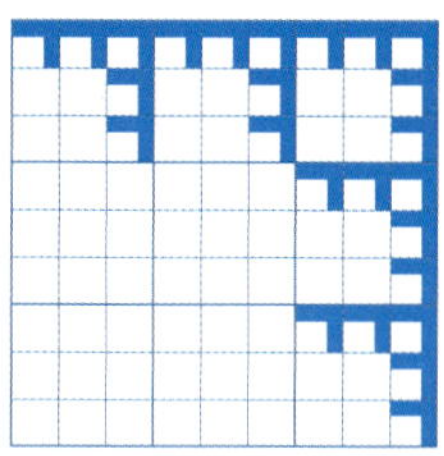		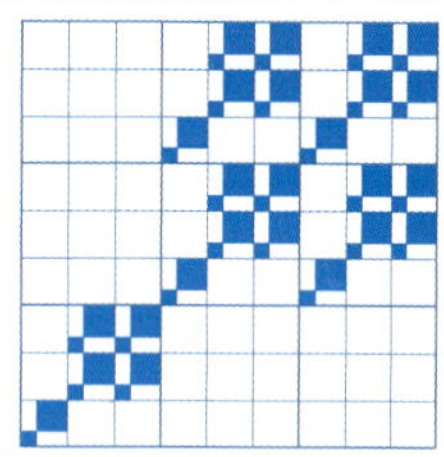
1.17 $\log_9 25 = 1.465$	$\log_{27} 125 = 1.465$	1.18 $\log_9 25 = 1.465$	$\log_{27} 125 = 1.465$
	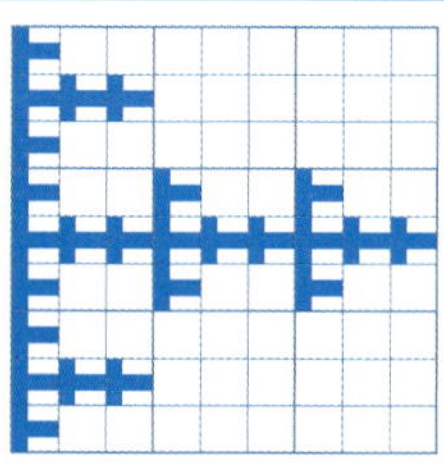	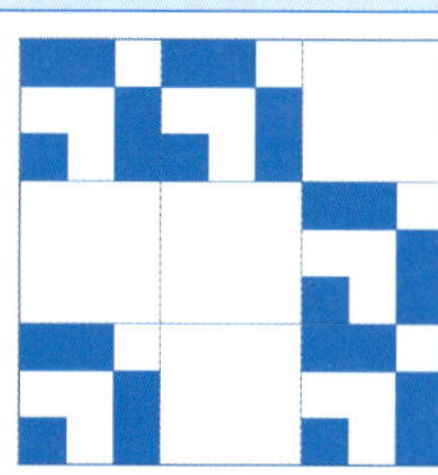	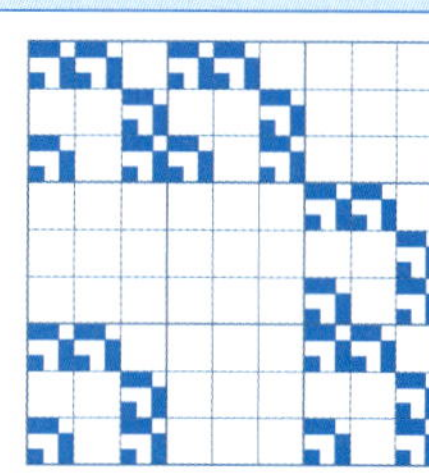
1.19 $\log_9 49 = 1.771$	$\log_{27} 343 = 1.771$	1.20 $\log_9 49 = 1.771$	$\log_{27} 343 = 1.771$
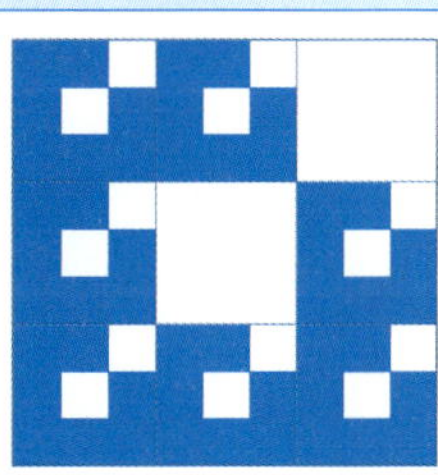	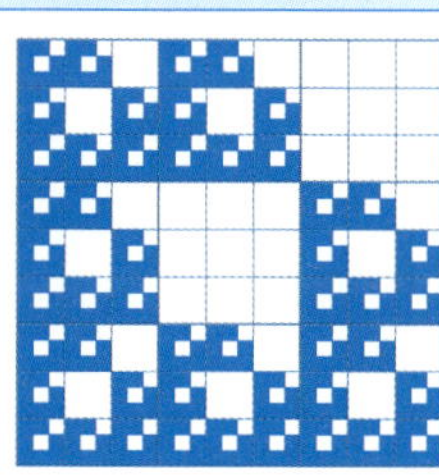		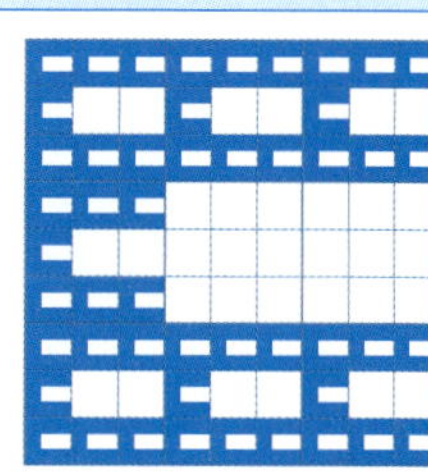

1.21 $\log_9 49 = 1.771$

$\log_{27} 343 = 1.771$

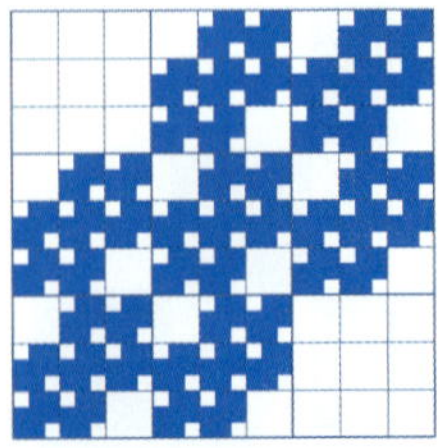

1.22 $\log_9 49 = 1.771$

$\log_{27} 343 = 1.771$

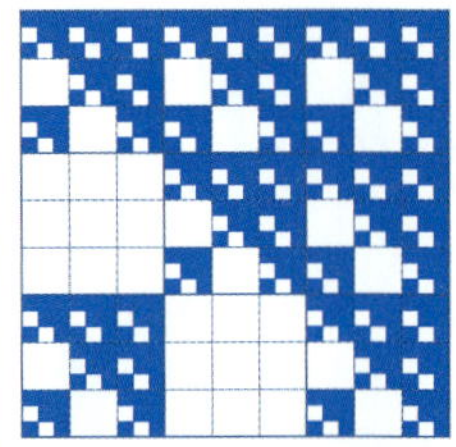

1.23 $\log_9 49 = 1.771$

$\log_{27} 343 = 1.771$

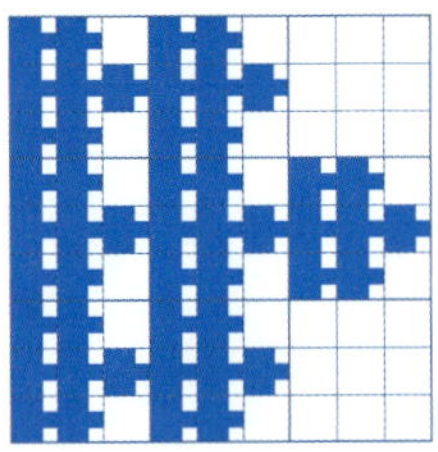

1.24 $\log_9 49 = 1.771$

$\log_{27} 343 = 1.771$

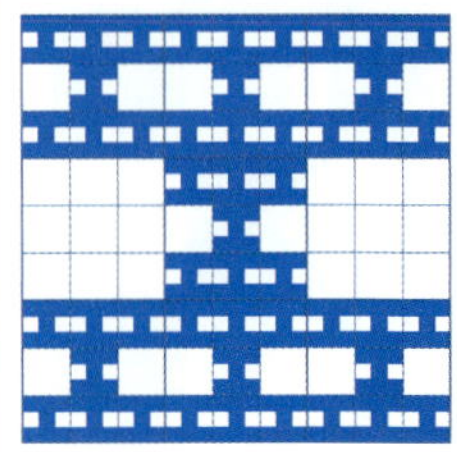

1.25 $\log_9 64 = 1.893$

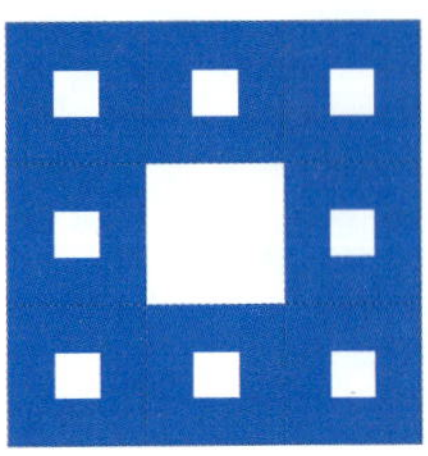

$\log_{27} 512 = 1.893$

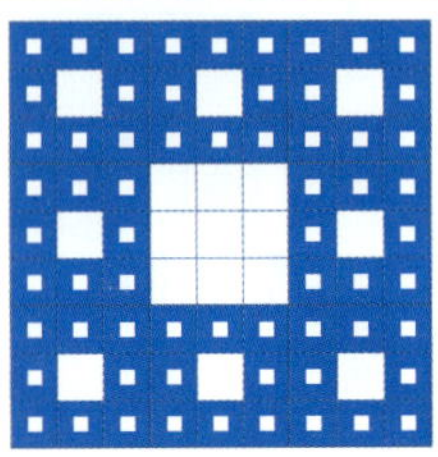

2.1 $\log_{16} 1 = 0$

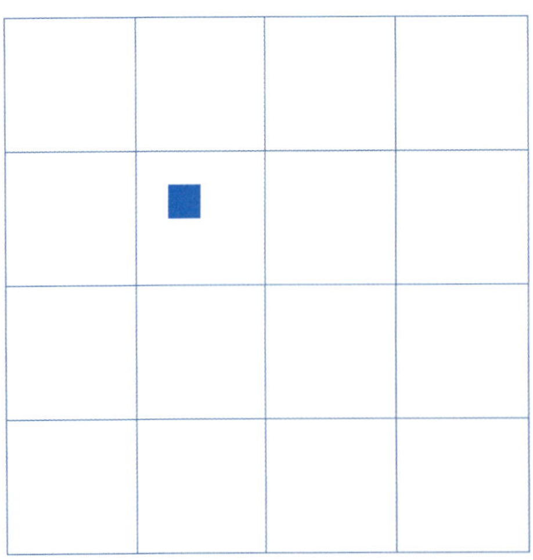

$\log_{64} 1 = 0$

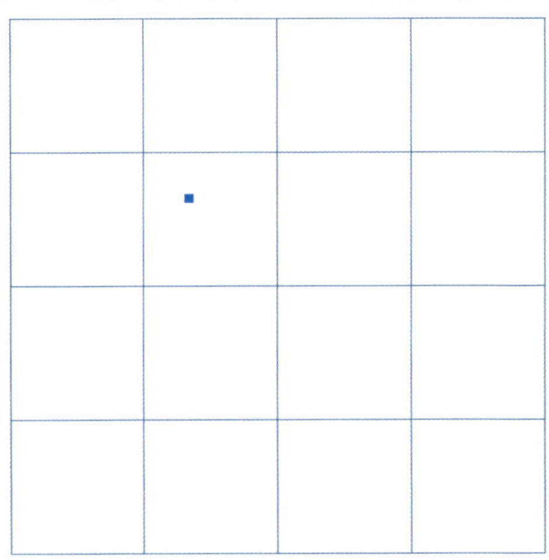

2.2 $\log_{16}4 = 0.5$

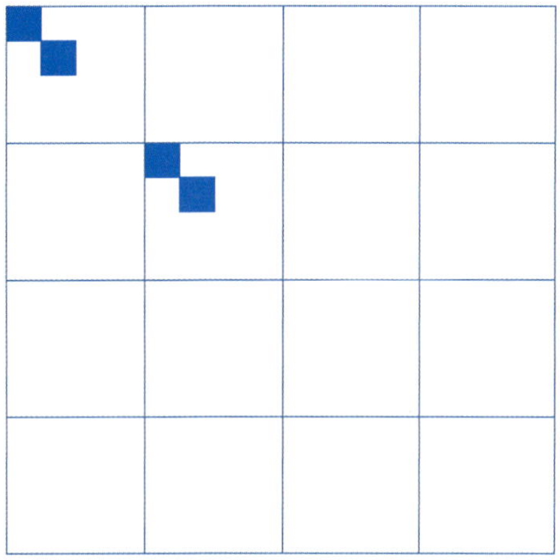

$\log_{64}8 = 0.5$

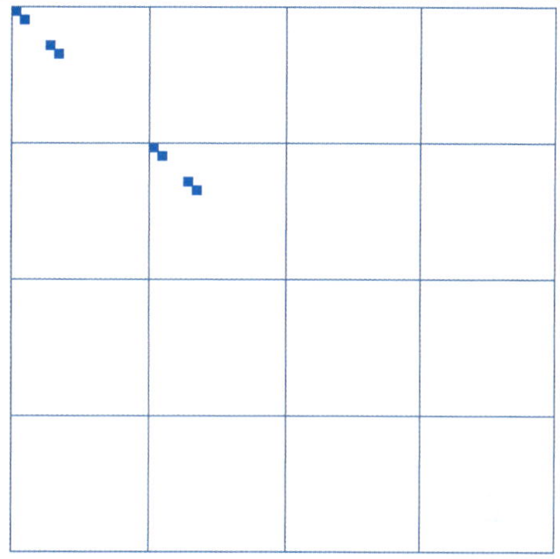

2.3 $\log_{16}9 = 0.792$

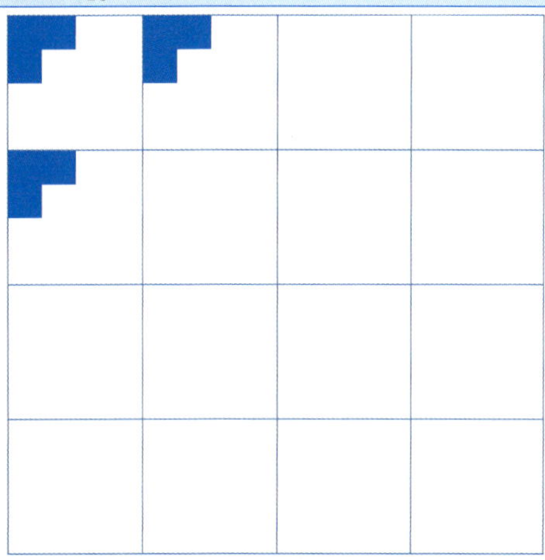

$\log_{64}27 = 0.792$

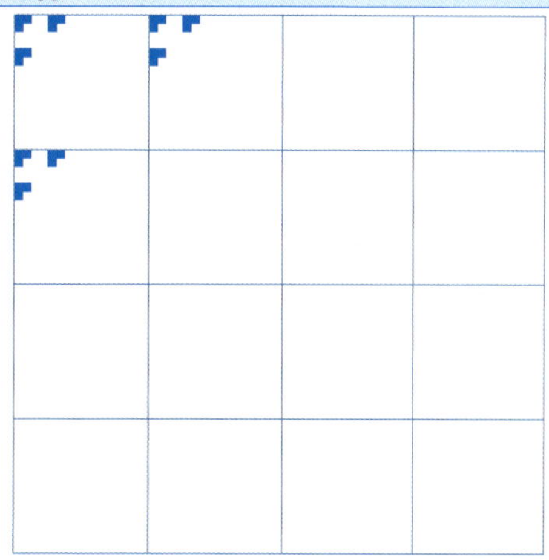

2.4 $\log_{16}9 = 0.792$

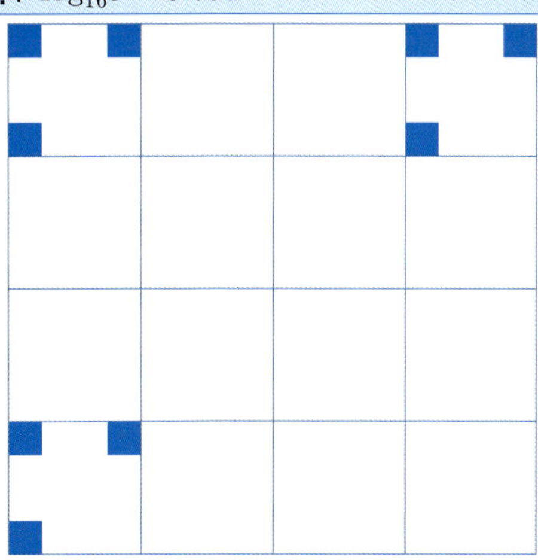

$\log_{64}27 = 0.792$

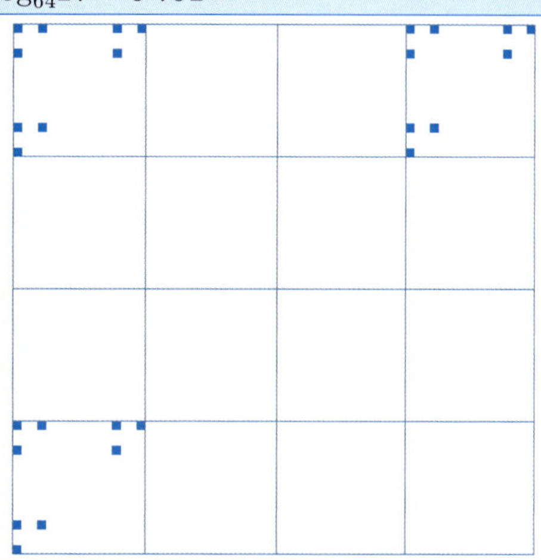

2.5 $\log_{16}9 = 0.792$

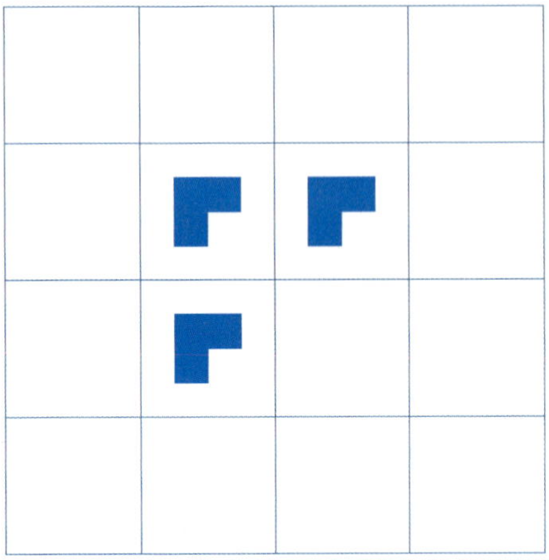

$\log_{64}27 = 0.792$

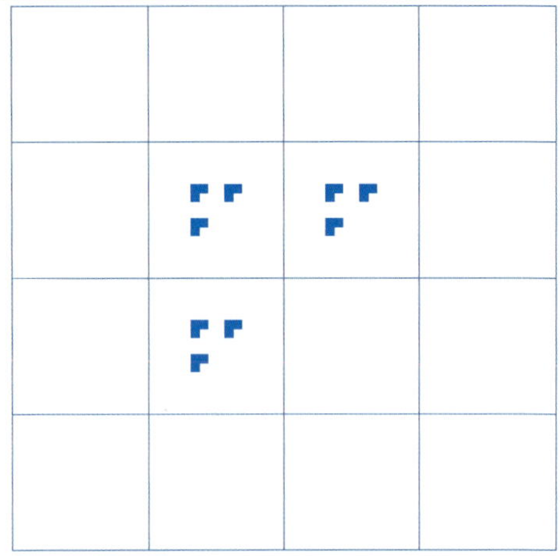

2.6 $\log_{16}9 = 0.792$

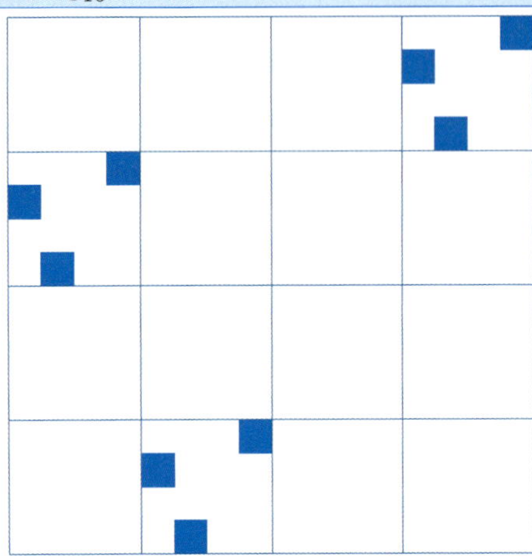

$\log_{64}27 = 0.792$

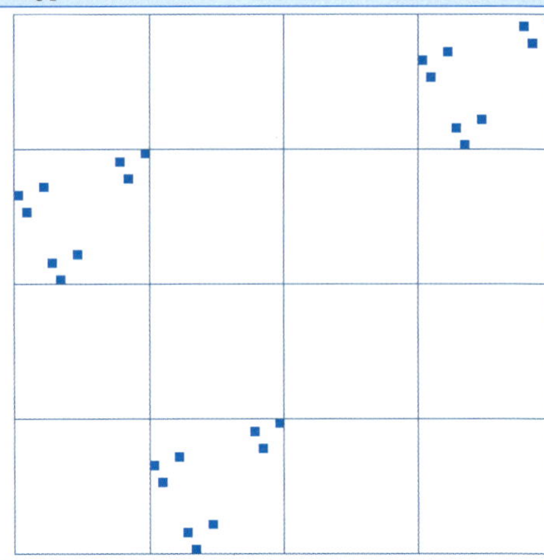

2.7 $\log_{16}16 = 1$

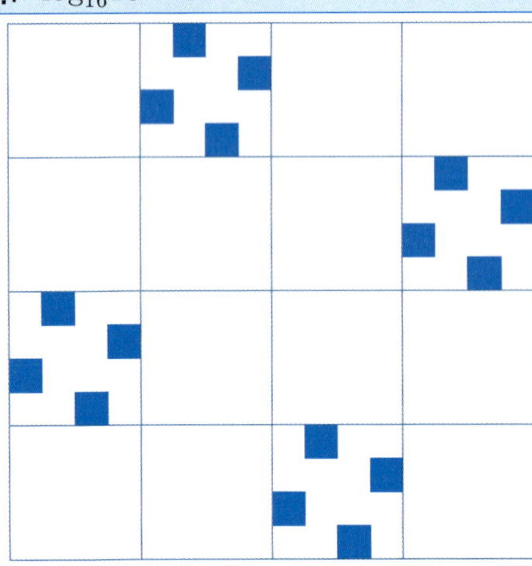

$\log_{64}64 = 1$

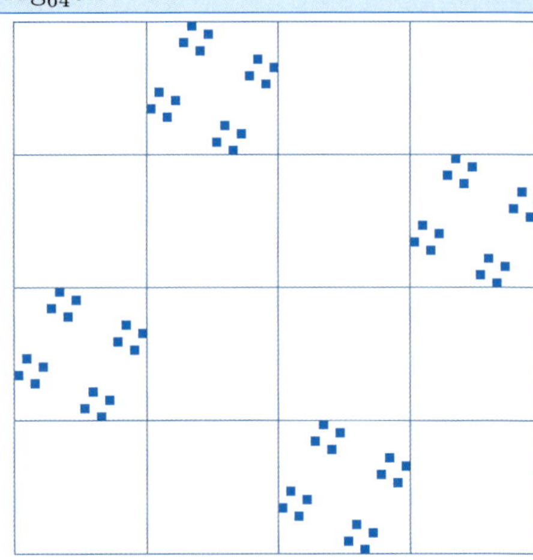

2.8 $\log_{16}64 = 1.5$

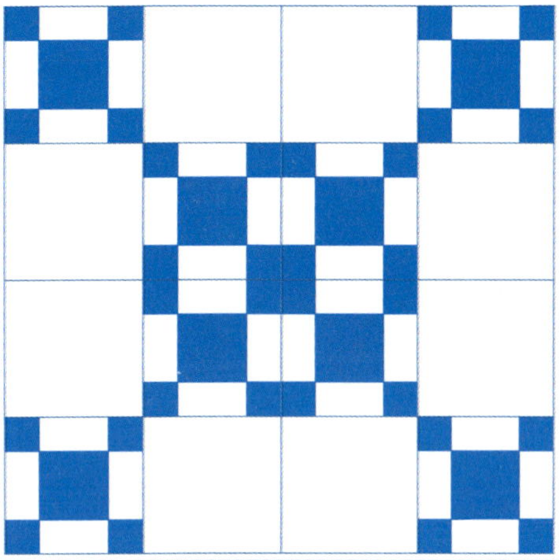

$\log_{64}512 = 1.5$

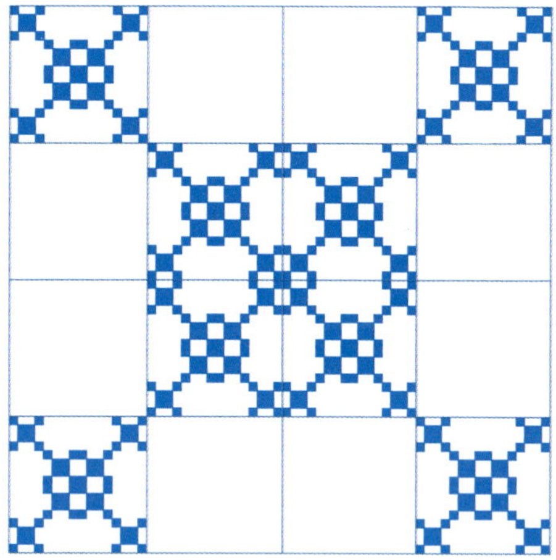

2.9 $\log_{16}64 = 1.5$

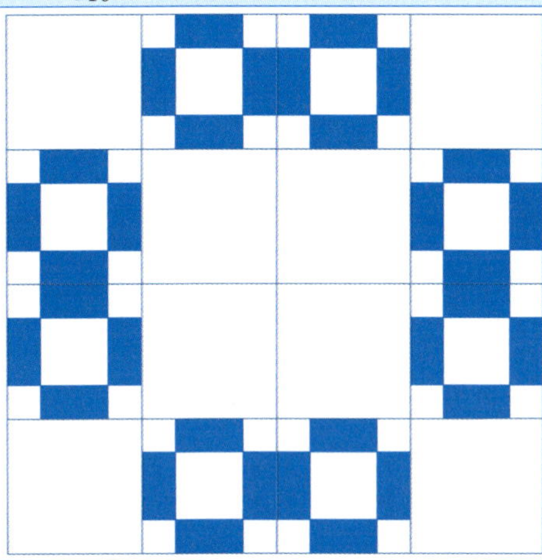

$\log_{64}512 = 1.5$

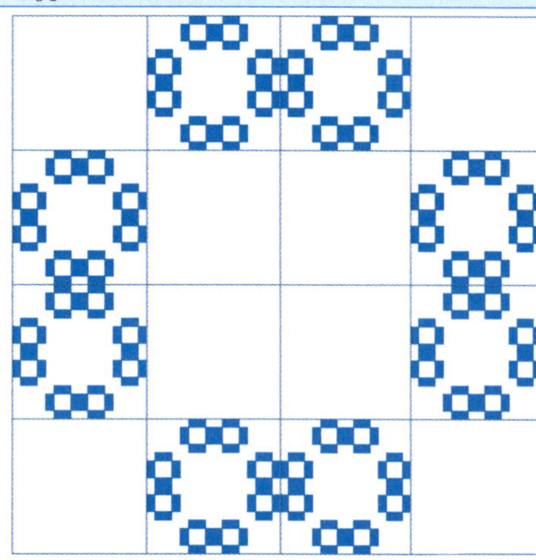

2.10 $\log_{16}64 = 1.5$

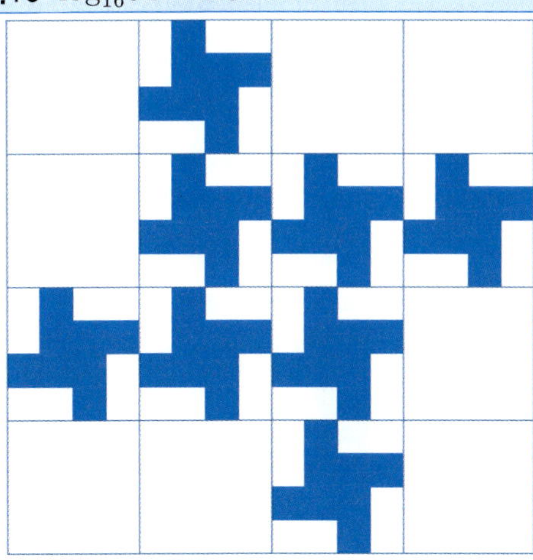

$\log_{64}512 = 1.5$

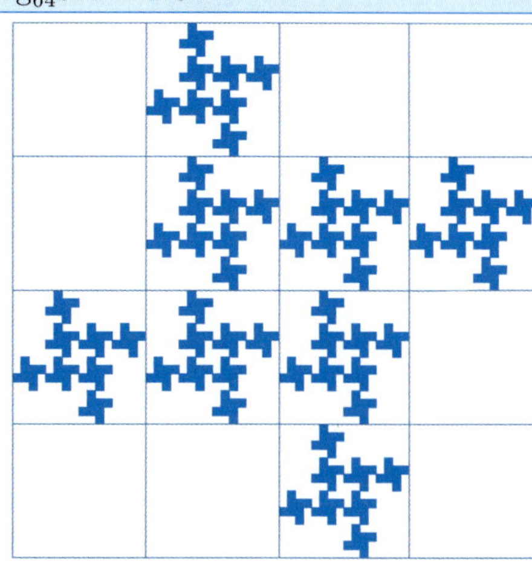

2.11 $\log_{16}144 = 1.792$

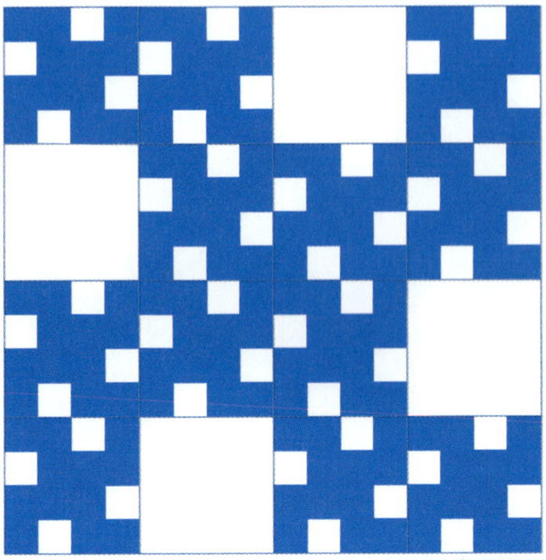

$\log_{64}1728 = 1.792$

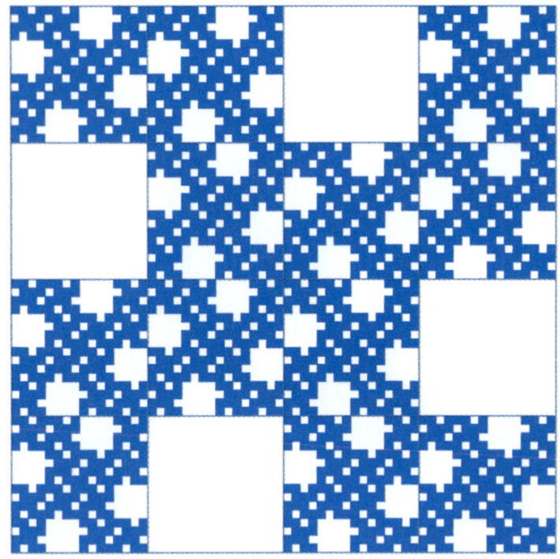

2.12 $\log_{16}144 = 1.792$

$\log_{64}1728 = 1.792$

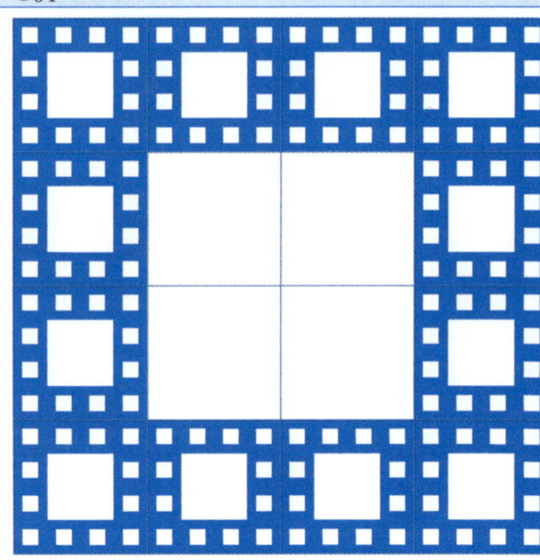

2.13 $\log_{16}144 = 1.792$

$\log_{64}1728 = 1.792$

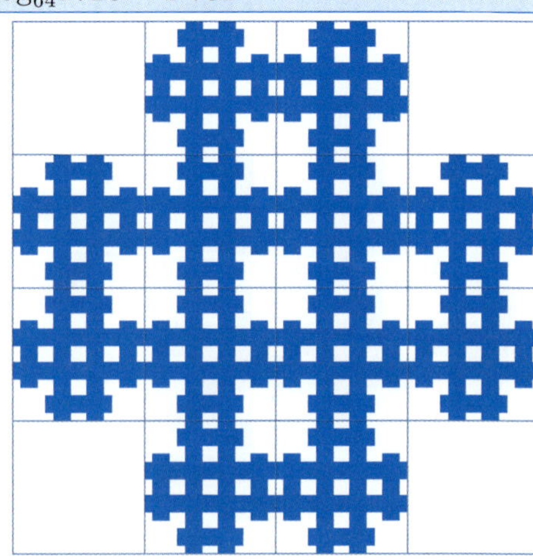

3.1 $\log_{25}16 = 0.861$

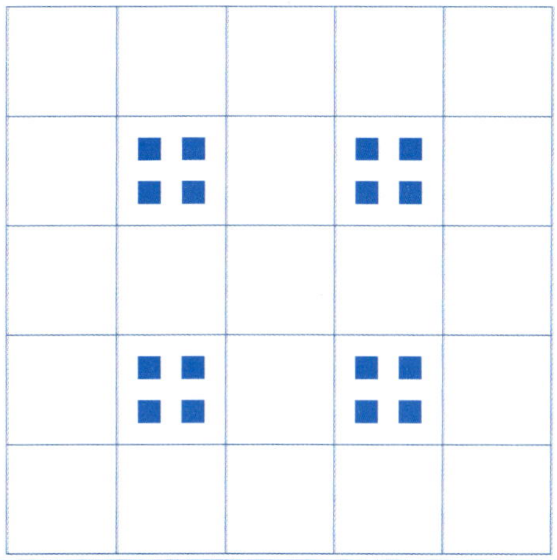

3.2 $\log_{25}64 = 1.292$

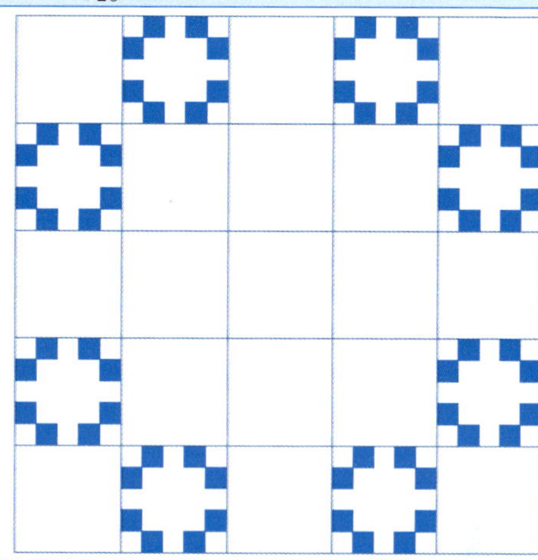

3.3 $\log_{25}64 = 1.292$

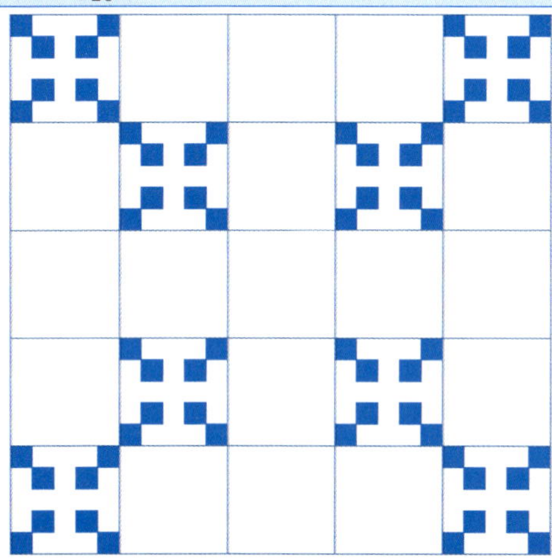

3.4 $\log_{25}64 = 1.292$

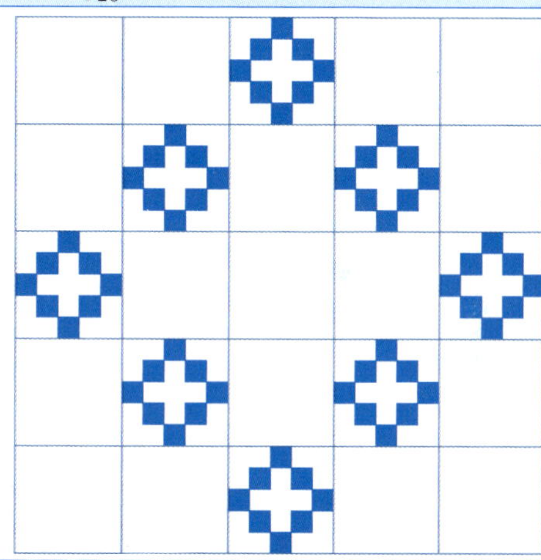

3.5 $\log_{25}81 = 1.365$

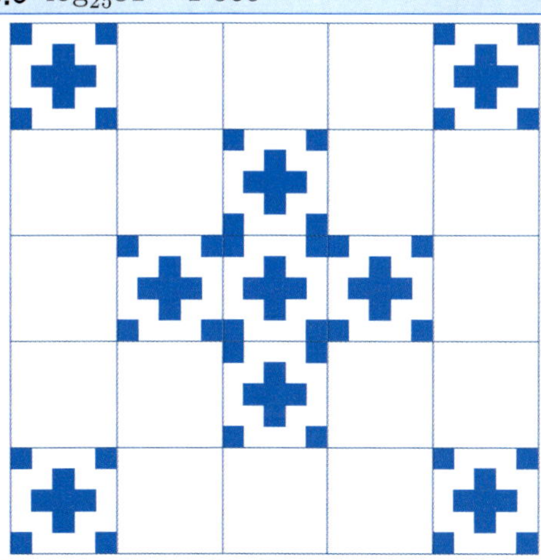

3.6 $\log_{25}81 = 1.365$

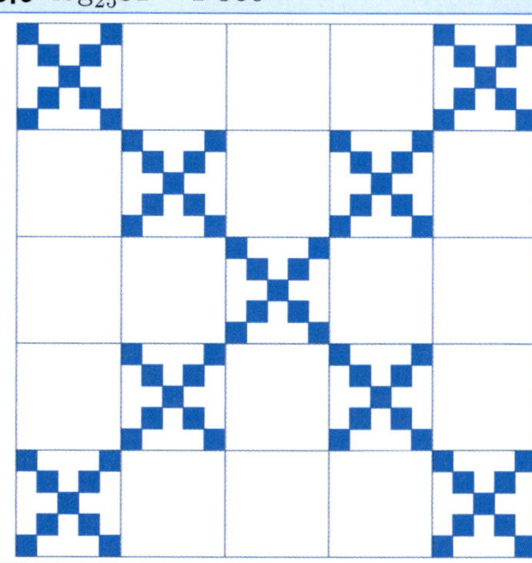

3.7 $\log_{25}81 = 1.365$

3.8 $\log_{25}144 = 1.544$

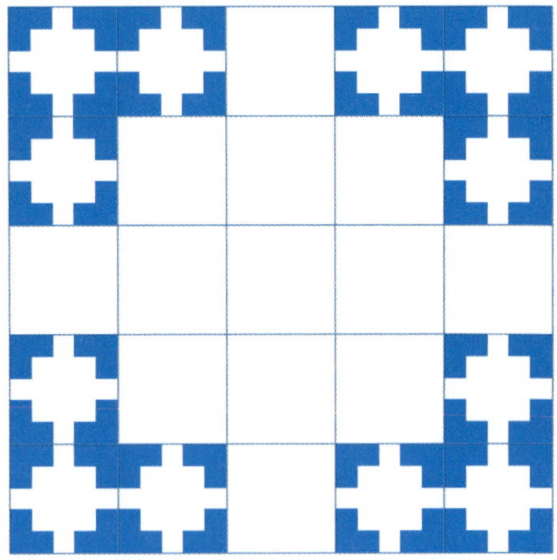

3.9 $\log_{25}144 = 1.544$

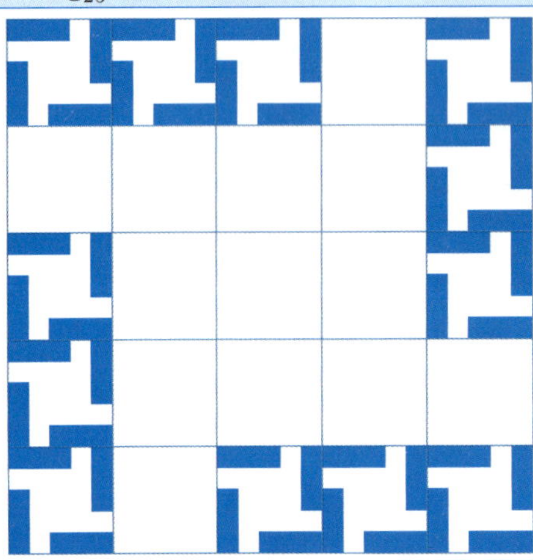

3.10 $\log_{25}144 = 1.544$

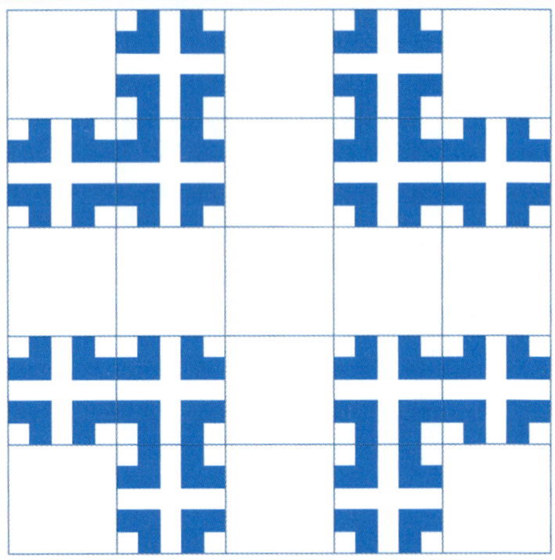

3.11 $\log_{25}144 = 1.544$

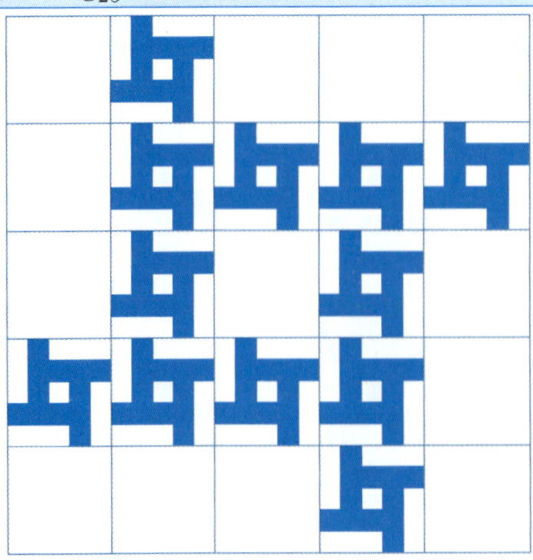

3.12 $\log_{25}144 = 1.544$

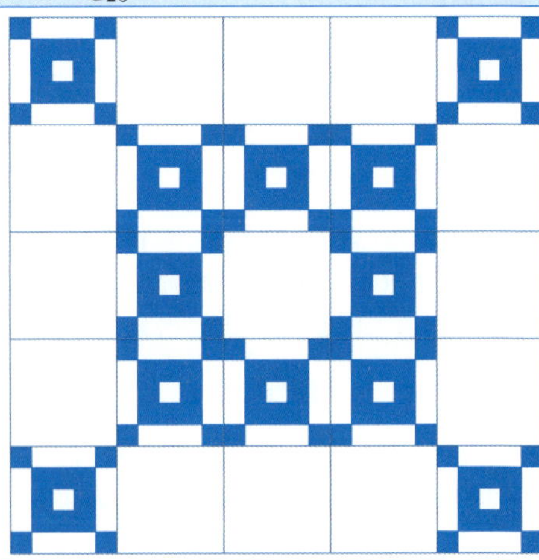

3.13 $\log_{25}144 = 1.544$

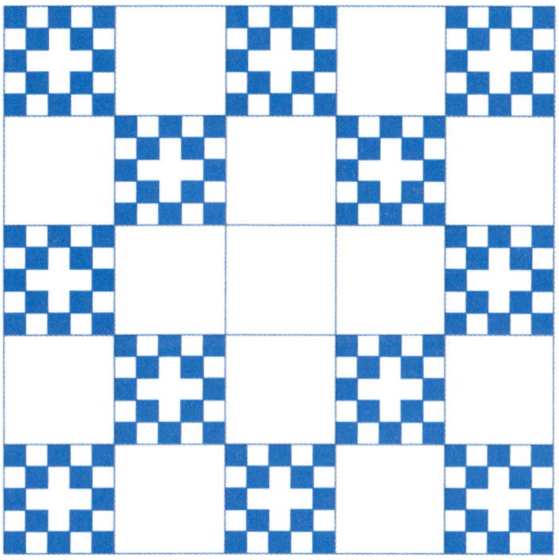

3.14 $\log_{25}169 = 1.594$

3.15 $\log_{25}169 = 1.594$

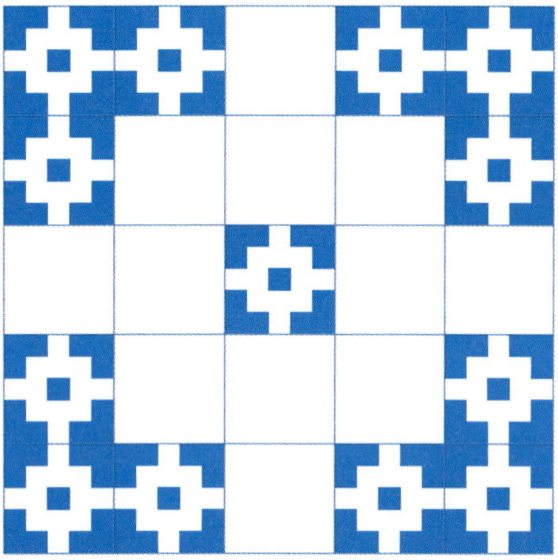

3.16 $\log_{25}169 = 1.594$

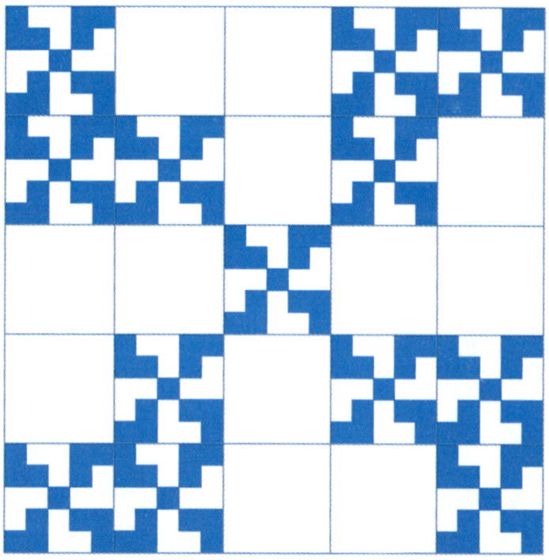

3.17 $\log_{25}169 = 1.594$

3.18 $\log_{25}169 = 1.594$

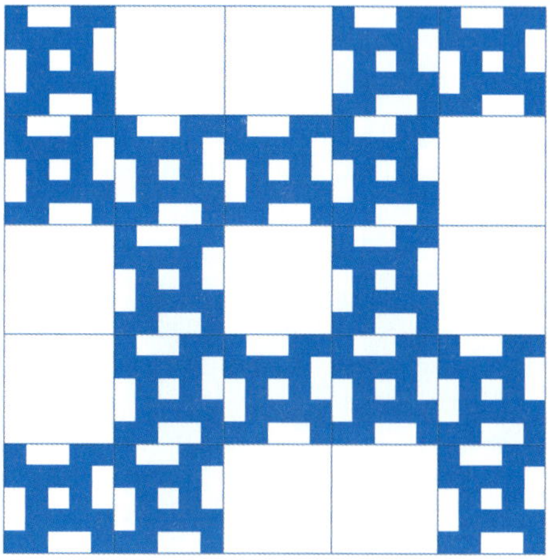

3.19 $\log_{25} 289 = 1.76$

3.20 $\log_{25} 289 = 1.76$

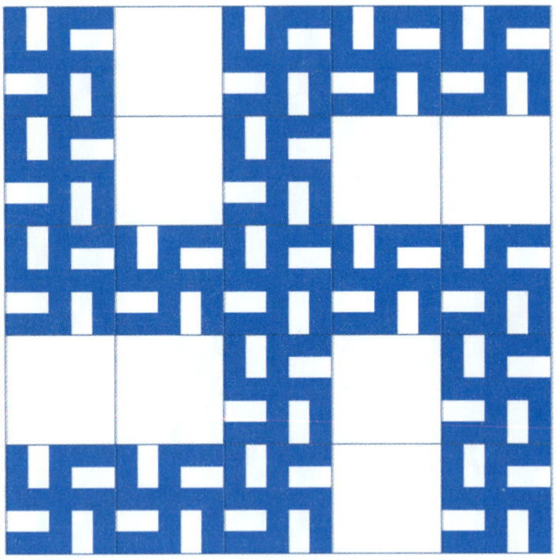

3.21 $\log_{125} 400 = 1.861$

3.22 $\log_{125} 441 = 1.892$

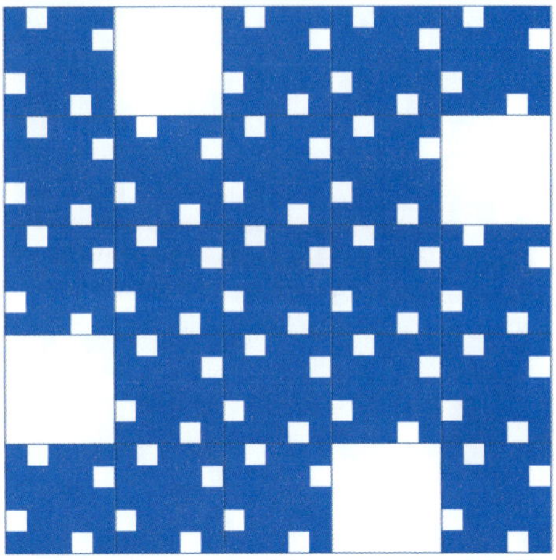

3.23 $\log_{25} 441 = 1.892$

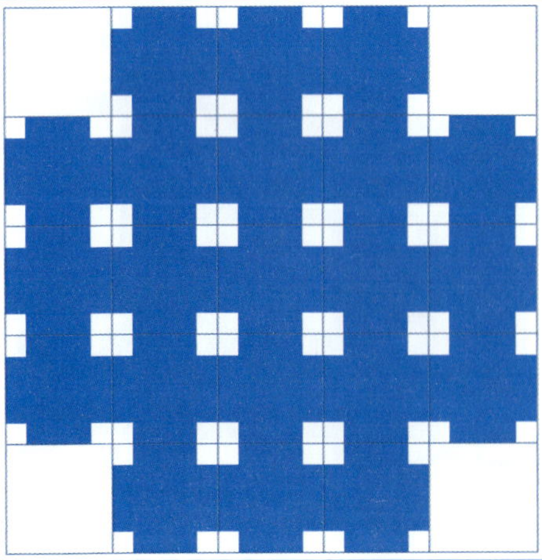

3.24 $\log_{25} 441 = 1.892$

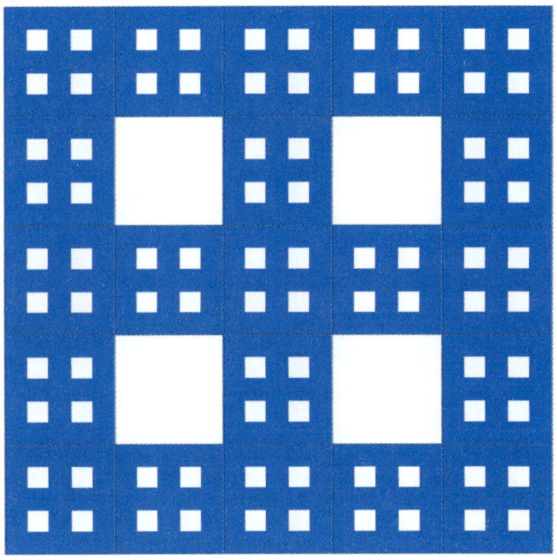

4.1 $\log_{36}9 = 0.613$

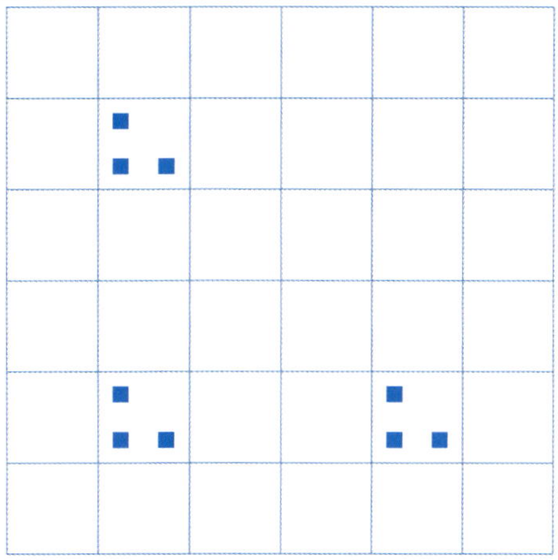

4.2 $\log_{36}16 = 0.774$

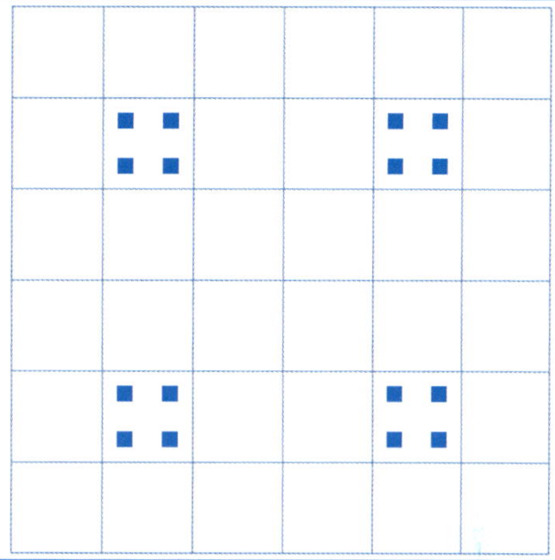

4.3 $\log_{36}64 = 1.161$

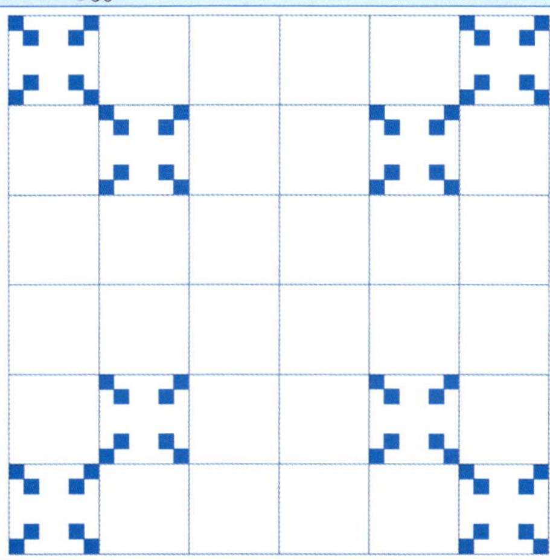

4.4 $\log_{36}64 = 1.161$

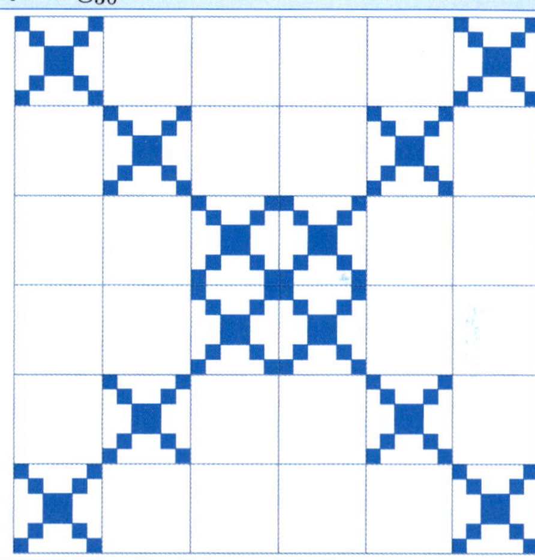

4.5 $\log_{36}144 = 1.387$

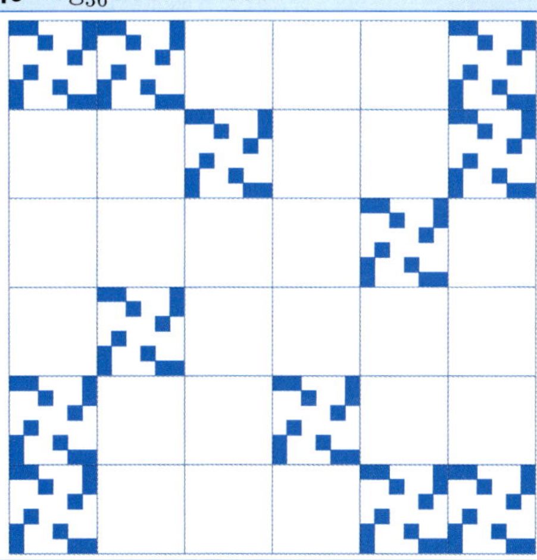

4.6 $\log_{36}144 = 1.387$

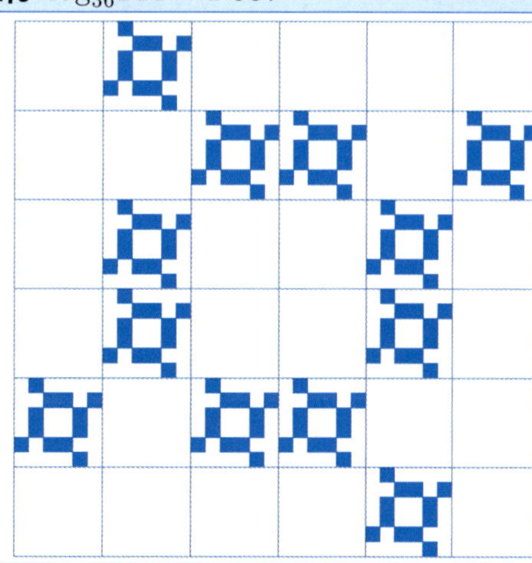

4.7 $\log_{36}144 = 1.387$

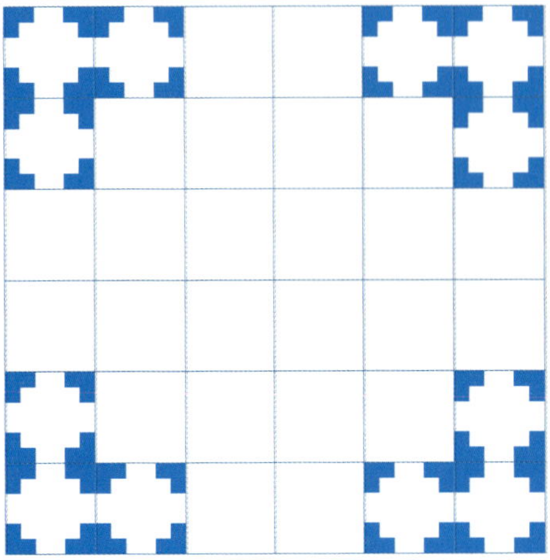

4.8 $\log_{36}144 = 1.387$

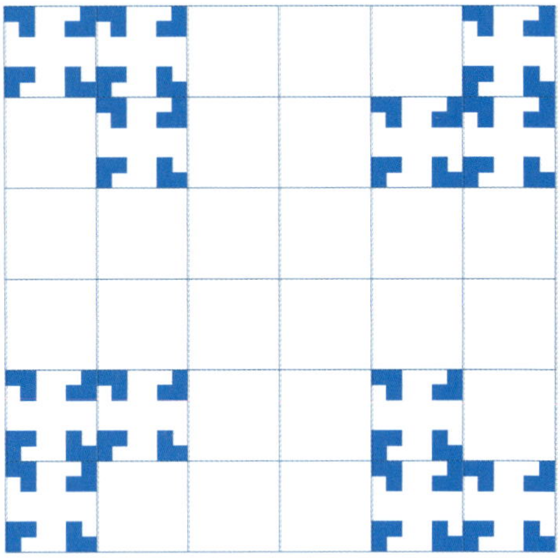

4.9 $\log_{36}144 = 1.387$

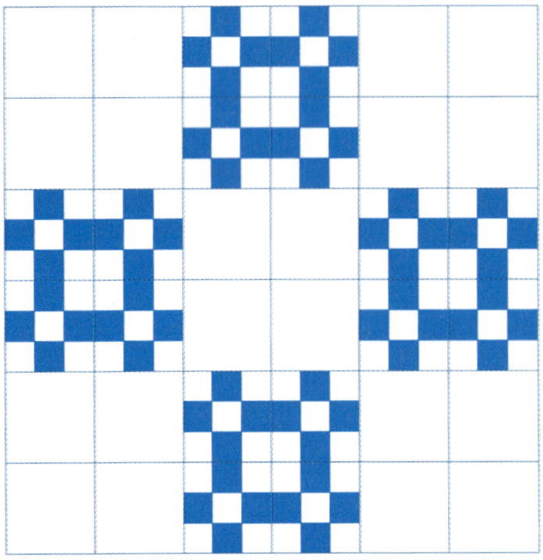

4.10 $\log_{36}256 = 1.547$

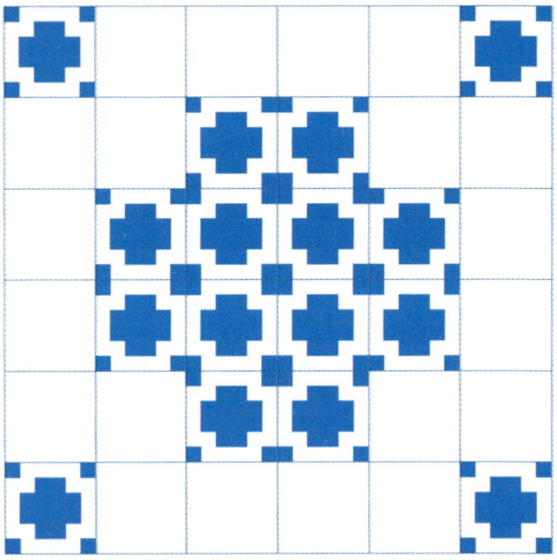

4.11 $\log_{36}256 = 1.547$

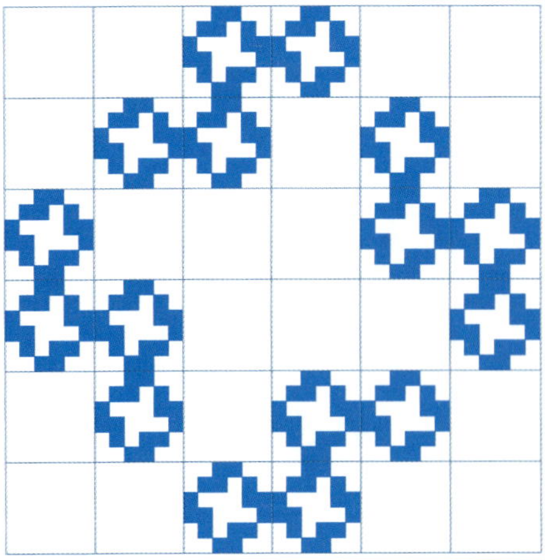

4.12 $\log_{36}256 = 1.547$

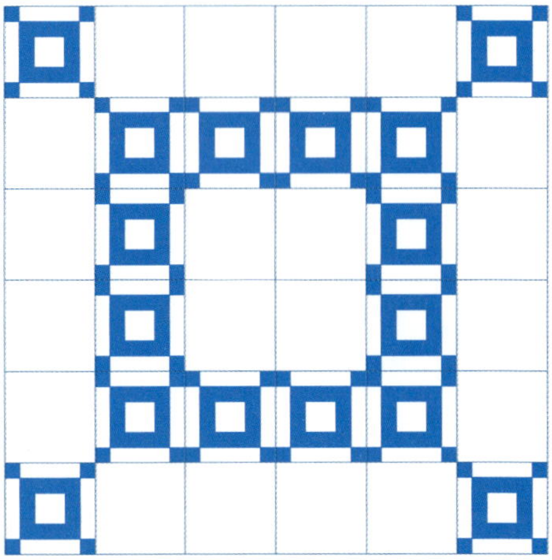

4.13 $\log_{36}256 = 1.547$

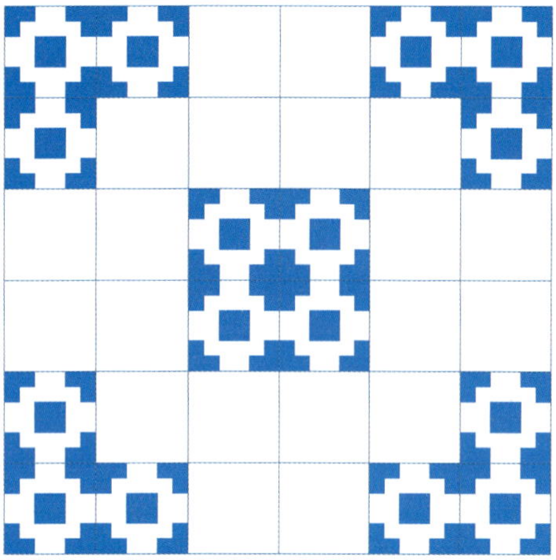

4.14 $\log_{36}400 = 1.672$

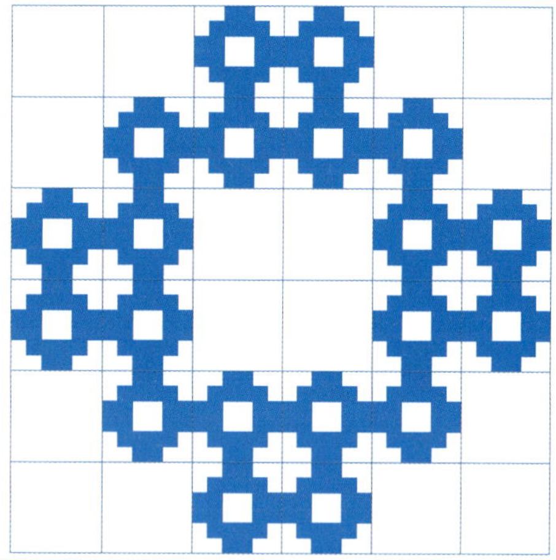

4.15 $\log_{36}400 = 1.672$

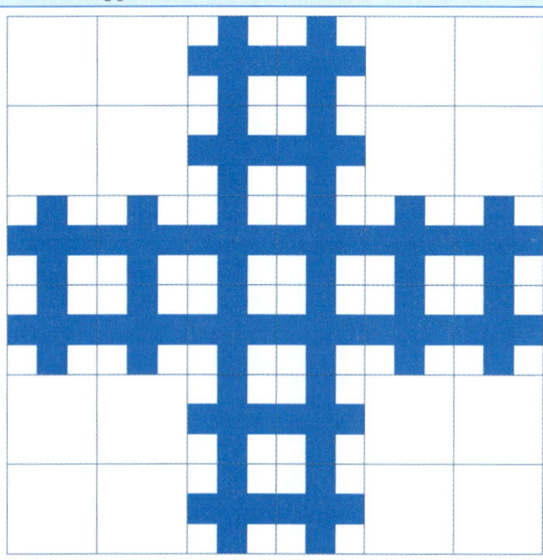

4.16 $\log_{36}400 = 1.672$

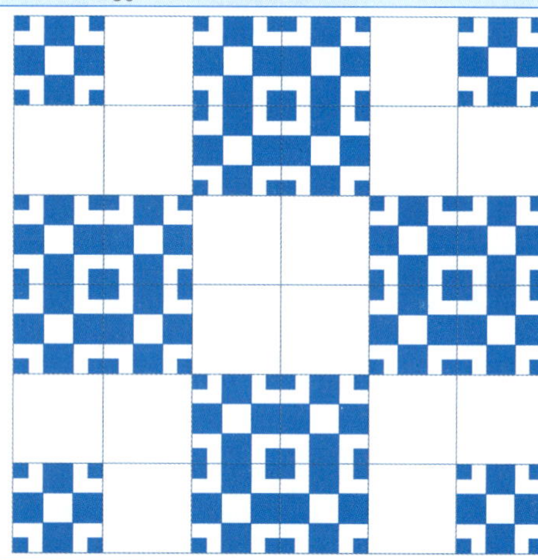

4.17 $\log_{36}400 = 1.672$

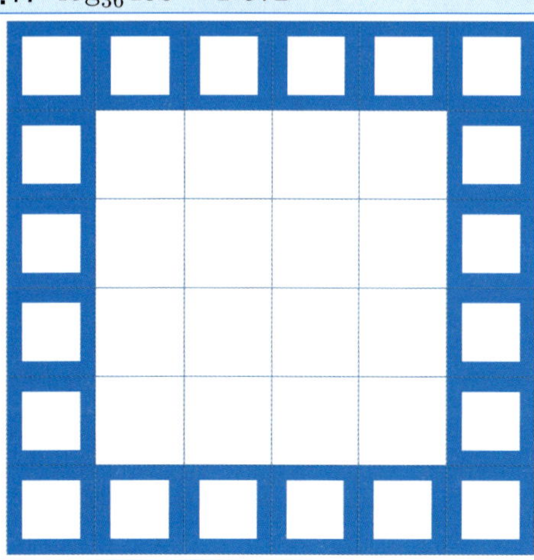

4.18 $\log_{36}400 = 1.672$

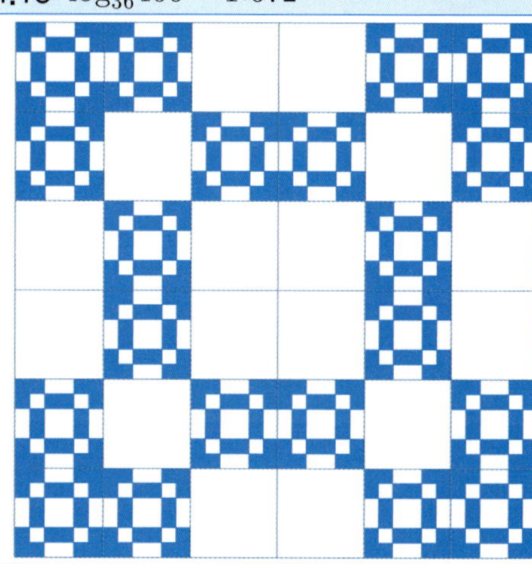

4.19 $\log_{36}576 = 1.774$

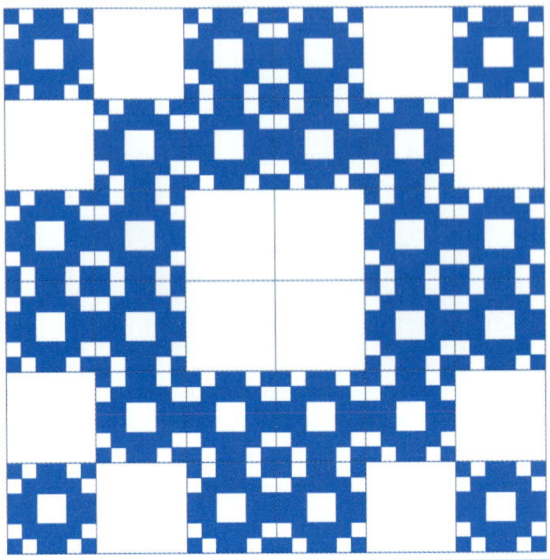

4.20 $\log_{36}576 = 1.774$

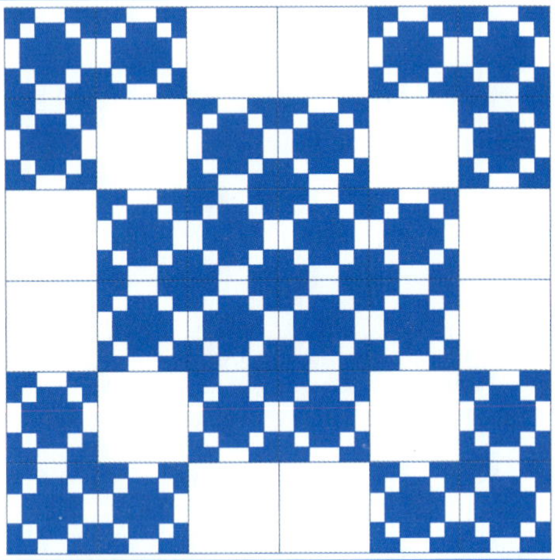

4.21 $\log_{36}576 = 1.774$

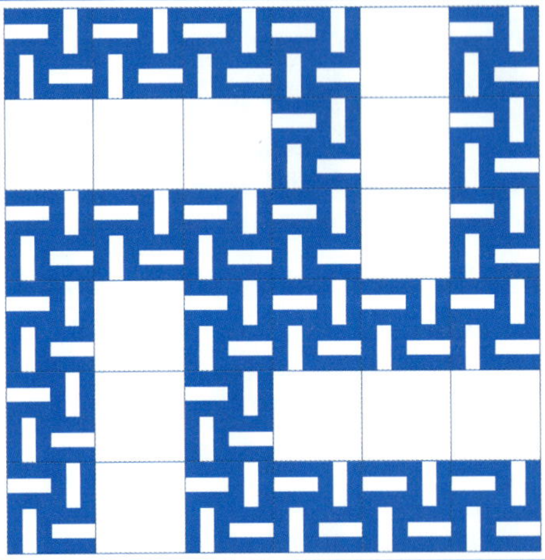

4.22 $\log_{36}1024 = 1.934$

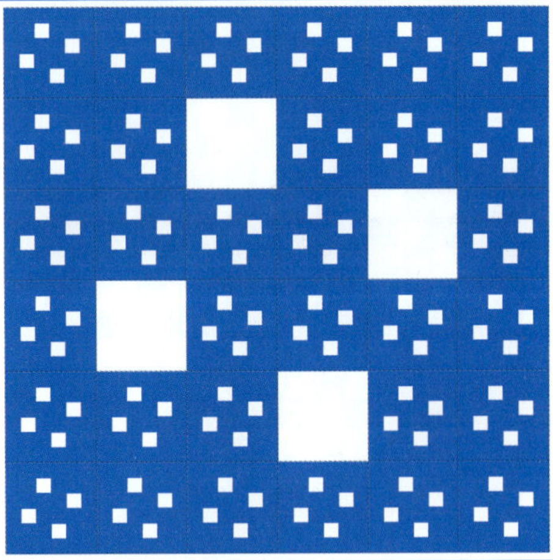

5.1 $\log_{49}81 = 1.129$

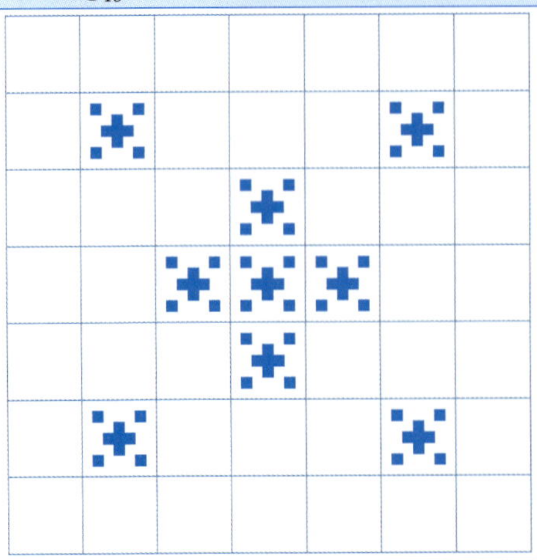

5.2 $\log_{49}81 = 1.129$

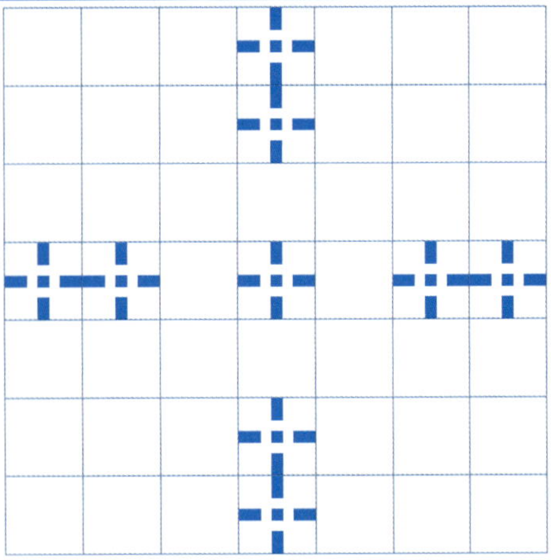

5.3 $\log_{49}144 = 1.277$

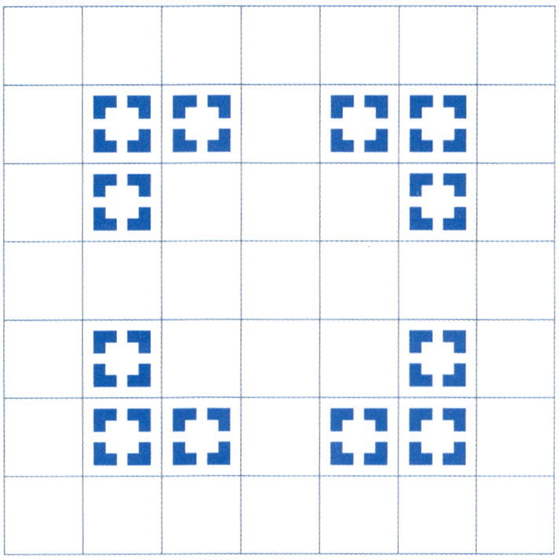

5.4 $\log_{49}169 = 1.318$

5.5 $\log_{49}256 = 1.425$

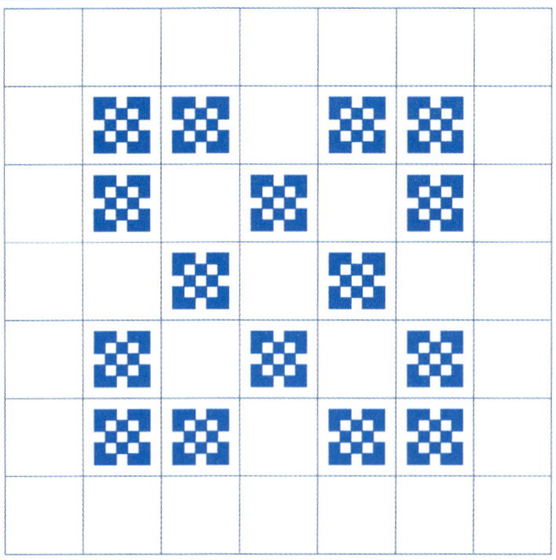

5.6 $\log_{49}256 = 1.425$

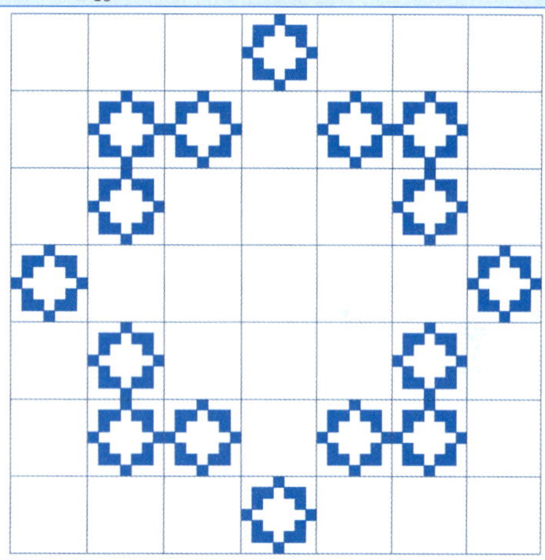

5.7 $\log_{49}256 = 1.425$

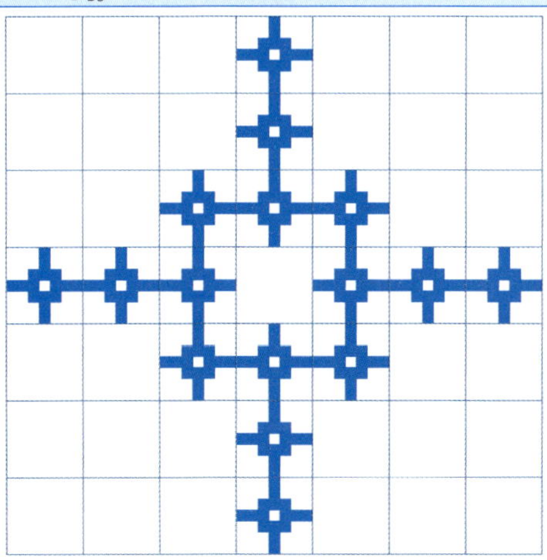

5.8 $\log_{49}289 = 1.456$

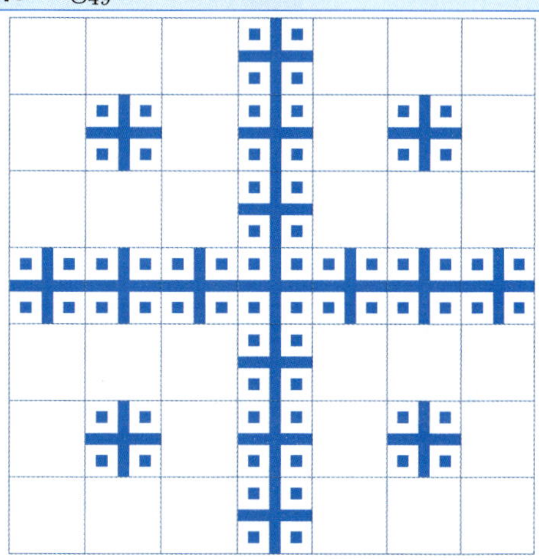

5.9 $\log_{49}289 = 1.456$

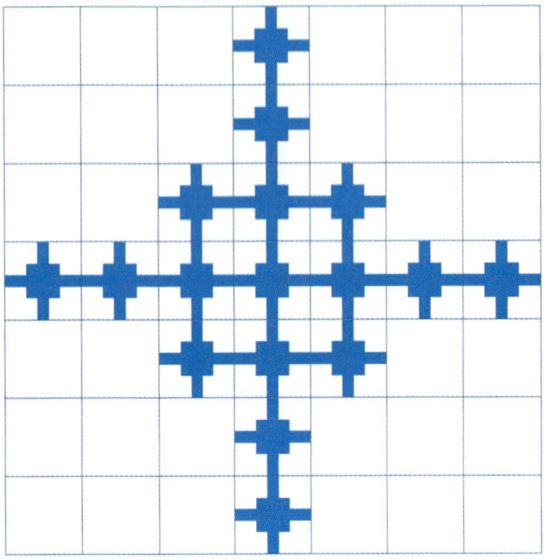

5.10 $\log_{49}400 = 1.54$

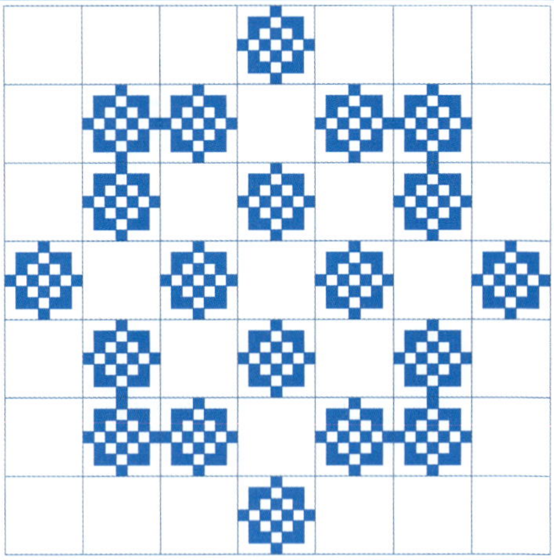

5.11 $\log_{49}400 = 1.54$

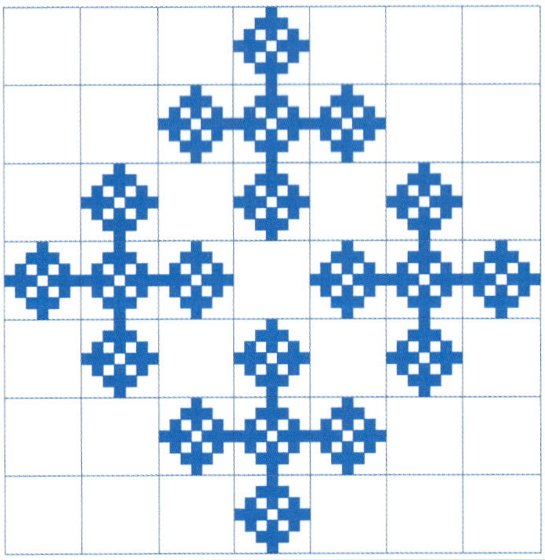

5.12 $\log_{49}400 = 1.54$

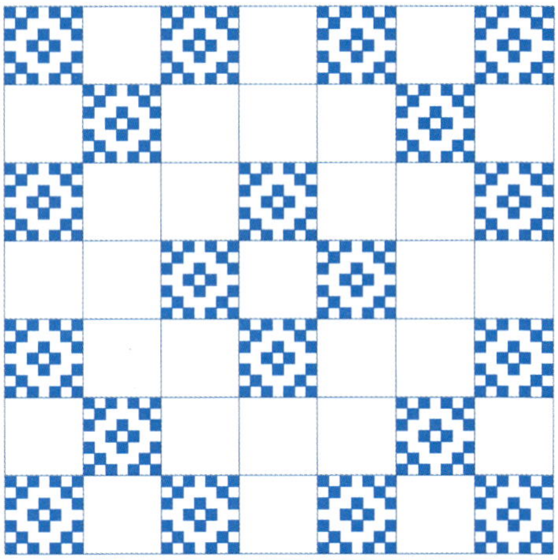

5.13 $\log_{49}400 = 1.54$

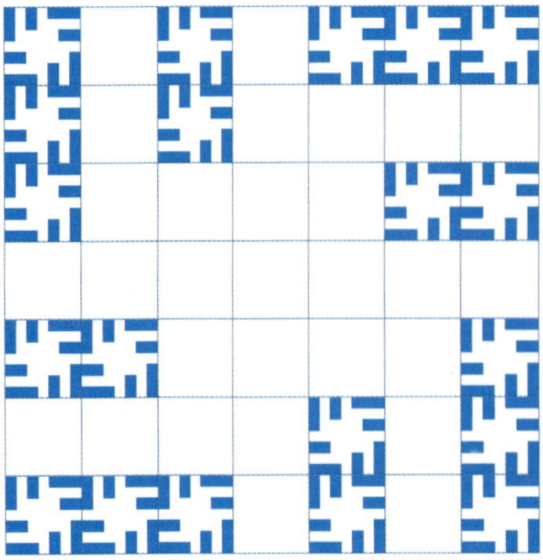

5.14 $\log_{49}441 = 1.565$

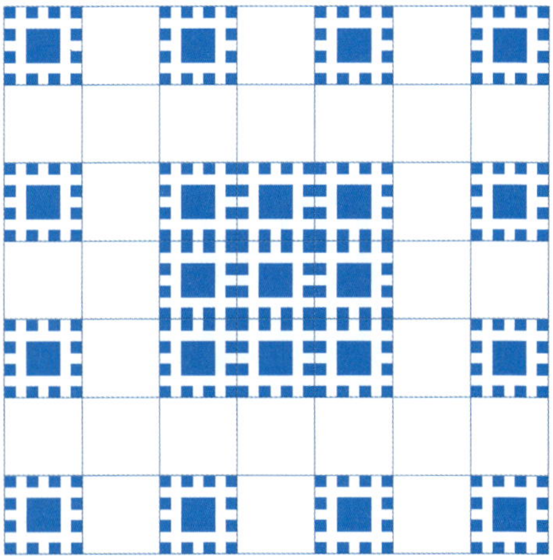

5.15 $\log_{49}441 = 1.565$

5.16 $\log_{49}441 = 1.565$

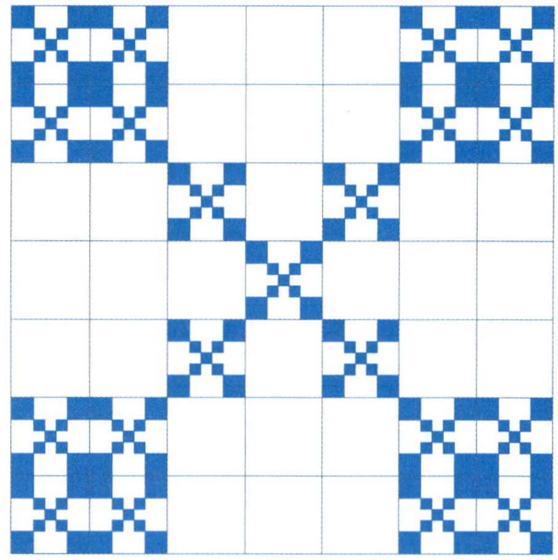

5.17 $\log_{49}441 = 1.565$

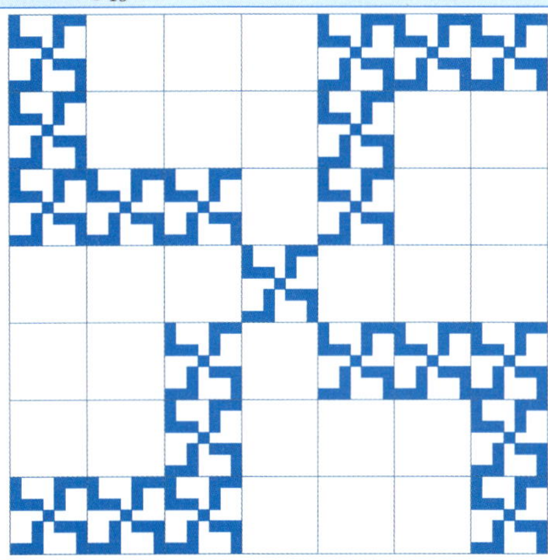

5.18 $\log_{49}576 = 1.633$

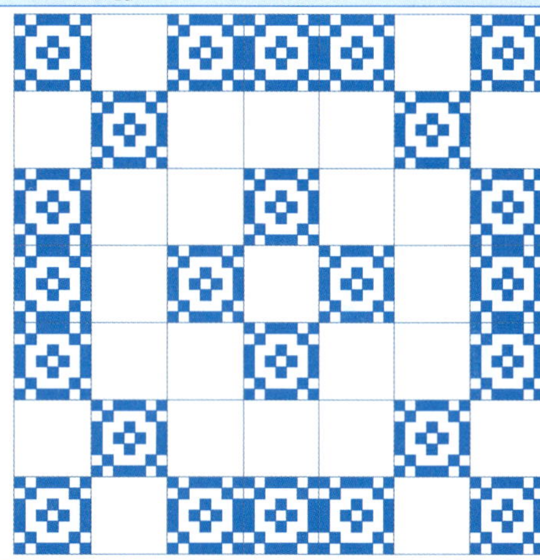

5.19 $\log_{49}576 = 1.633$

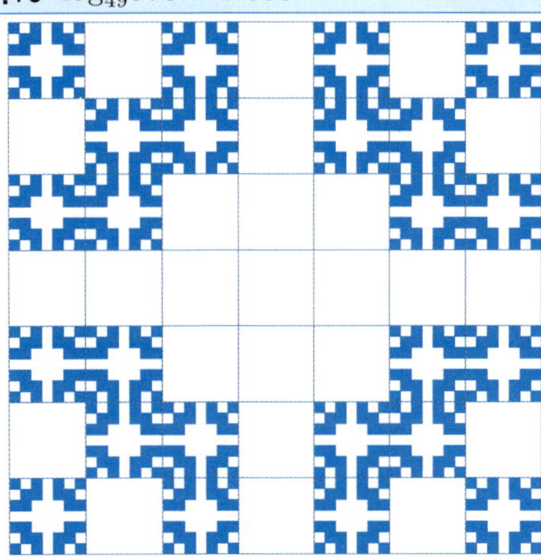

5.20 $\log_{49}576 = 1.633$

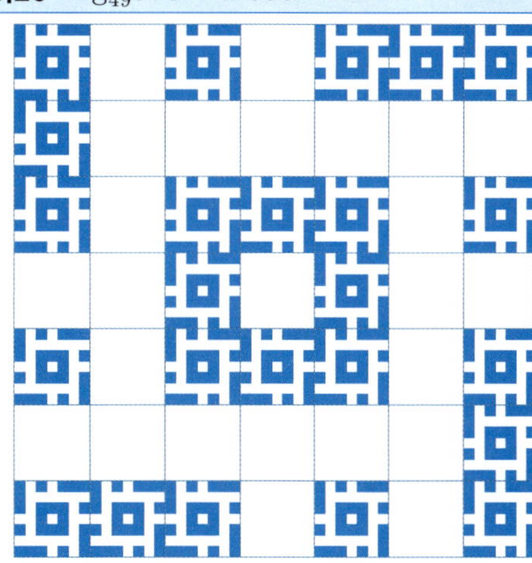

5.21 $\log_{49}576 = 1.633$

5.22 $\log_{49}625 = 1.654$

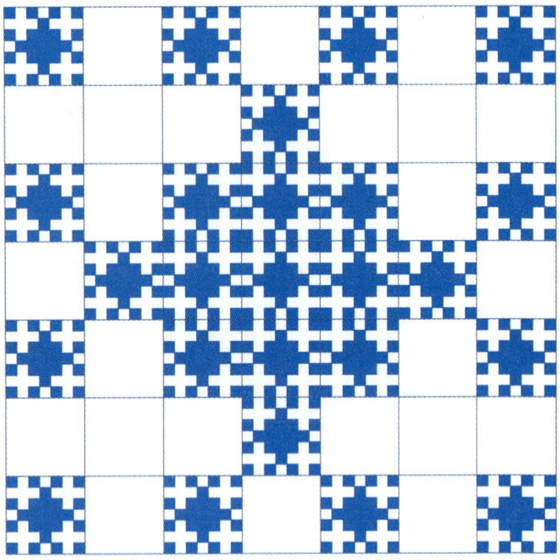

5.23 $\log_{49}625 = 1.654$

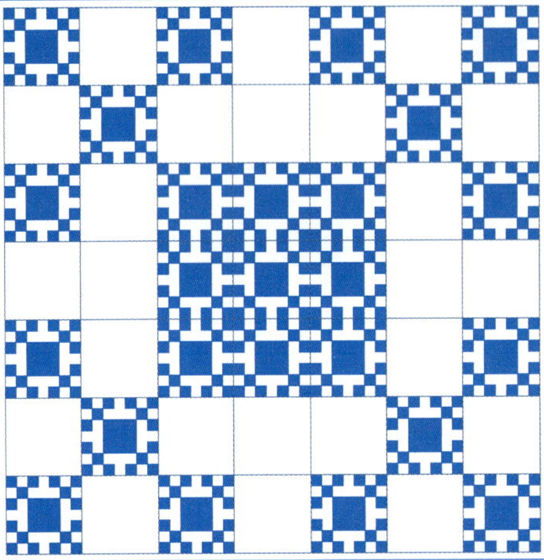

5.24 $\log_{49}625 = 1.654$

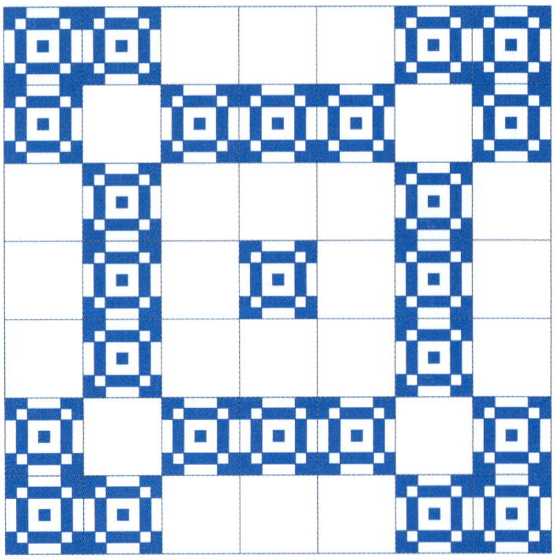

5.25 $\log_{49}784 = 1.712$

5.26 $\log_{49}784 = 1.712$

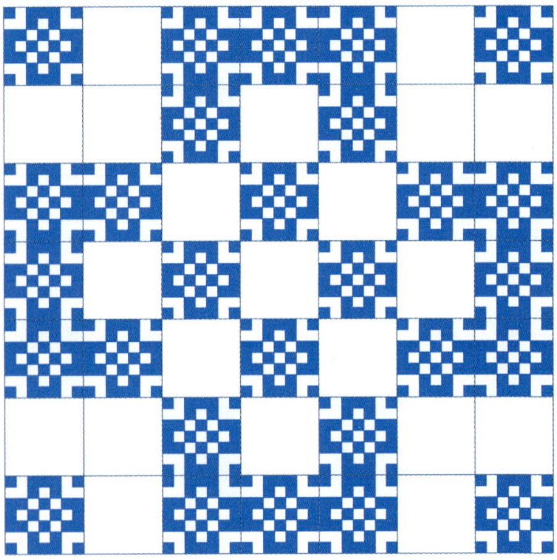

6.1 $\log_{64}16 = 0.667$

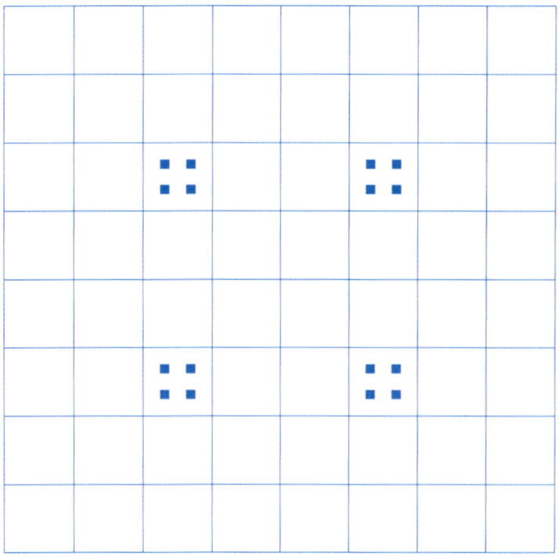

6.2 $\log_{64}64 = 1$

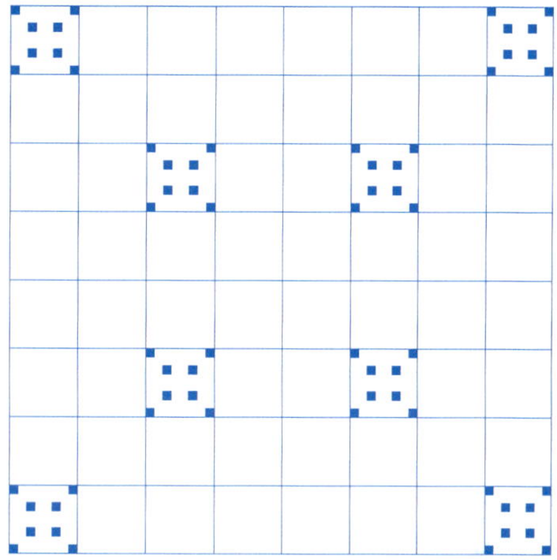

6.3 $\log_{64}144 = 1.195$

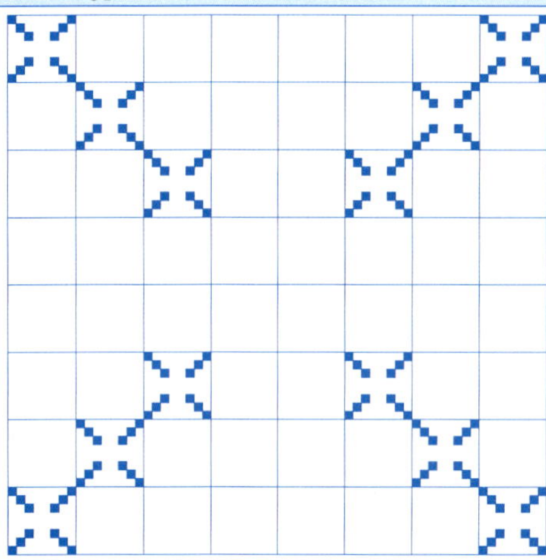

6.4 $\log_{64}256 = 1.333$

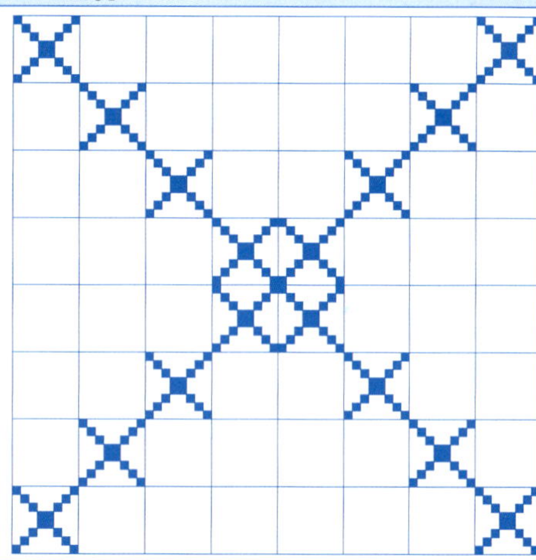

6.5 $\log_{64}256 = 1.333$

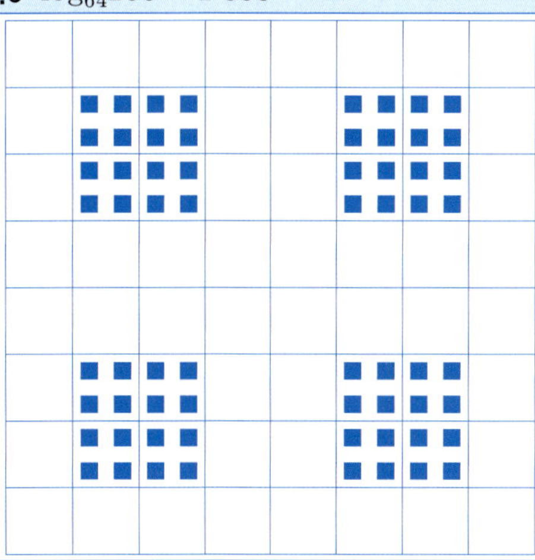

6.6 $\log_{64}400 = 1.441$

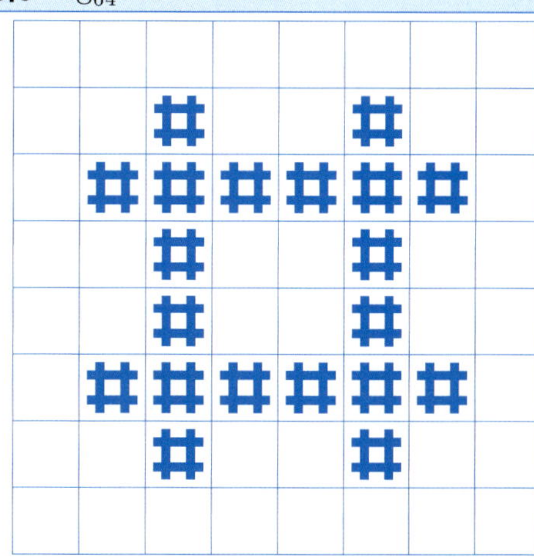

6.7 $\log_{64}400 = 1.441$

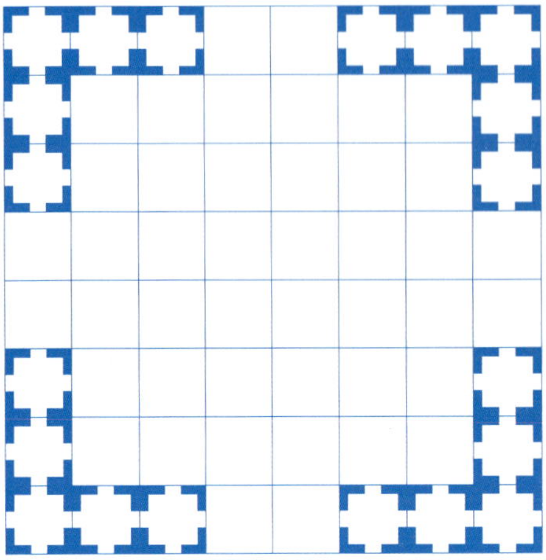

6.8 $\log_{64}400 = 1.441$

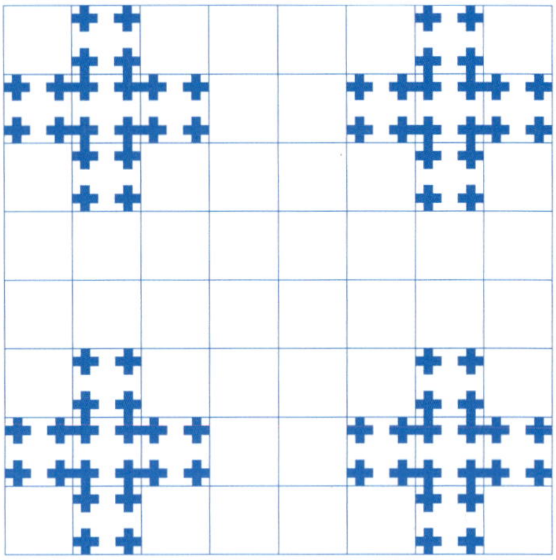

6.9 $\log_{64}400 = 1.441$

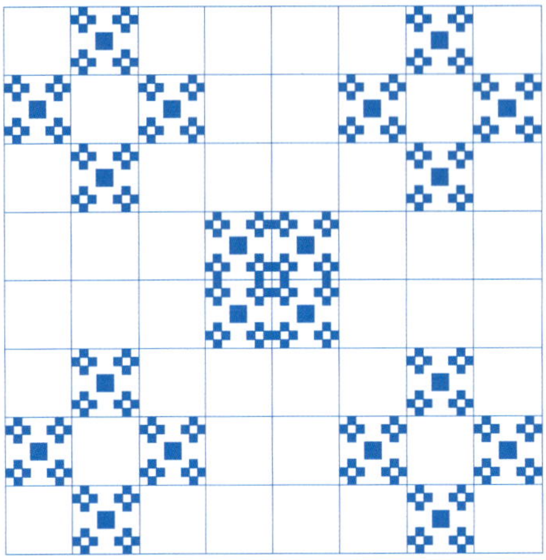

6.10 $\log_{64}576 = 1.633$

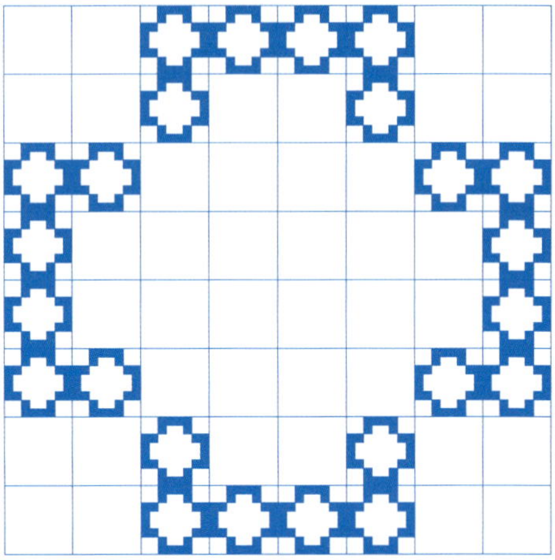

6.11 $\log_{64}784 = 1.602$

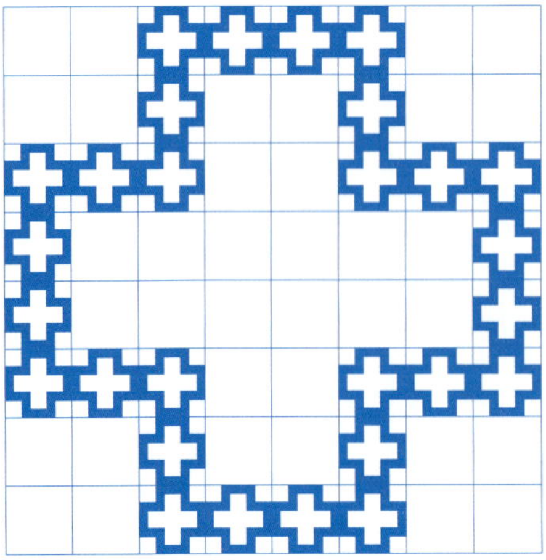

6.12 $\log_{64}784 = 1.602$

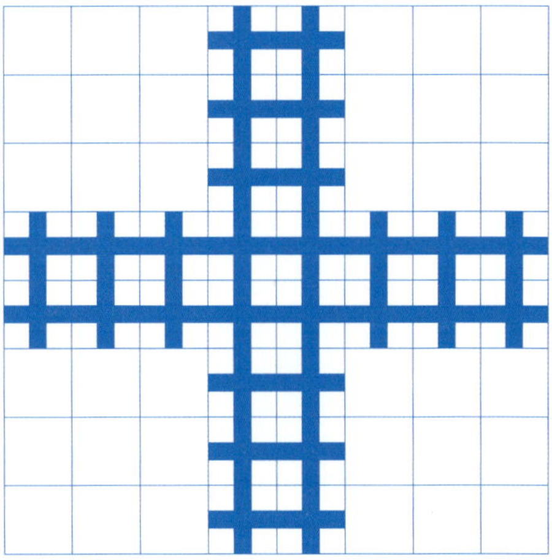

6.13 $\log_{64}784 = 1.602$

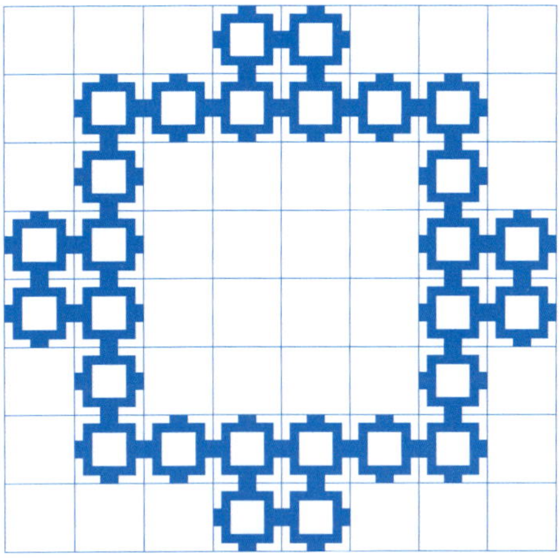

6.14 $\log_{64}784 = 1.602$

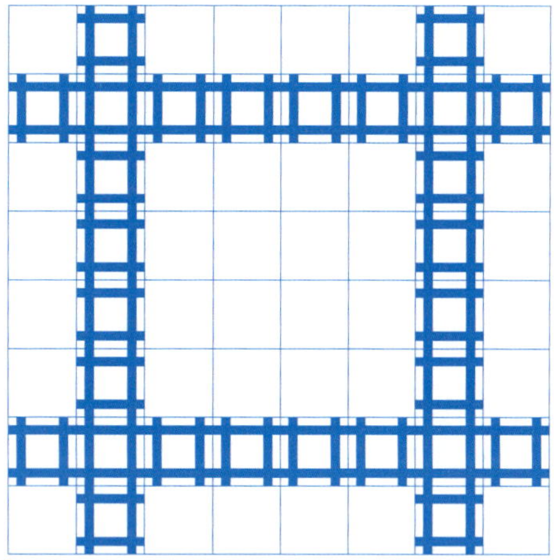

6.15 $\log_{64}1024 = 1.667$

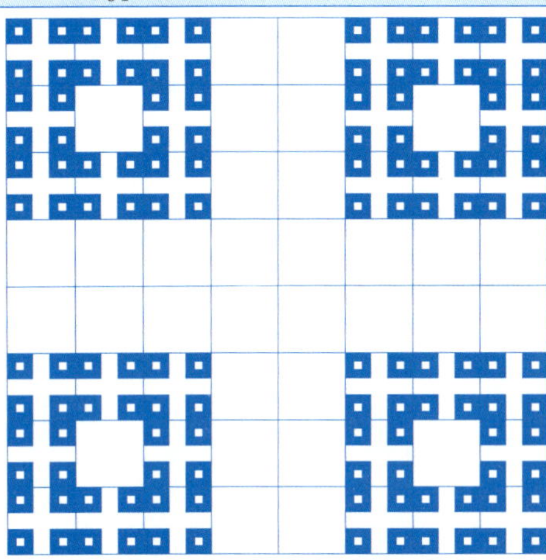

6.16 $\log_{64}1024 = 1.667$

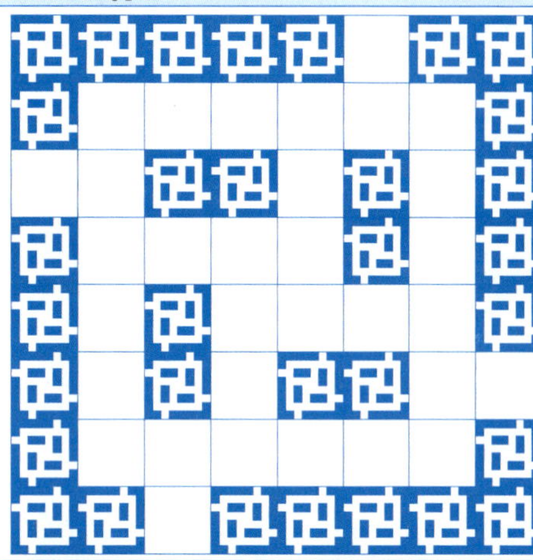

6.17 $\log_{64}1296 = 1.723$

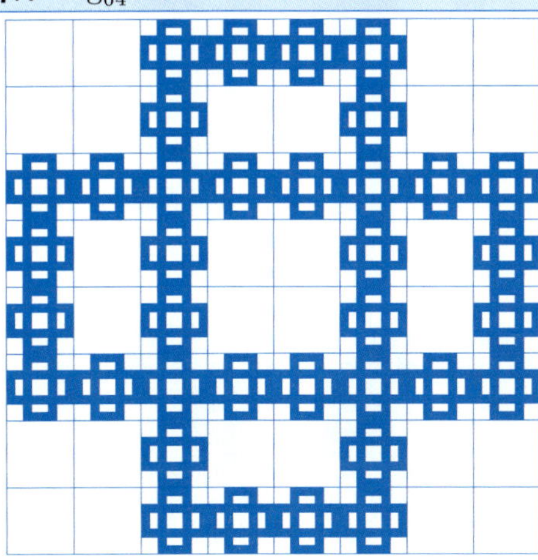

6.18 $\log_{64}1600 = 1.774$

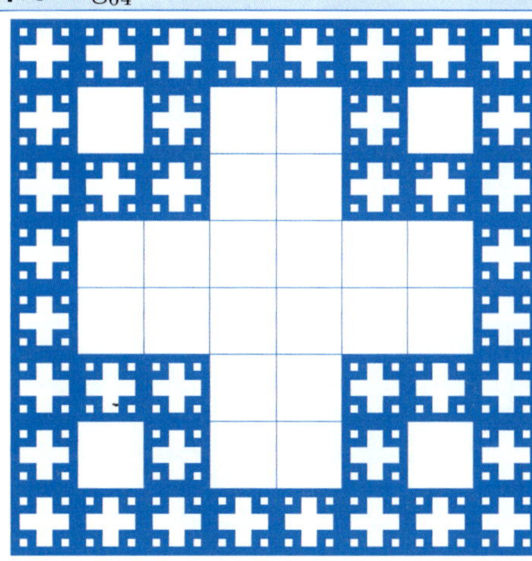

2 덧셈 프랙탈 디자인 풀이

1.1 $\log_9 17 = 1289$	$\log_{27} 217 = 1.632$	1.2 $\log_9 32 = 1.577$	$\log_{27} 386 = 1.807$
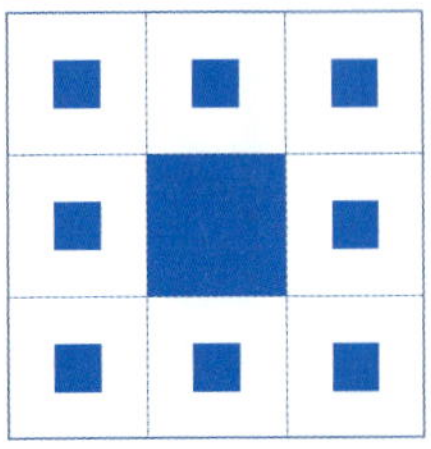	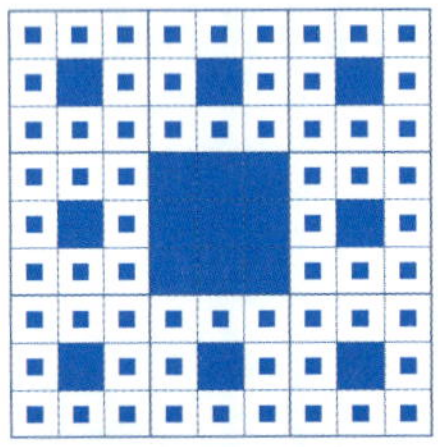		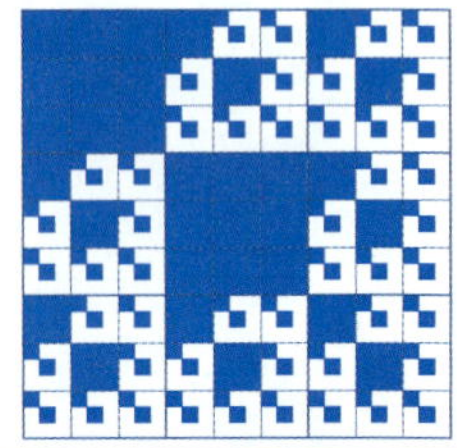
1.3 $\log_9 32 = 1.577$	$\log_{27} 386 = 1.807$	1.4 $\log_9 45 = 1.732$	$\log_{27} 513 = 1.893$

1.5 $\log_9 45 = 1.732$	$\log_{27} 513 = 1.893$	1.6 $\log_9 45 = 1.732$	$\log_{27} 513 = 1.893$

1.7 $\log_9 56 = 1.832$	$\log_{27} 604 = 1.943$	1.8 $\log_9 56 = 1.832$	$\log_{27} 604 = 1.943$
			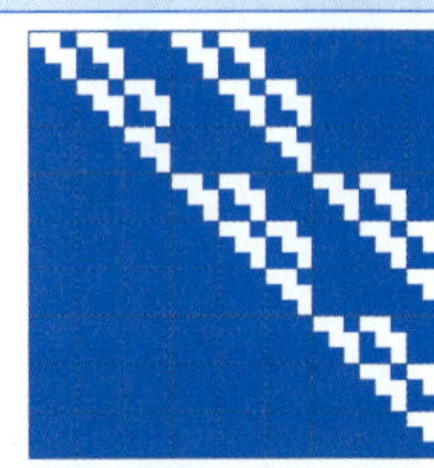
1.9 $\log_9 56 = 1.832$	$\log_{27} 604 = 1.943$	1.10 $\log_9 56 = 1.832$	$\log_{27} 604 = 1.943$
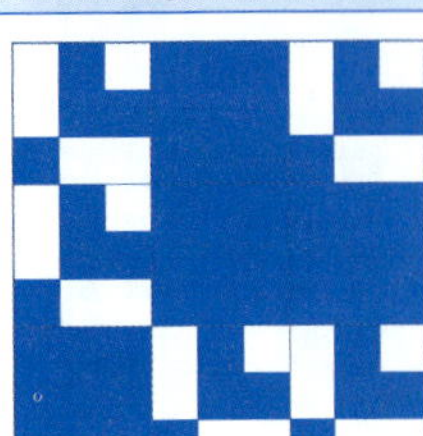	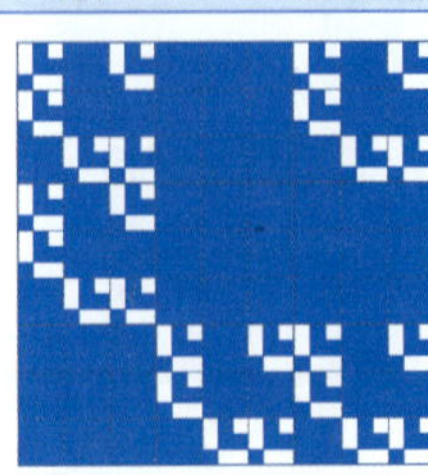		

1.11 $\log_9 56 = 1.832$	$\log_{27} 604 = 1.943$	1.12 $\log_9 56 = 1.832$	$\log_{27} 604 = 1.943$
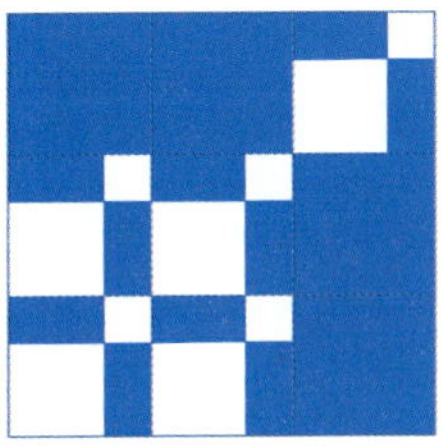	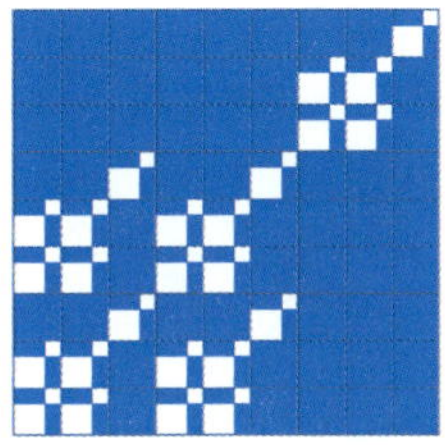	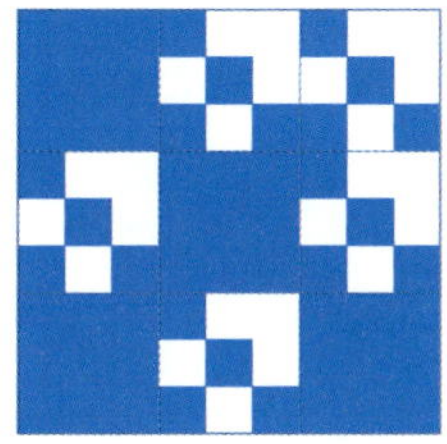	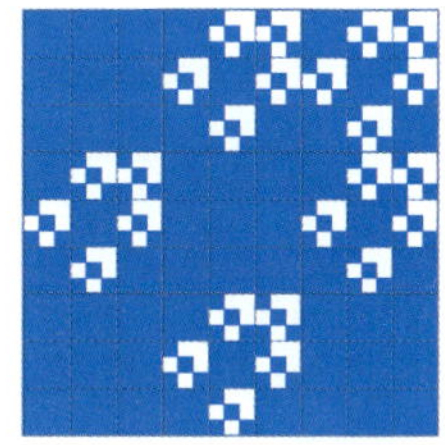
1.13 $\log_9 65 = 1.9$	$\log_{27} 665 = 1.972$	1.14 $\log_9 65 = 1.9$	$\log_{27} 665 = 1.972$
			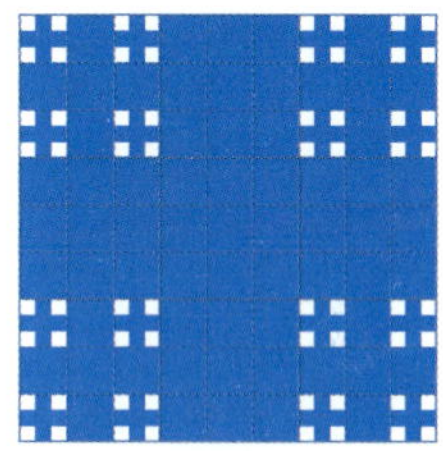
1.15 $\log_9 65 = 1.9$	$\log_{27} 665 = 1.972$	1.16 $\log_9 65 = 1.9$	$\log_{27} 665 = 1.972$
		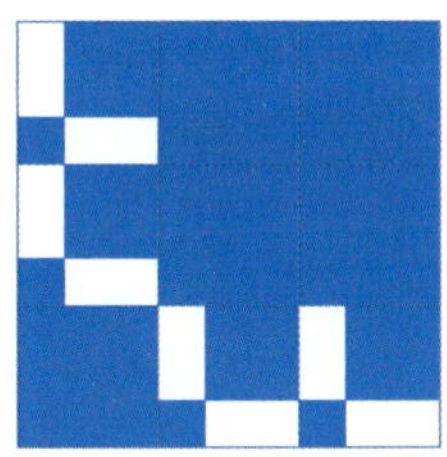	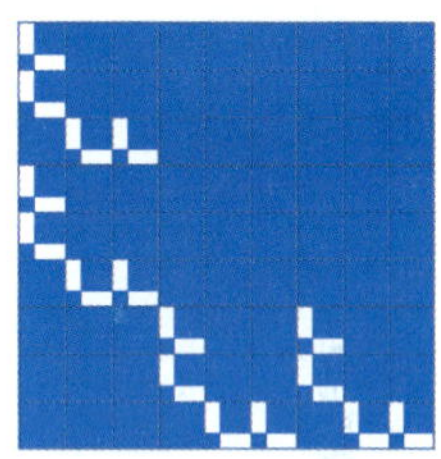
1.17 $\log_9 65 = 1.9$	$\log_{27} 665 = 1.972$	1.18 $\log_9 65 = 1.9$	$\log_{27} 665 = 1.972$
	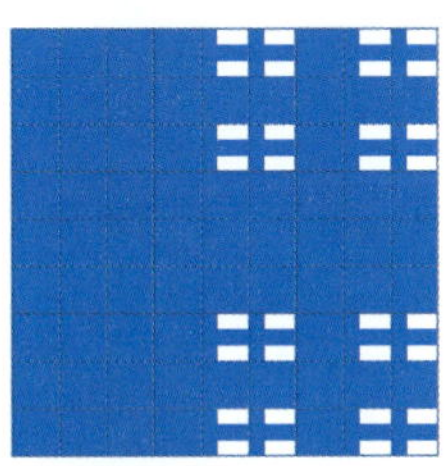		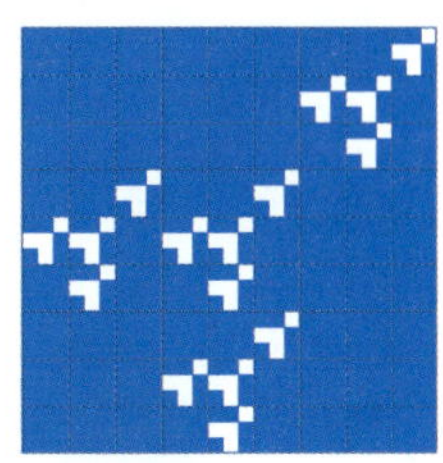
1.19 $\log_9 77 = 1.977$	$\log_{27} 721 = 1.997$	1.20 $\log_9 77 = 1.977$	$\log_{27} 721 = 1.997$
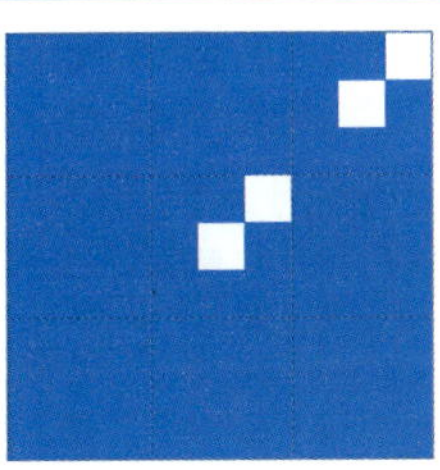	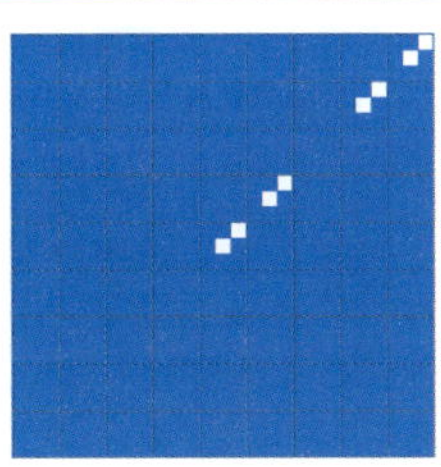		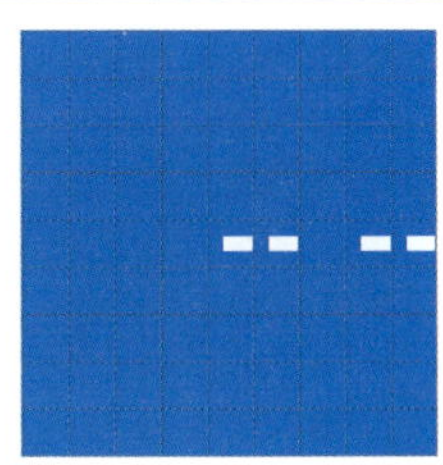

1.21 $\log_9 77 = 1.977$

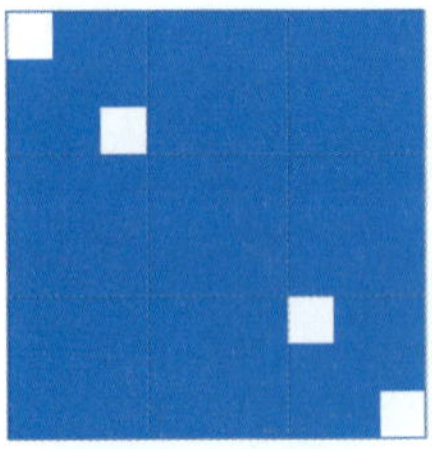

$\log_{27} 721 = 1.997$

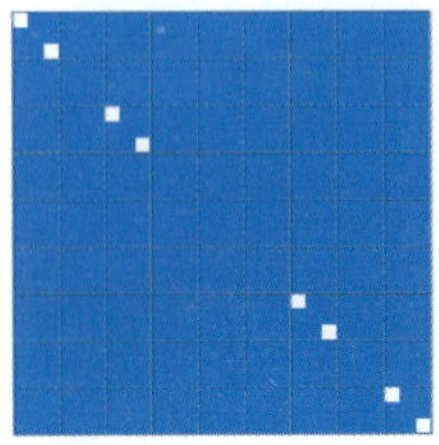

1.22 $\log_9 77 = 1.977$

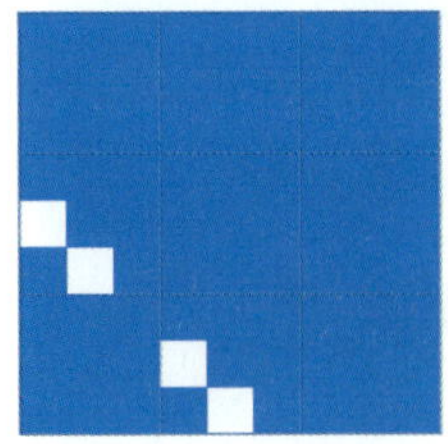

$\log_{27} 721 = 1.997$

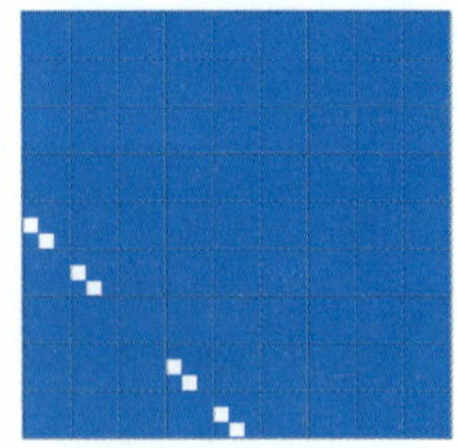

1.23 $\log_9 77 = 1.977$

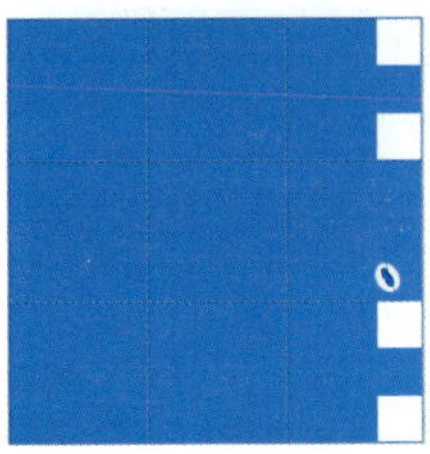

$\log_{27} 721 = 1.997$

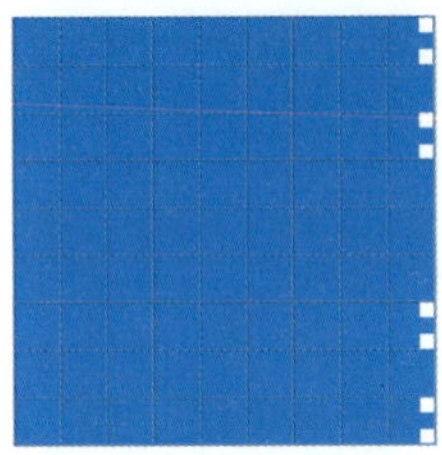

1.24 $\log_9 77 = 1.977$

$\log_{27} 721 = 1.997$

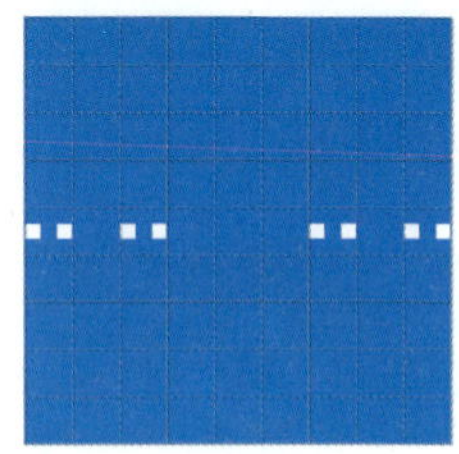

1.25 $\log_9 80 = 1.994$

$\log_{27} 728 = 2$

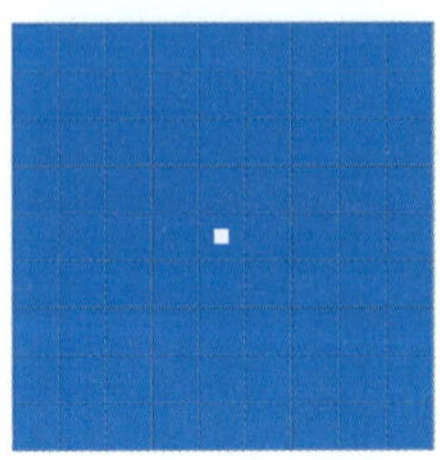

2.1 $\log_{16} 31 = 1.239$

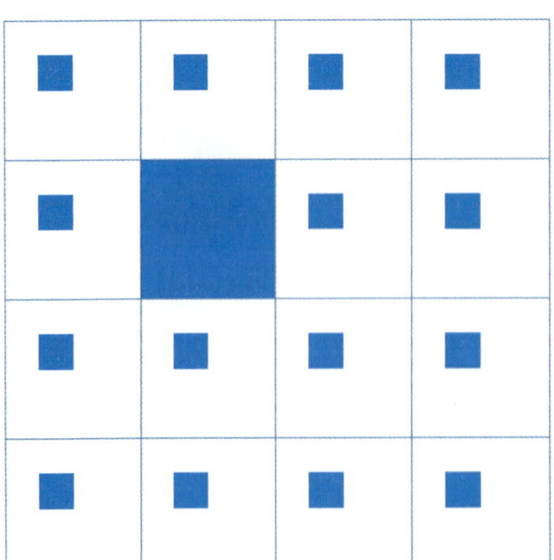

$\log_{64} 721 = 1.582$

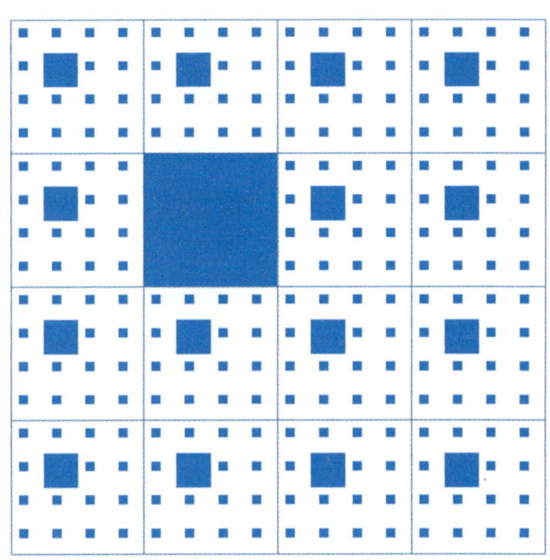

2.2 $\log_{16}60 = 1.477$

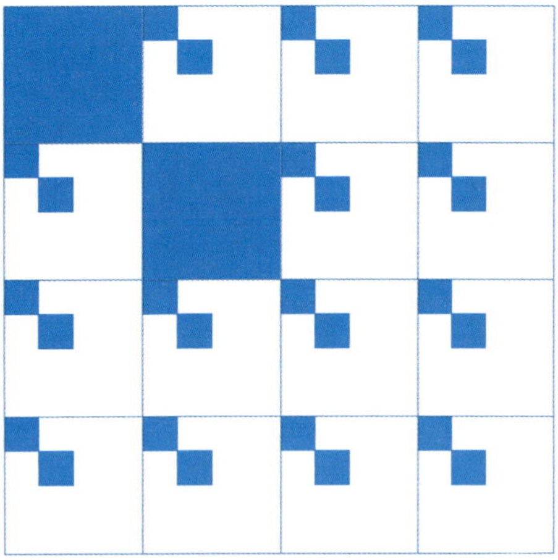

$\log_{64}1352 = 1.733$

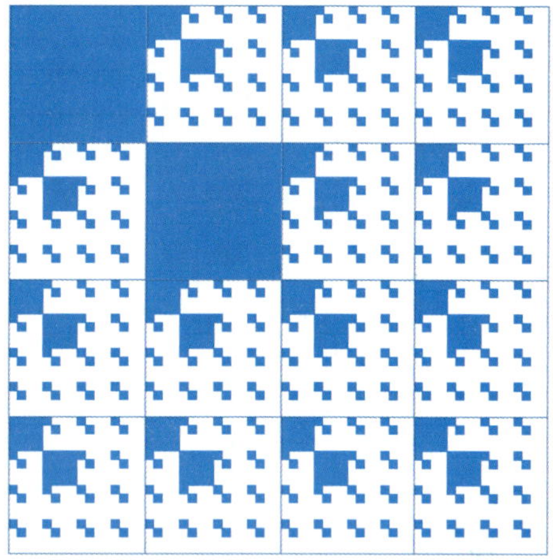

2.3 $\log_{16}87 = 1.611$

$\log_{64}1899 = 1.815$

2.4 $\log_{16}87 = 1.611$

$\log_{64}1899 = 1.815$

2.5 $\log_{16}87 = 1.611$

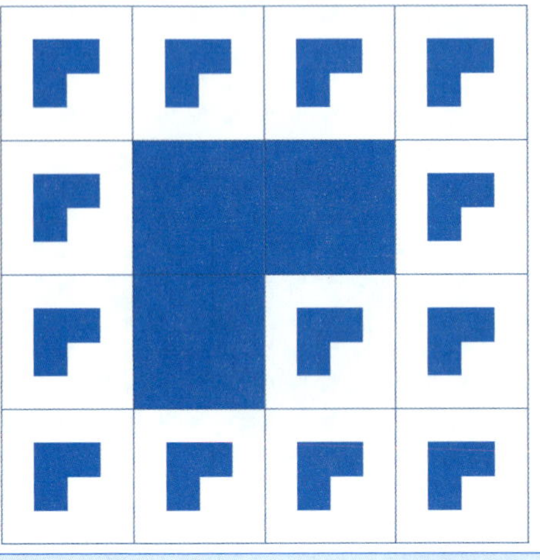

$\log_{64}1899 = 1.815$

2.6 $\log_{16}87 = 1.611$

$\log_{64}1899 = 1.815$

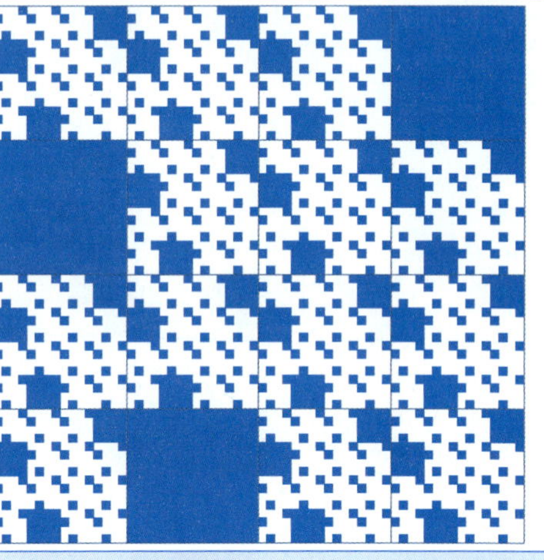

2.7 $\log_{16}112 = 1.702$

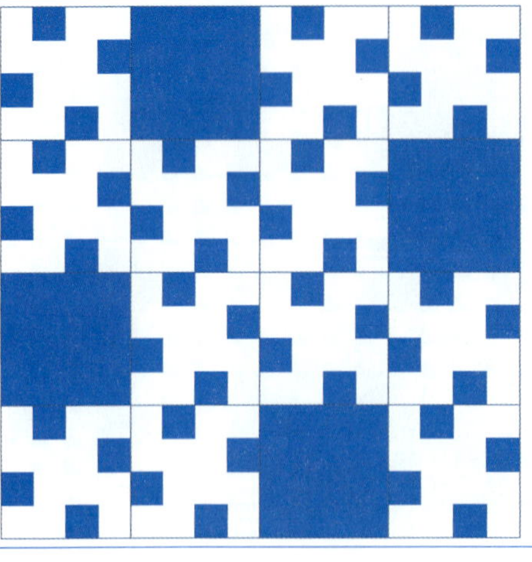

$\log_{64}2368 = 1.868$

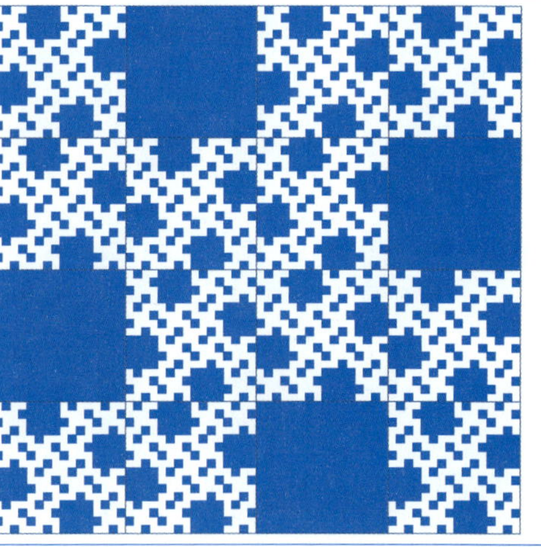

2.8 $\log_{16}192 = 1.896$ | $\log_{64}3584 = 1.968$

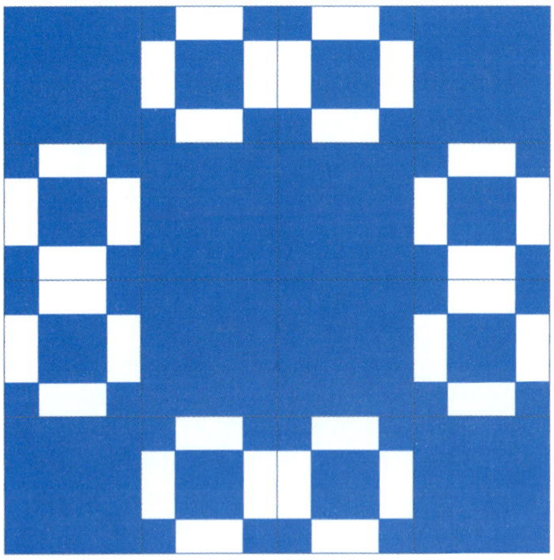

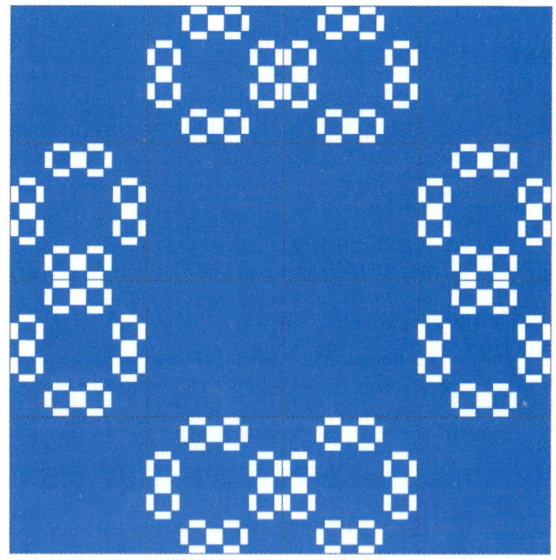

2.9 $\log_{16}192 = 1.896$ | $\log_{64}3584 = 1.968$

2.10 $\log_{16}192 = 1.896$ | $\log_{64}3584 = 1.968$

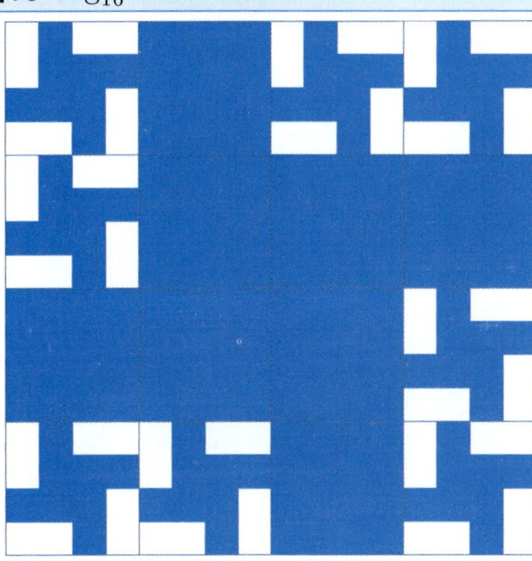

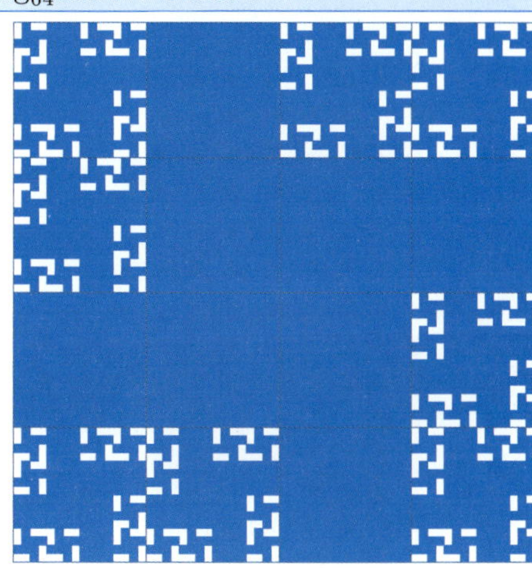

2.11 $\log_{16}240 = 1.977$	$\log_{64}4032 = 1.996$
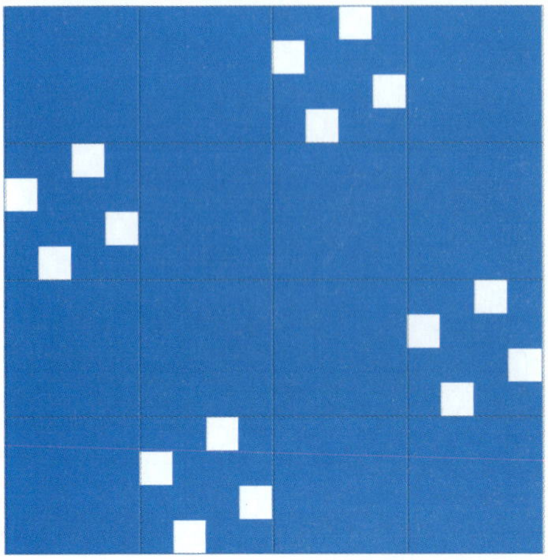	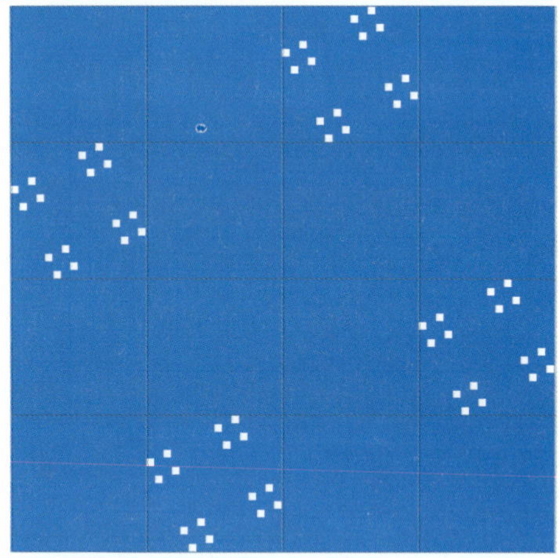
2.12 $\log_{16}240 = 1.977$	$\log_{64}4032 = 1.996$

2.13 $\log_{16}240 = 1.977$	$\log_{64}4032 = 1.996$

3.1 $\log_{25}184 = 1.62$

3.2 $\log_{25}336 = 1.807$

3.3 $\log_{25}336 = 1.807$

3.4 $\log_{25}336 = 1.807$

3.5 $\log_{25}369 = 1.836$

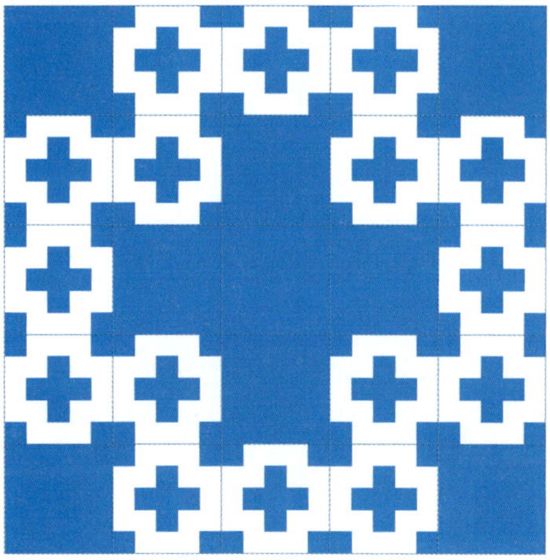

3.6 $\log_{25}369 = 1.836$

3.7 $\log_{25}369 = 1.836$

3.8 $\log_{25}456 = 1.902$

3.9 $\log_{25}456 = 1.902$

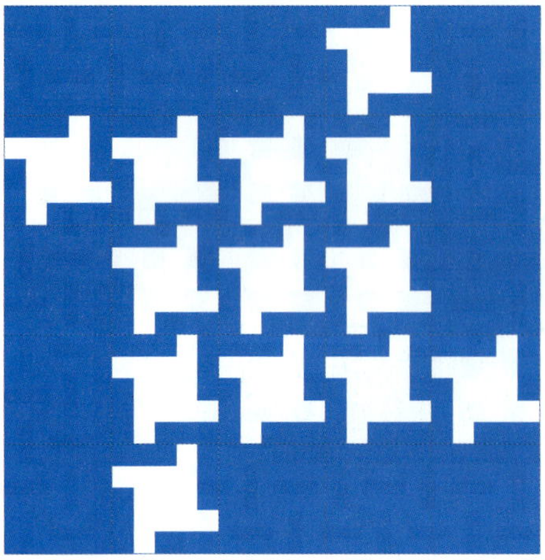

3.10 $\log_{25}456 = 1.902$

3.11 $\log_{25}456 = 1.902$

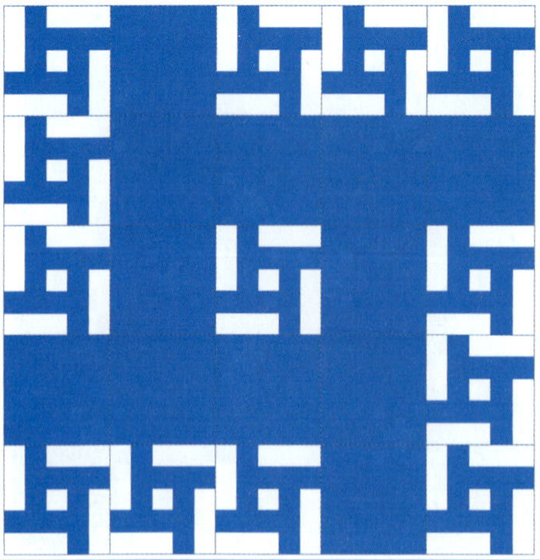

3.12 $\log_{25}456 = 1.902$

3.13 $\log_{25}456 = 1.902$

3.14 $\log_{25}456 = 1.902$

3.15 $\log_{25}481 = 1.929$

3.16 $\log_{25}481 = 1.929$

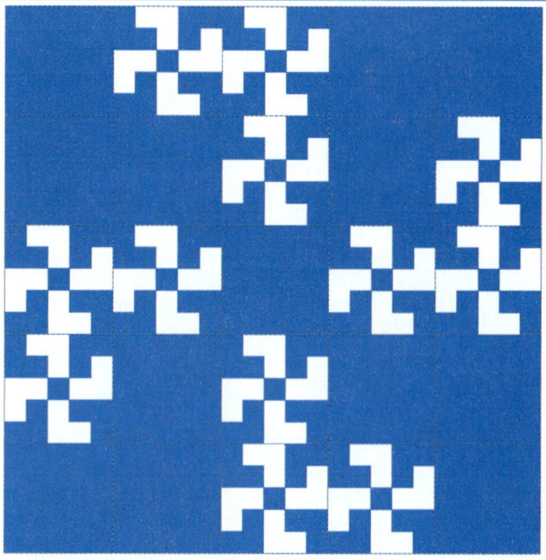

3.17 $\log_{25}481 = 1.929$

3.18 $\log_{25}561 = 1.966$

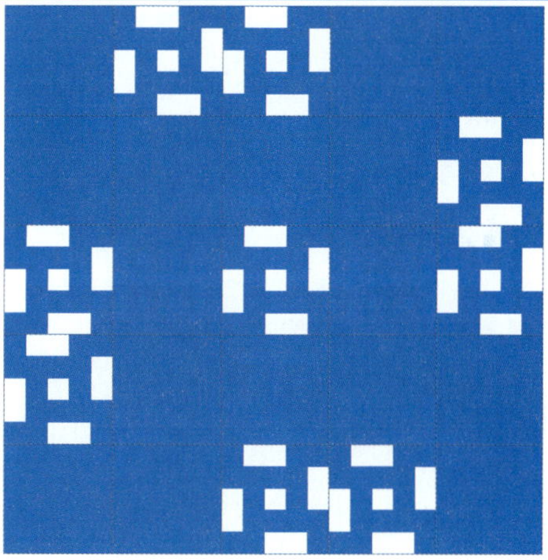

3.19 $\log_{25}561 = 1.966$

3.20 $\log_{25}561 = 1.966$

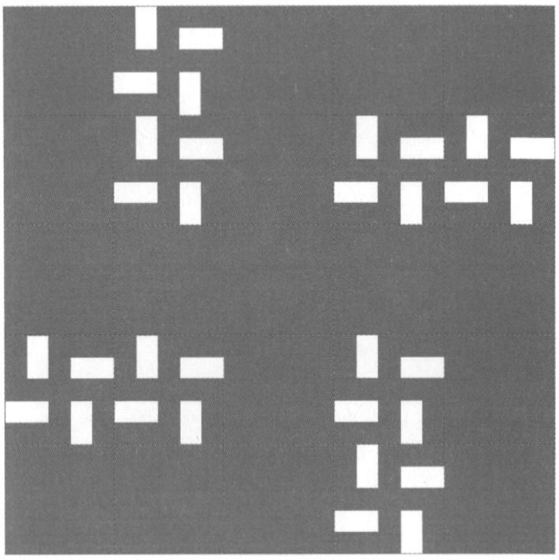

3.21 $\log_{25}600 = 1.987$

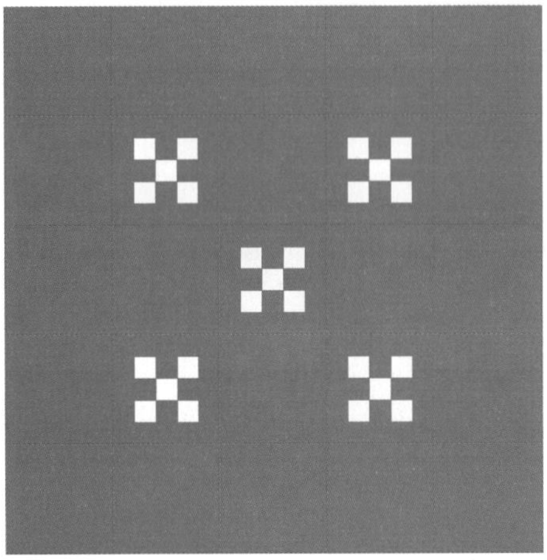

3.22 $\log_{25}609 = 1.992$

3.23 $\log_{25}609 = 1.992$

3.24 $\log_{25}609 = 1.992$

4.1 $\log_{36}207 = 1.488$

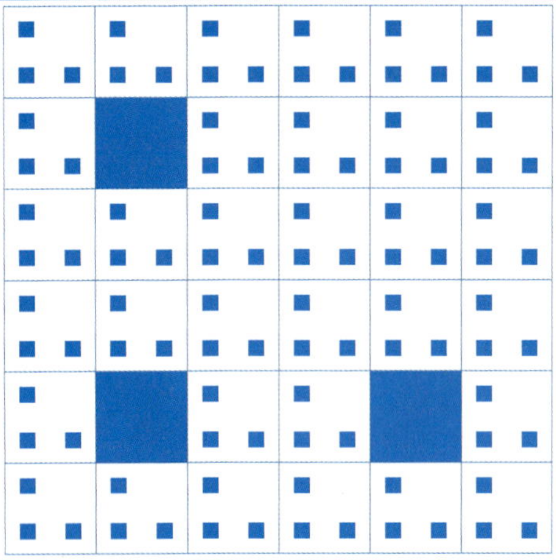

4.2 $\log_{36}272 = 1.564$

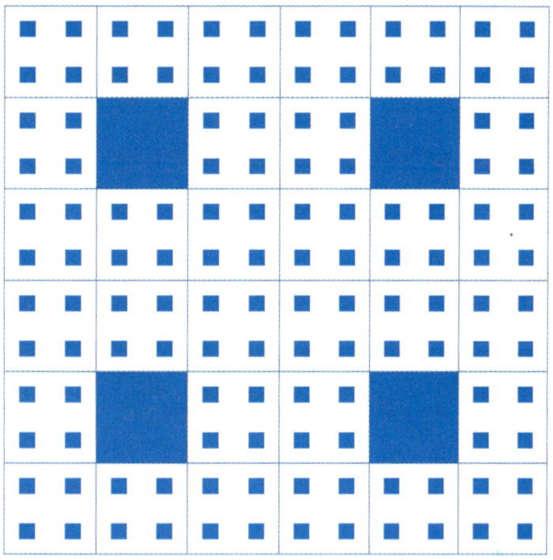

4.3 $\log_{36}512 = 1.741$

4.4 $\log_{36}512 = 1.741$

4.5 $\log_{36}720 = 1.836$

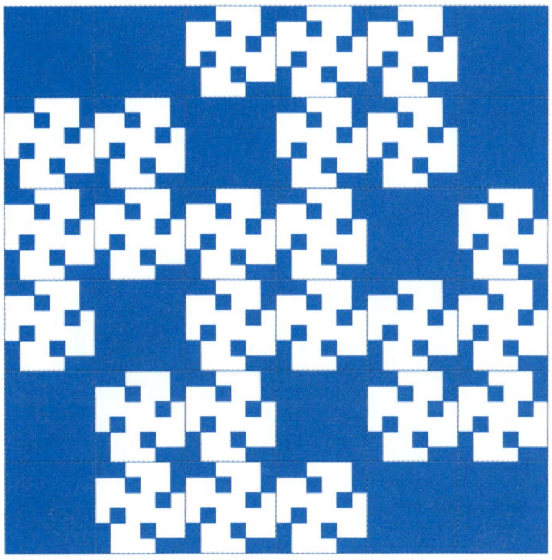

4.6 $\log_{36}720 = 1.836$

4.7 $\log_{36}720 = 1.836$

4.8 $\log_{36}720 = 1.836$

4.9 $\log_{36}720 = 1.836$

4.10 $\log_{36}896 = 1.897$

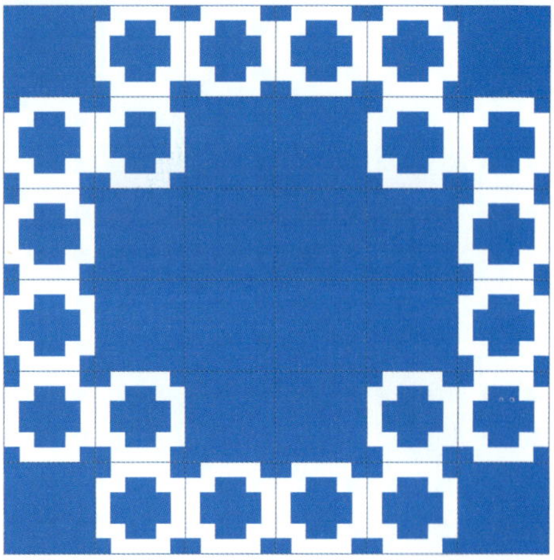

4.11 $\log_{36}896 = 1.897$

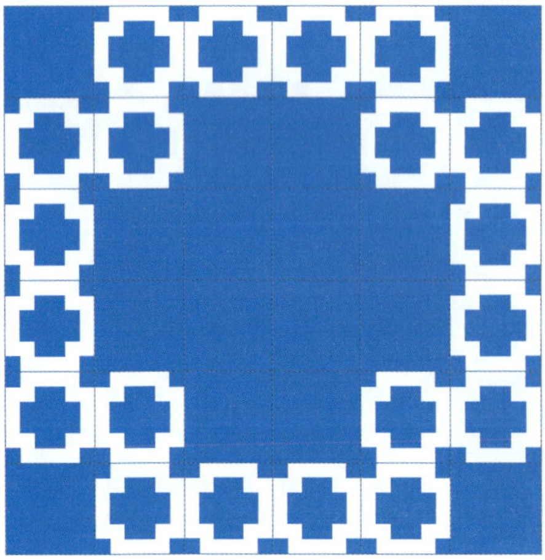

4.12 $\log_{36}896 = 1.897$

4.13 $\log_{36}896 = 1.897$

4.14 $\log_{36}1040 = 1.939$

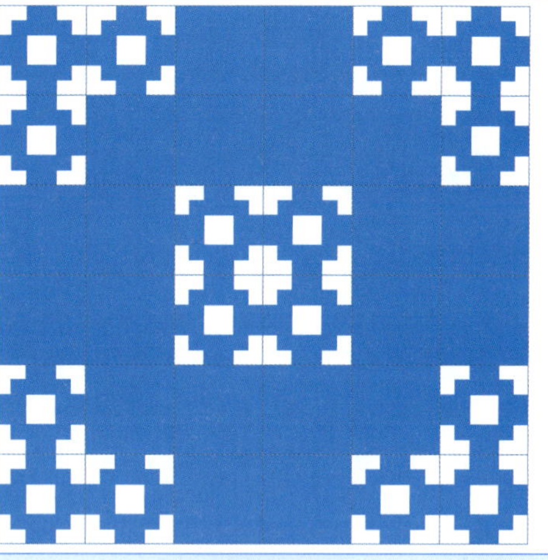

4.15 $\log_{36}1040 = 1.939$

4.16 $\log_{36}1040 = 1.939$

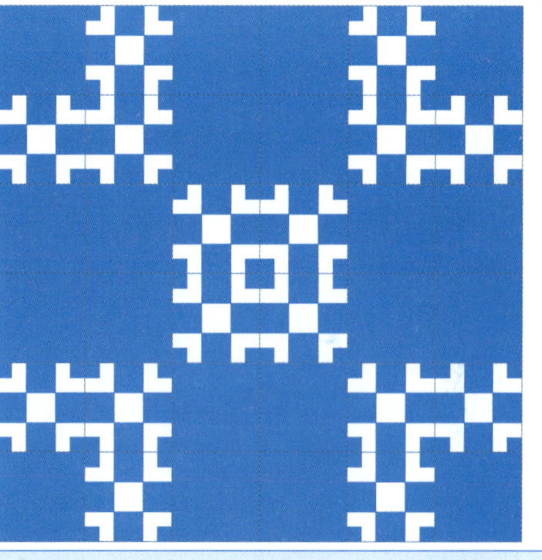

4.17 $\log_{36}1040 = 1.939$

4.18 $\log_{36}1040 = 1.939$

4.19 $\log_{36}1152 = 1.967$

4.20 $\log_{36}1152 = 1.967$

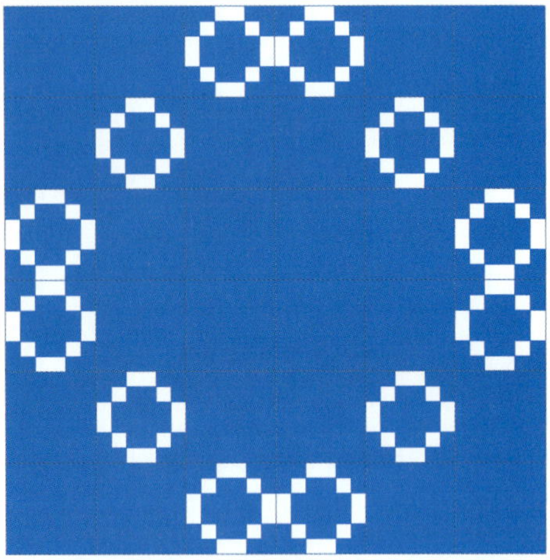

4.21 $\log_{36}1152 = 1.967$

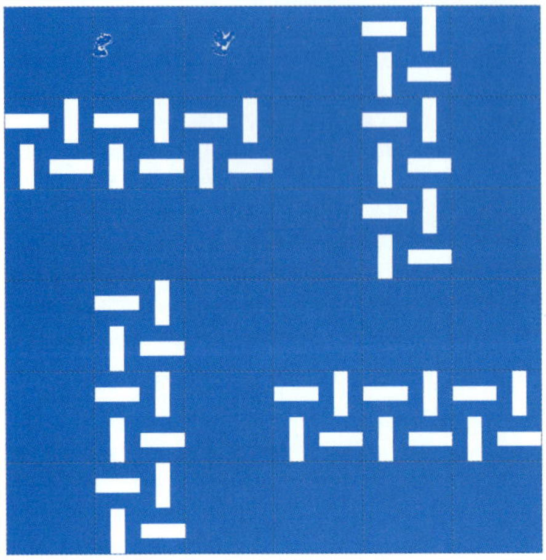

4.22 $\log_{36}1280 = 1.997$

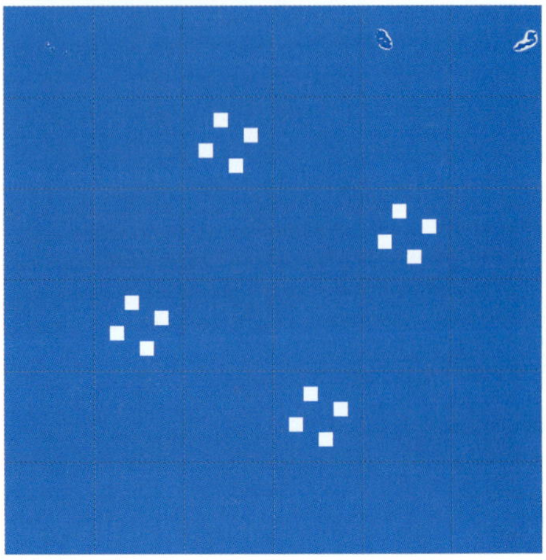

5.1 $\log_{49}801 = 1.718$

5.2 $\log_{49}801 = 1.718$

5.3 $\log_{49}1032 = 1.783$

5.4 $\log_{49}1105 = 1.801$

5.5 $\log_{49}1312 = 1.845$

5.6 $\log_{49}1312 = 1.845$

5.7 $\log_{49}1312 = 1.845$

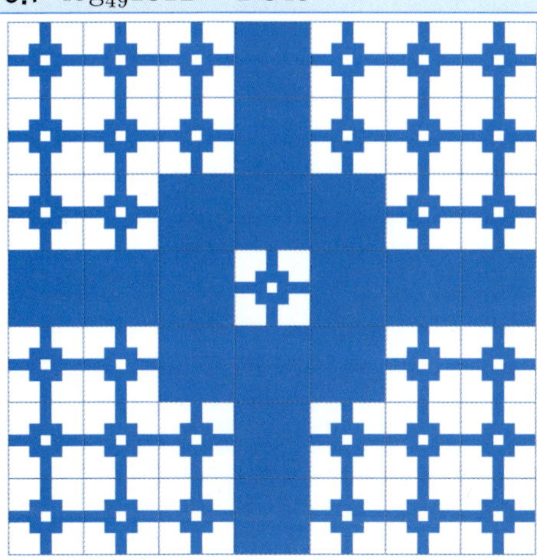

5.8 $\log_{49}1377 = 1.857$

5.9 $\log_{49}1377 = 1.857$

5.10 $\log_{49}1560 = 1.889$

5.11 $\log_{49}1560 = 1.889$

5.12 $\log_{49}1560 = 1.889$

5.13 $\log_{49}1560 = 1.889$

5.14 $\log_{49}1617 = 1.898$

5.15 $\log_{49}1617 = 1.898$

5.16 $\log_{49}1617 = 1.898$

5.17 $\log_{49}1617 = 1.898$

5.18 $\log_{49}1776 = 1.923$

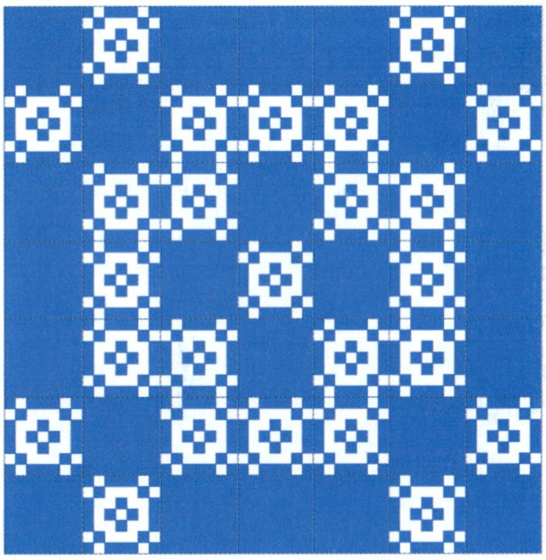

5.19 $\log_{49}1776 = 1.923$

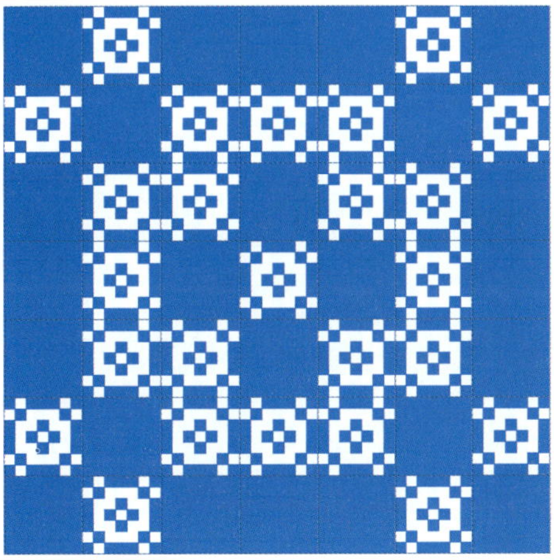

5.20 $\log_{49}1776 = 1.923$

5.21 $\log_{49}1776 = 1.923$

5.22 $\log_{49}1825 = 1.93$

5.23 $\log_{49}1825 = 1.93$

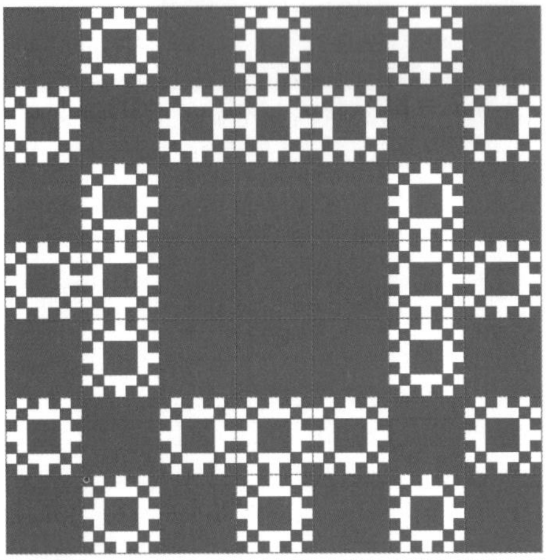

5.24 $\log_{49}1825 = 1.93$

5.25 $\log_{49}1960 = 1.948$

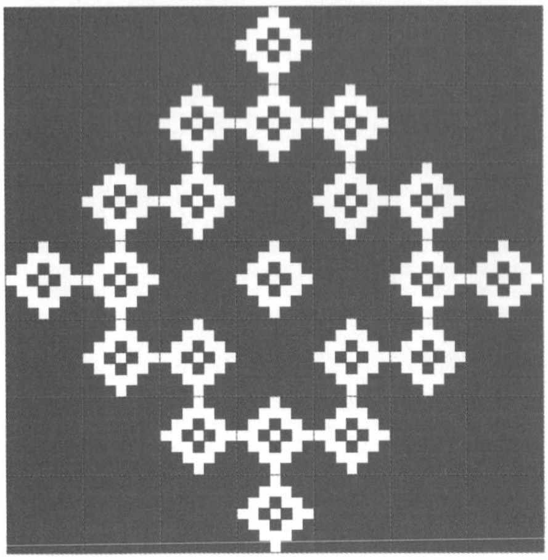

5.26 $\log_{49}1960 = 1.948$

6.1 $\log_{64}496 = 1.492$

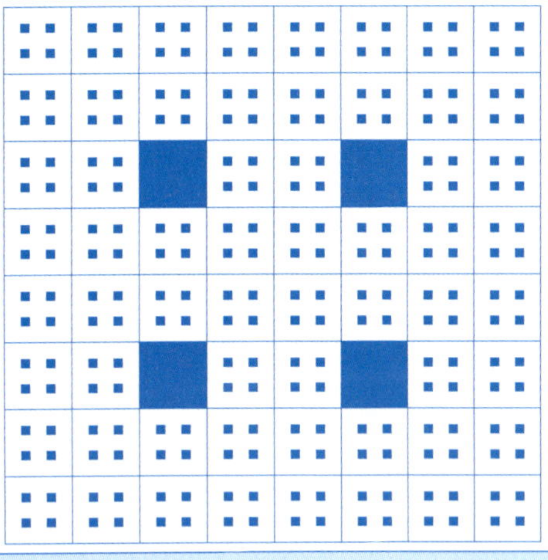

6.2 $\log_{64}960 = 1.651$

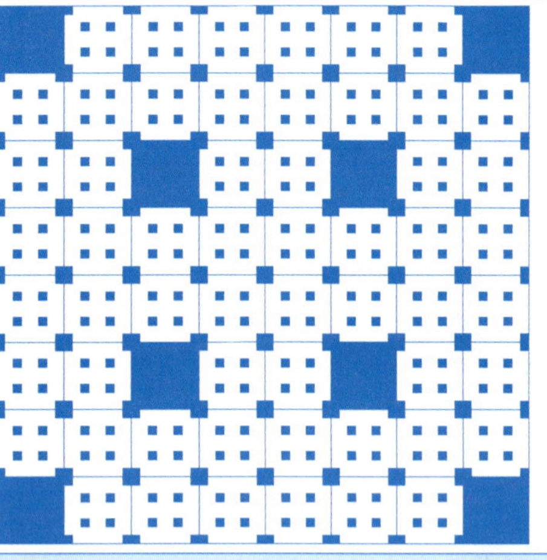

6.3 $\log_{64}1392 = 1.74$

6.4 $\log_{64}1792 = 1.801$

6.5 $\log_{64}1792 = 1.801$

6.6 $\log_{64}2160 = 1.846$

6.7 $\log_{64}2160 = 1.846$

6.8 $\log_{64}2160 = 1.846$

6.9 $\log_{64}2160 = 1.846$

6.10 $\log_{64}2496 = 1.881$

6.11 $\log_{64}2800 = 1.909$

6.12 $\log_{64}2800 = 1.909$

6.13 $\log_{64}2800 = 1.909$

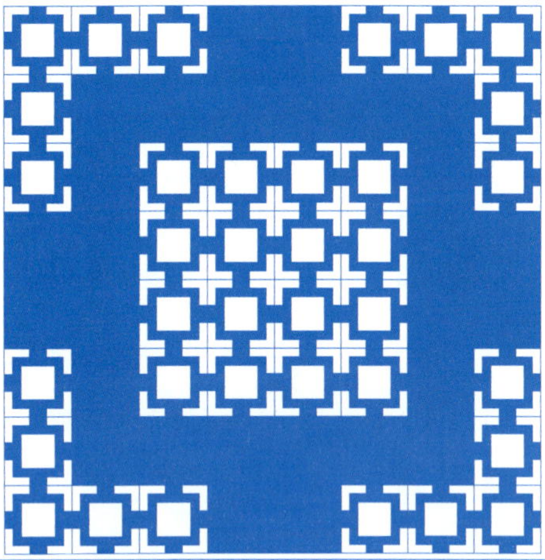

6.14 $\log_{64}2800 = 1.909$

6.15 $\log_{64}3072 = 1.931$

6.16 $\log_{64}3072 = 1.931$

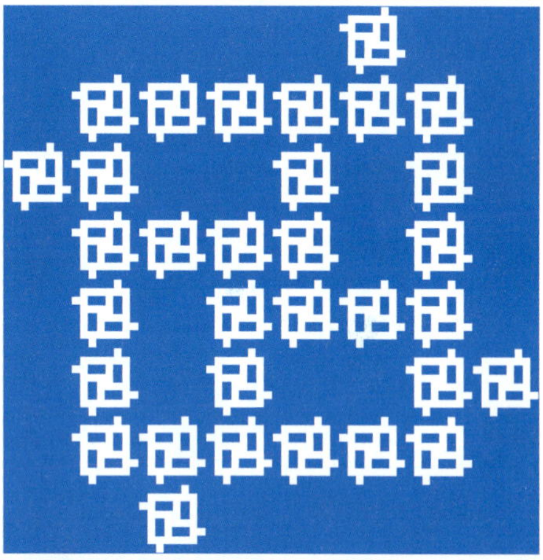

6.17 $\log_{64}3312 = 1.949$

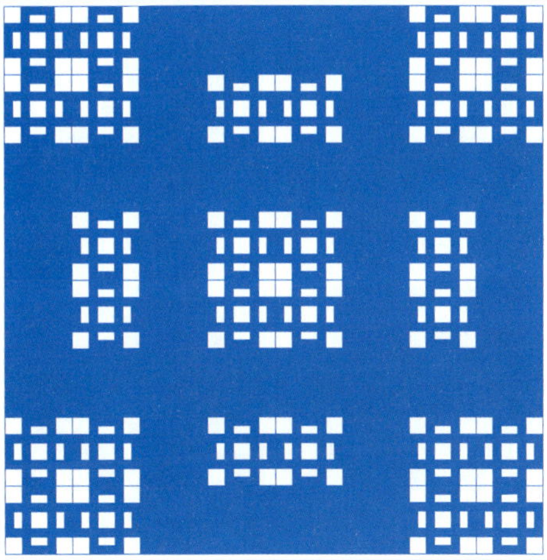

6.18 $\log_{64}3520 = 1.964$

3 빼셈 프랙탈 디자인 풀이

1.1 $\log_9 8 = 0.946$	$\log_{27} 137 = 1.493$	1.2 $\log_9 14 = 1.201$	$\log_{27} 232 = 1.653$
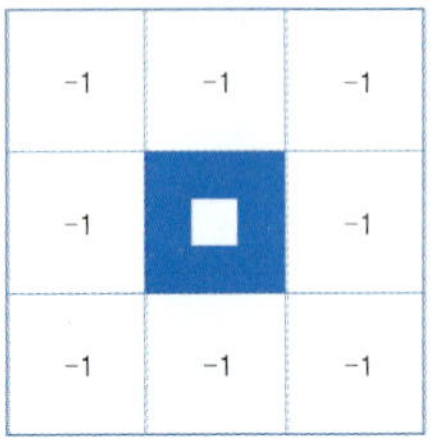	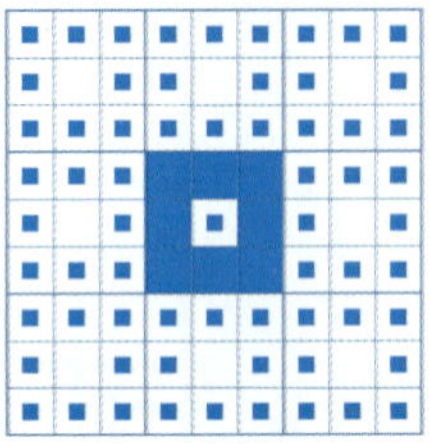	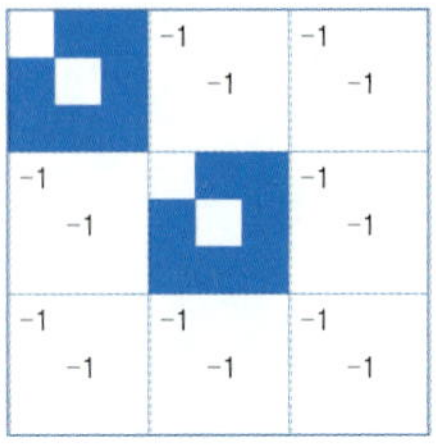	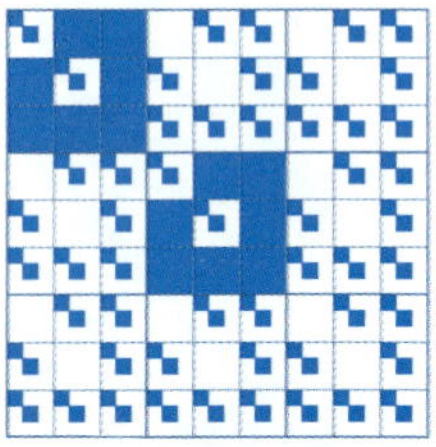
1.3 $\log_9 14 = 1.201$	$\log_{27} 232 = 1.653$	1.4 $\log_9 18 = 1.315$	$\log_{27} 297 = 1.728$
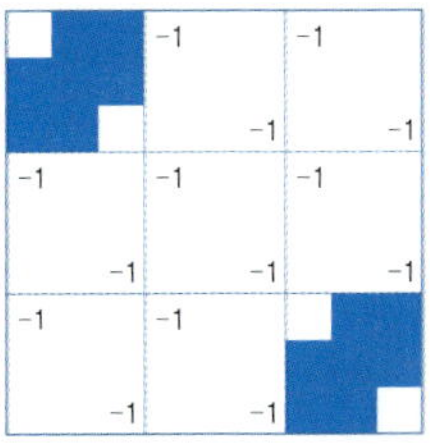	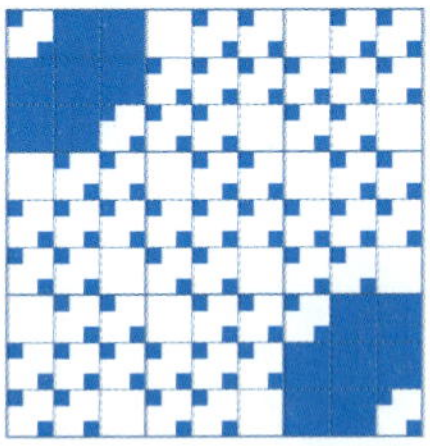	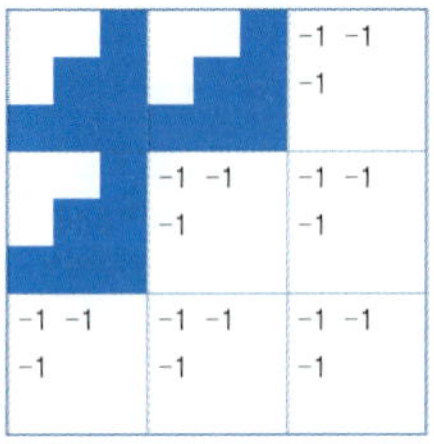	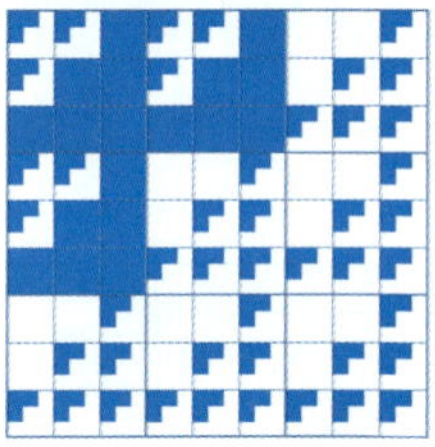
1.5 $\log_9 18 = 1.315$	$\log_{27} 297 = 1.728$	1.6 $\log_9 18 = 1.315$	$\log_{27} 297 = 1.728$
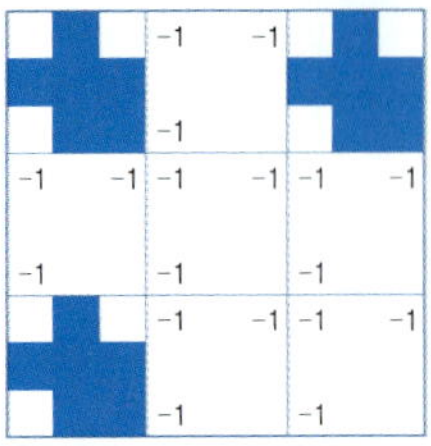		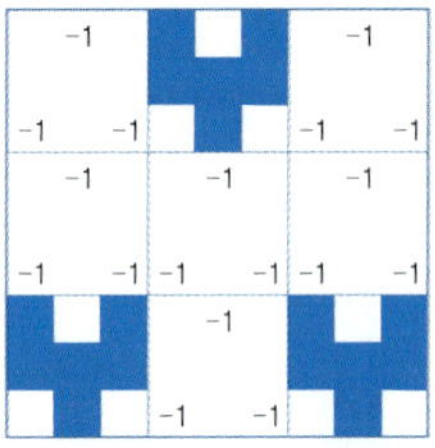	
1.7 $\log_9 20 = 1.363$	$\log_{27} 344 = 1.772$	1.8 $\log_9 20 = 1.363$	$\log_{27} 344 = 1.772$
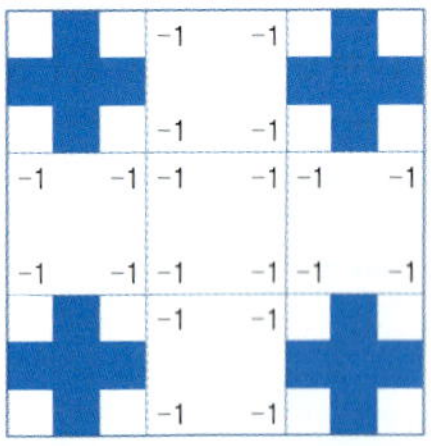		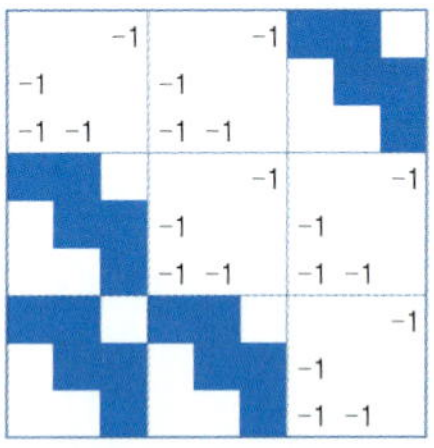	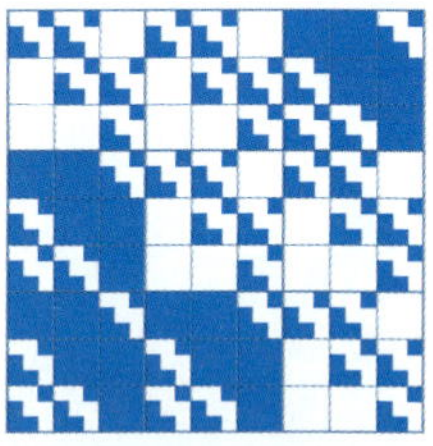
1.9 $\log_9 20 = 1.363$	$\log_{27} 344 = 1.772$	1.10 $\log_9 20 = 1.363$	$\log_{27} 344 = 1.772$
	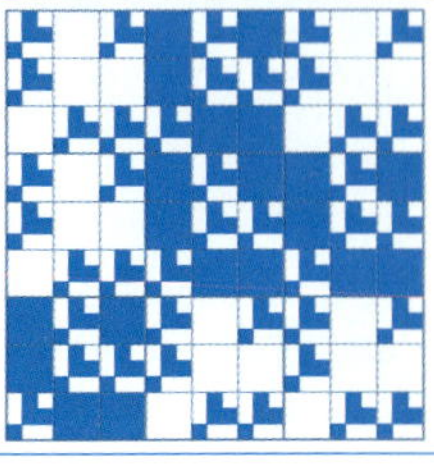		

1.11 $\log_9 20 = 1.363$

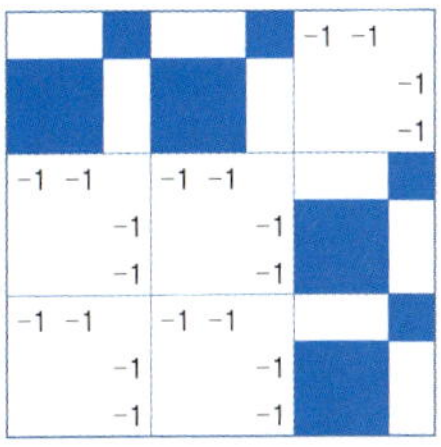

$\log_{27} 344 = 1.772$

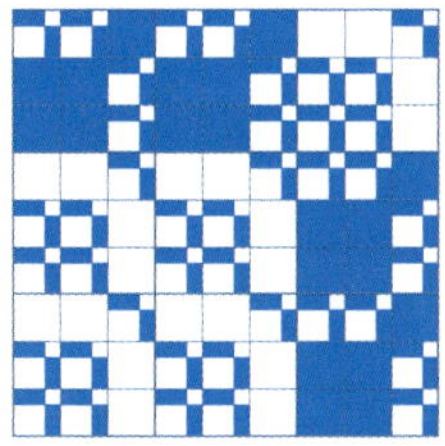

1.12 $\log_9 20 = 1.363$

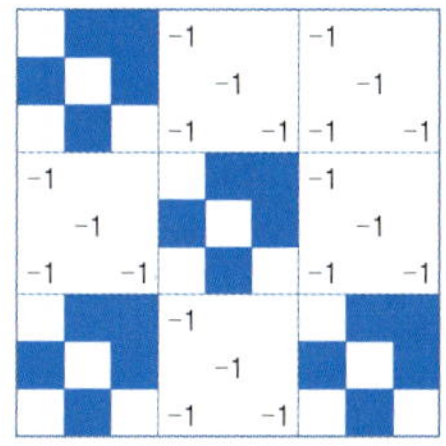

$\log_{27} 344 = 1.772$

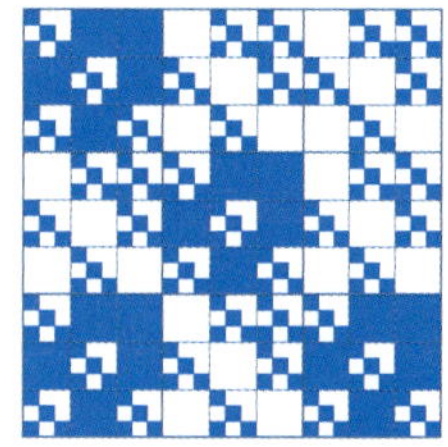

1.13 $\log_9 20 = 1.363$

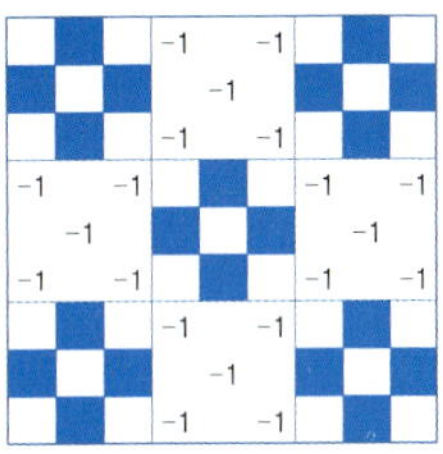

$\log_{27} 385 = 1.806$

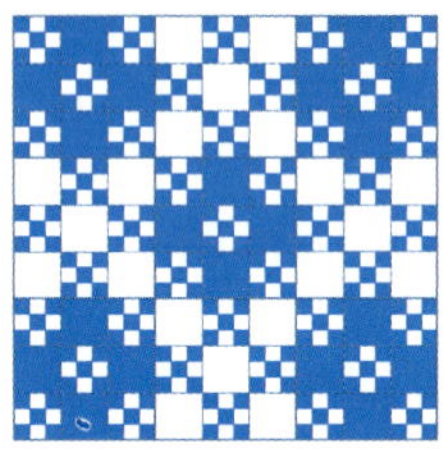

1.14 $\log_9 20 = 1.363$

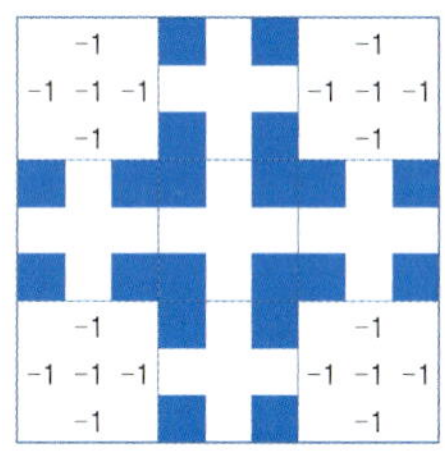

$\log_{27} 385 = 1.806$

1.15 $\log_9 20 = 1.363$

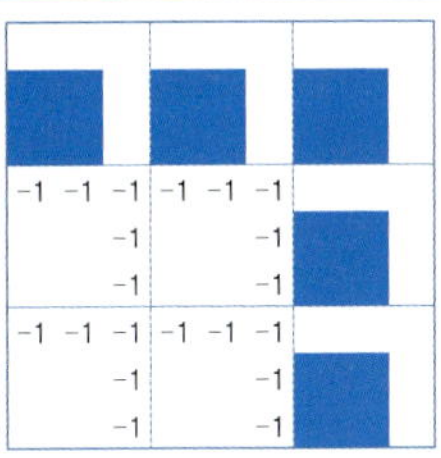

$\log_{27} 385 = 1.806$

1.16 $\log_9 20 = 1.363$

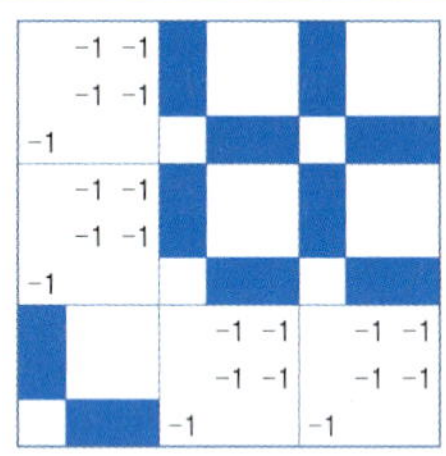

$\log_{27} 385 = 1.806$

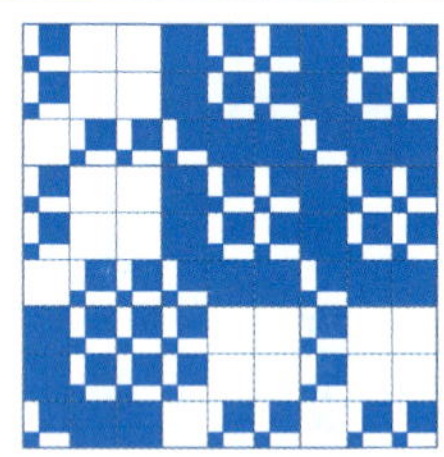

1.17 $\log_9 20 = 1.363$

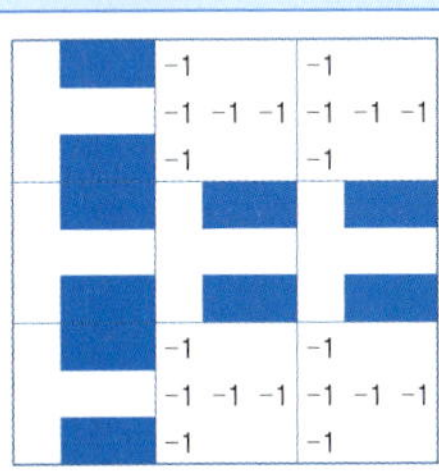

$\log_{27} 385 = 1.806$

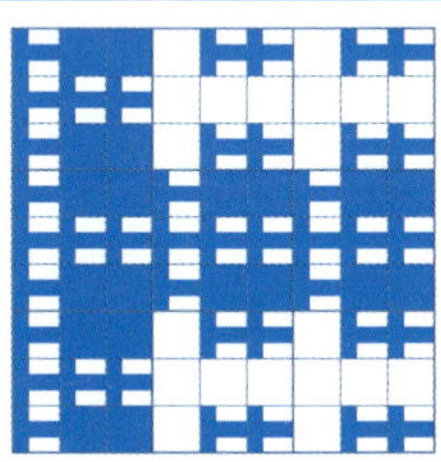

1.18 $\log_9 20 = 1.363$

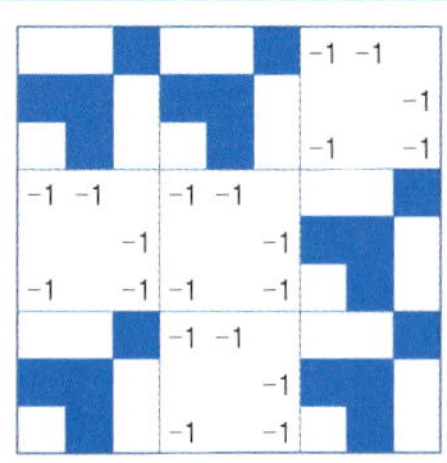

$\log_{27} 385 = 1.806$

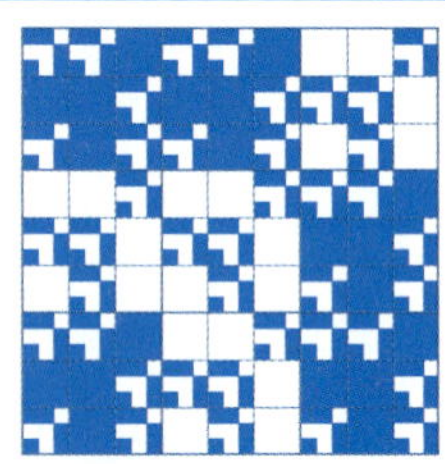

1.19 $\log_9 14 = 1.201$

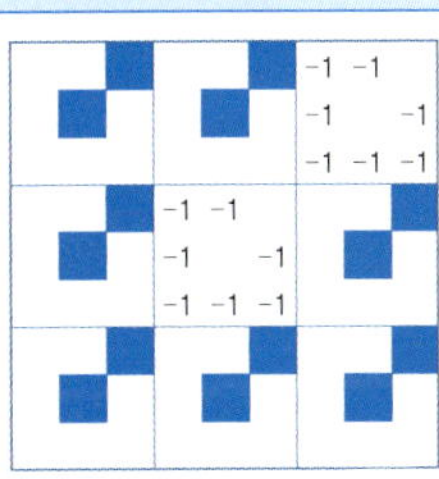

$\log_{27} 497 = 1.884$

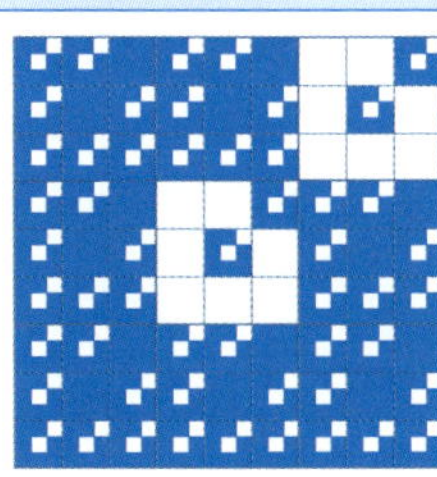

1.20 $\log_9 14 = 1.201$

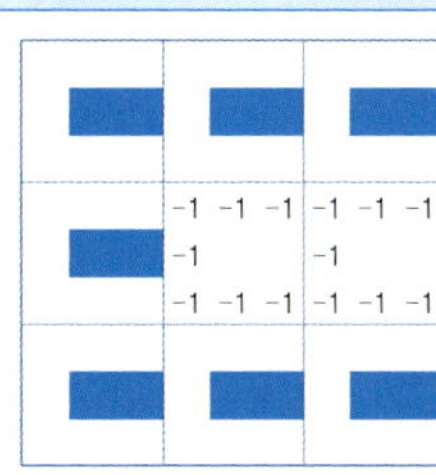

$\log_{27} 497 = 1.884$

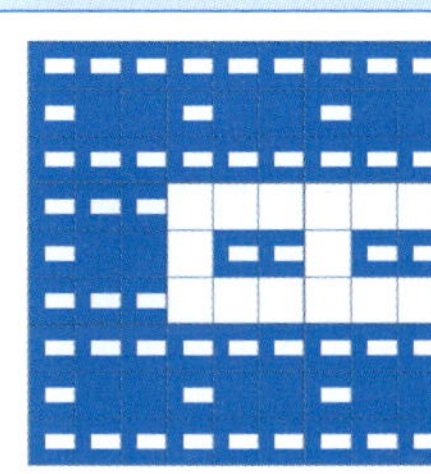

1.21 $\log_9 14 = 1.201$

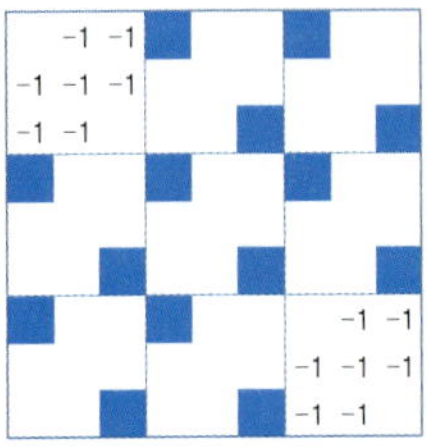

$\log_{27} 497 = 1.884$

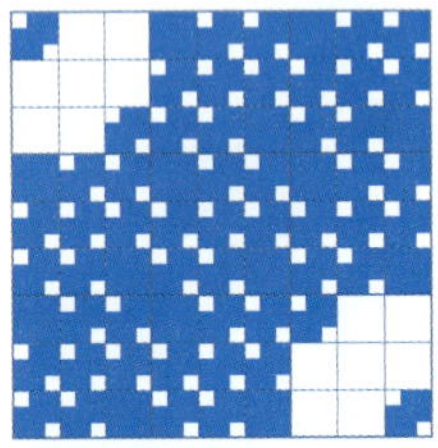

1.22 $\log_9 14 = 1.201$

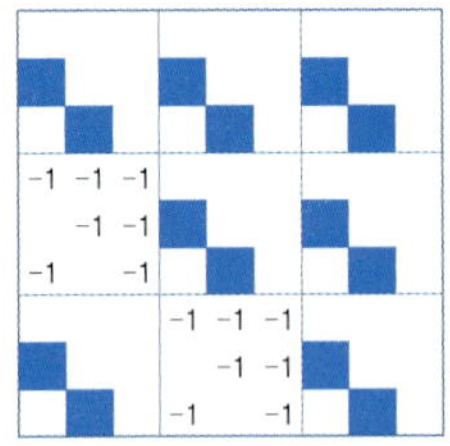

$\log_{27} 497 = 1.884$

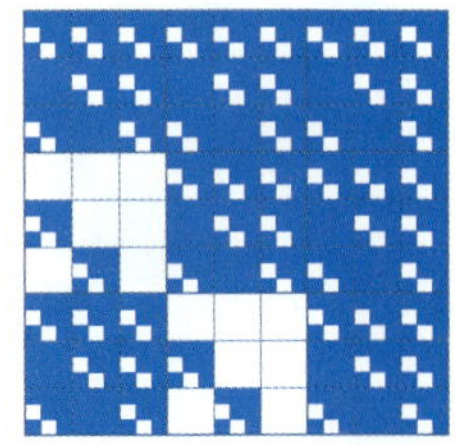

1.23 $\log_9 14 = 1.201$

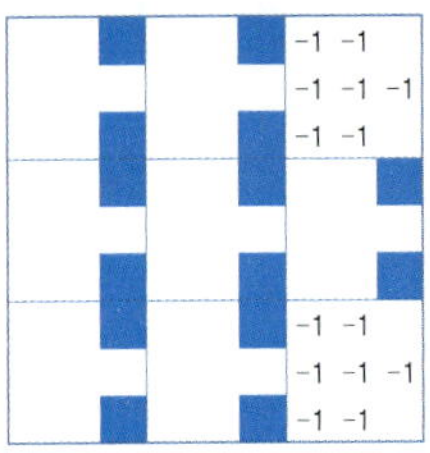

$\log_{27} 497 = 1.884$

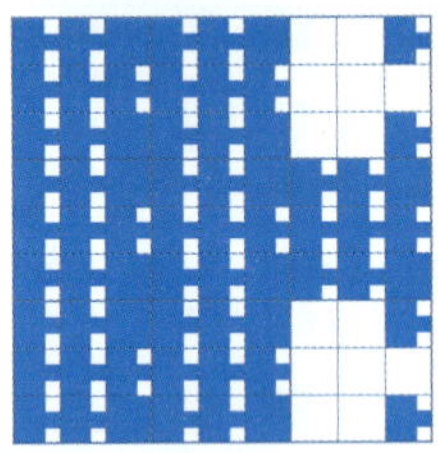

1.24 $\log_9 14 = 1.201$

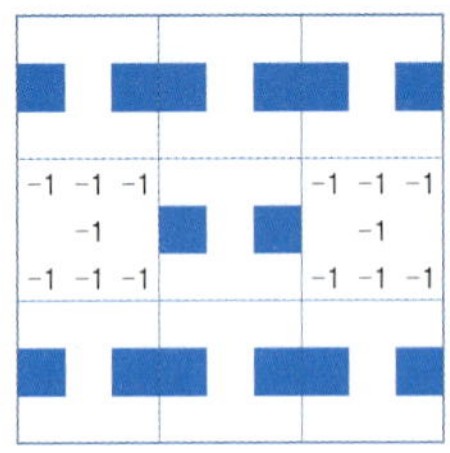

$\log_{27} 497 = 1.884$

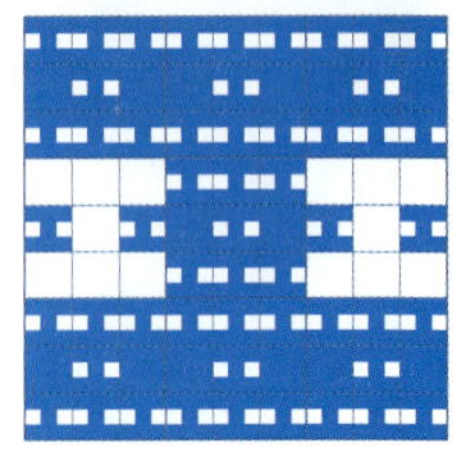

1.25 $\log_9 8 = 0.946$

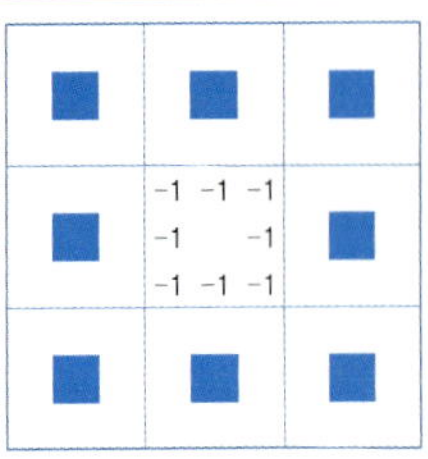

$\log_{27} 592 = 1.937$

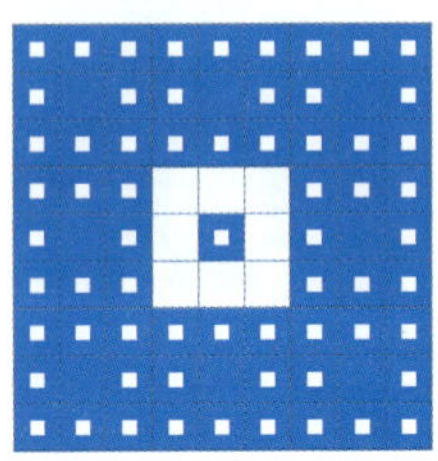

2.1 $\log_{16} 15 = 0.977$

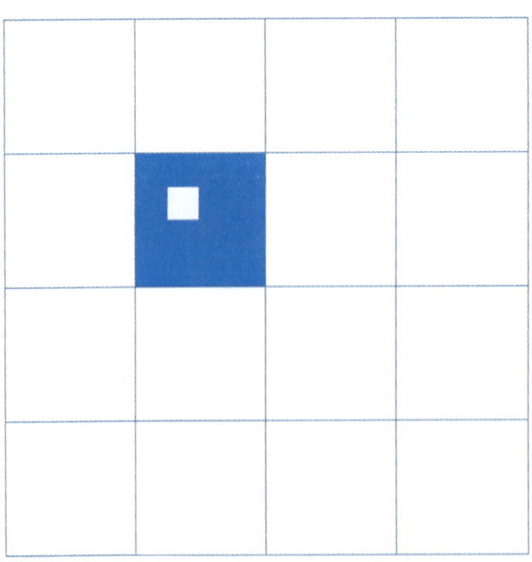

$\log_{64} 15 = 0.651$

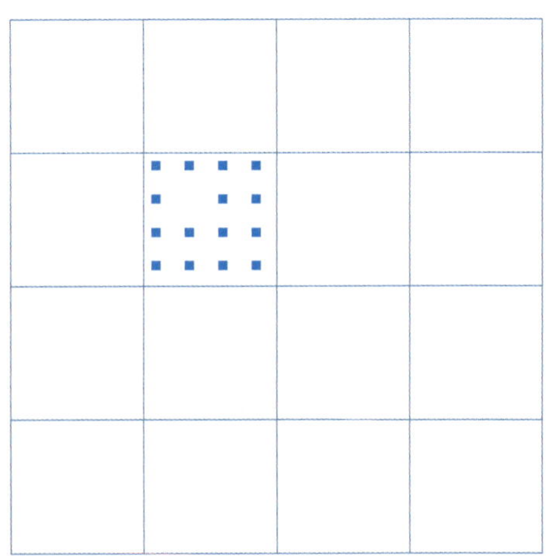

2.2 $\log_{16}28 = 1.202$

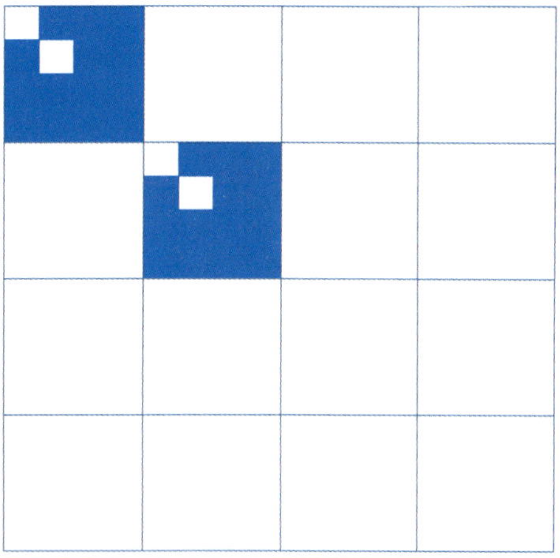

$\log_{64}56 = 0.968$

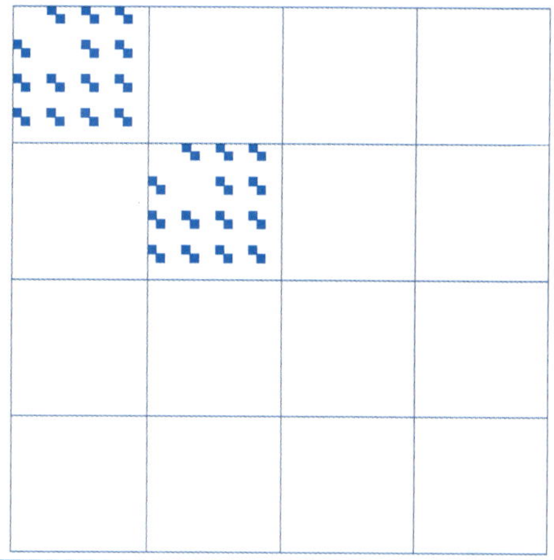

2.3 $\log_{16}39 = 1.321$

$\log_{64}117 = 1.415$

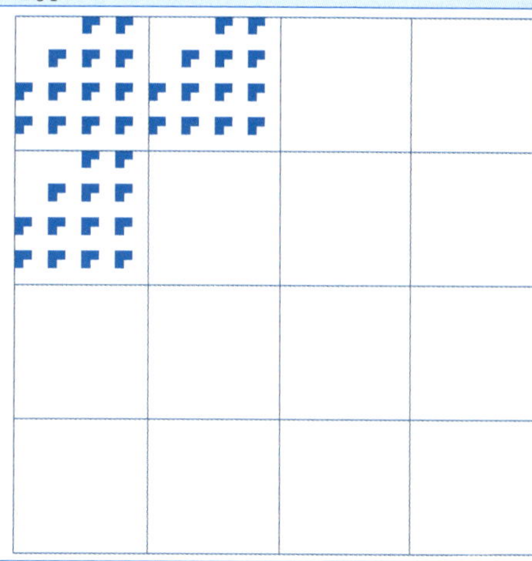

2.4 $\log_{16}39 = 1.321$

$\log_{64}117 = 1.415$

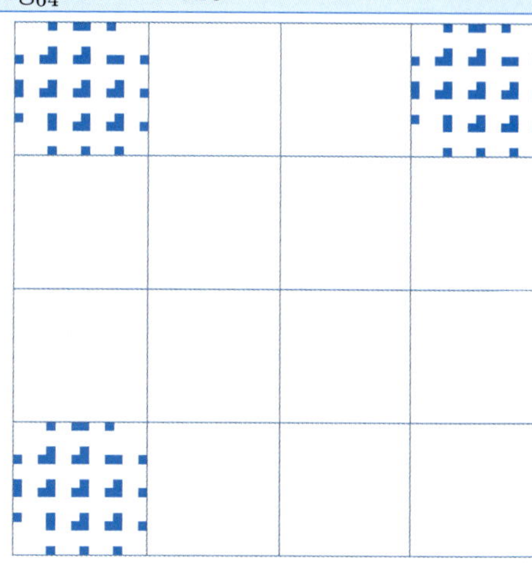

2.5 $\log_{16}39 = 1.321$

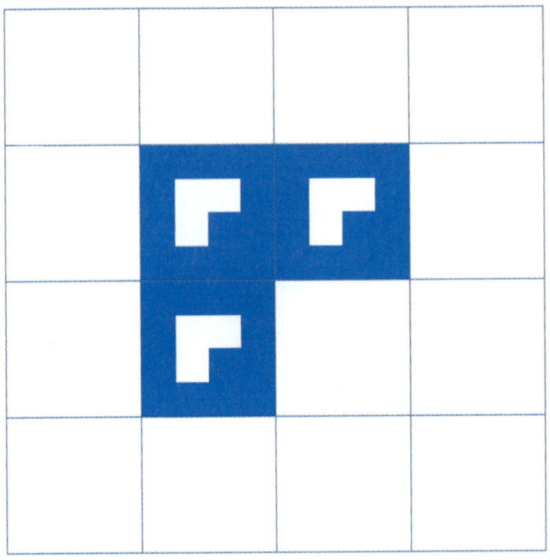

$\log_{64}117 = 1.415$

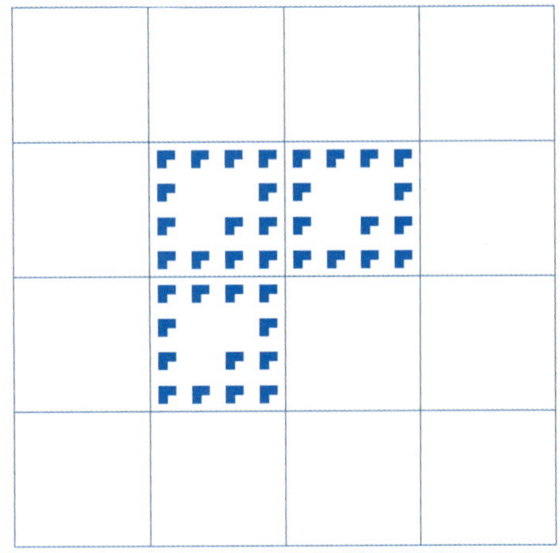

2.6 $\log_{16}39 = 1.321$

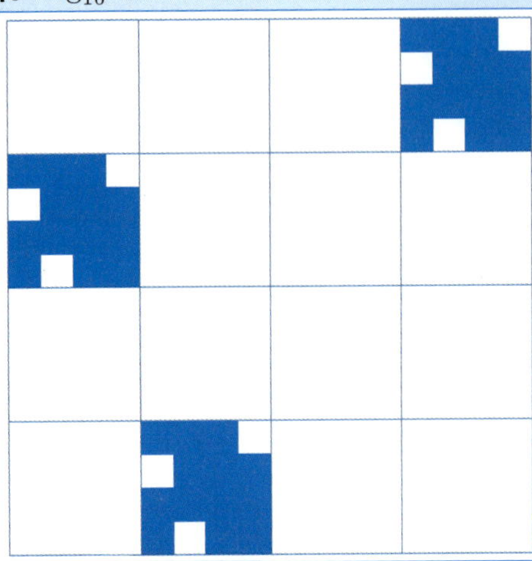

$\log_{64}117 = 1.415$

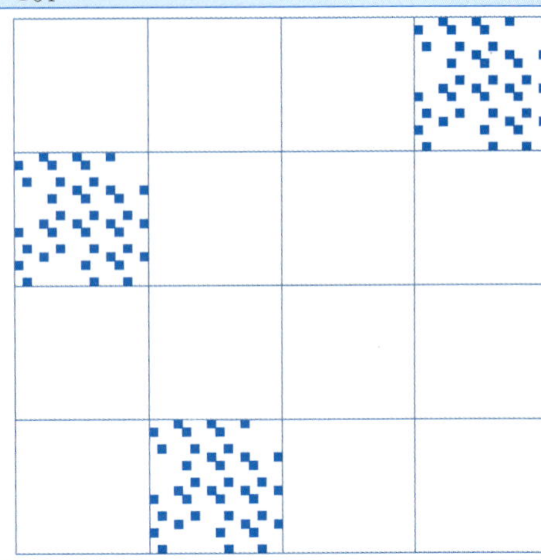

2.7 $\log_{16}48 = 1.396$

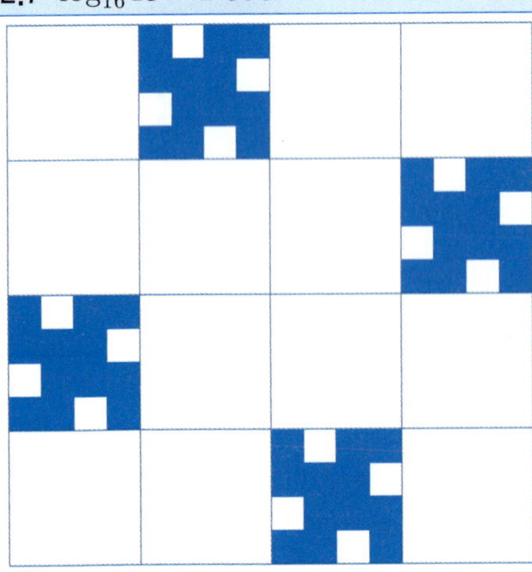

$\log_{64}192 = 1.264$

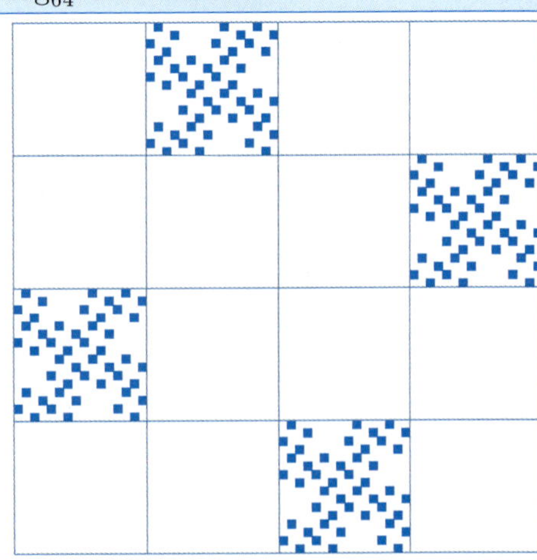

2.8 $\log_{16}64 = 1.5$

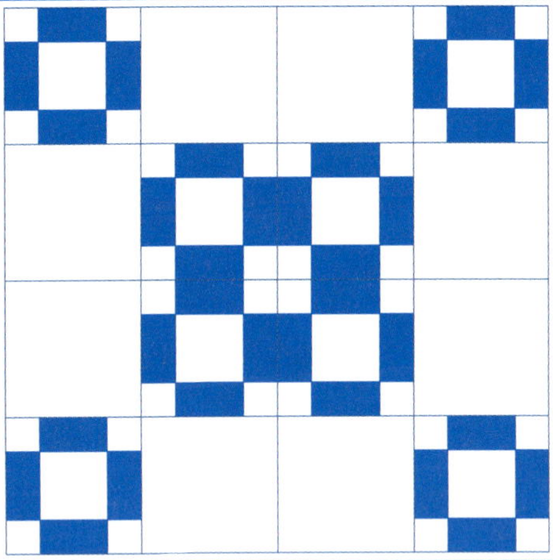

$\log_{64}512 = 1.5$

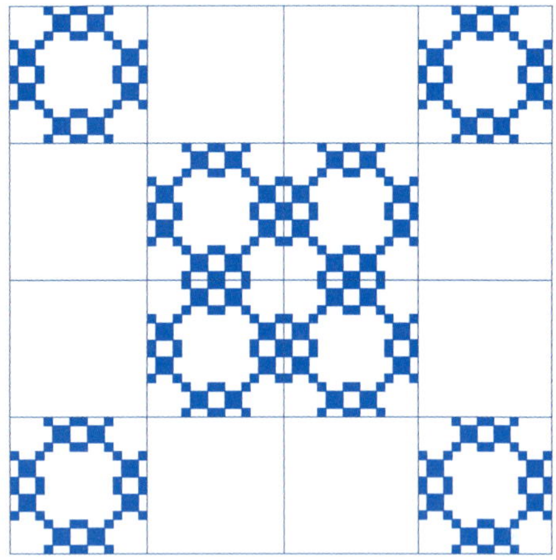

2.9 $\log_{16}64 = 1.5$

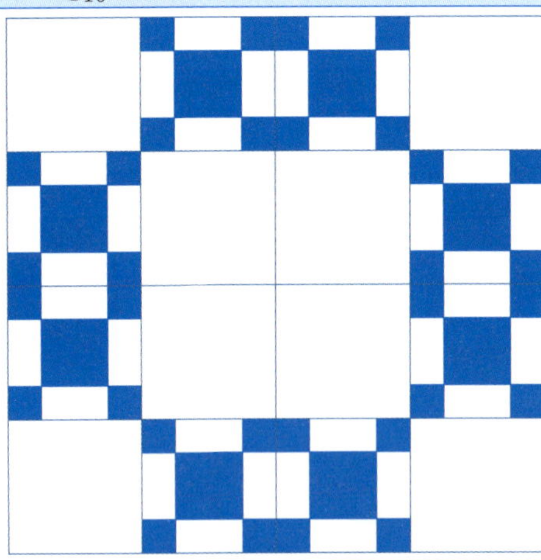

$\log_{64}512 = 1.5$

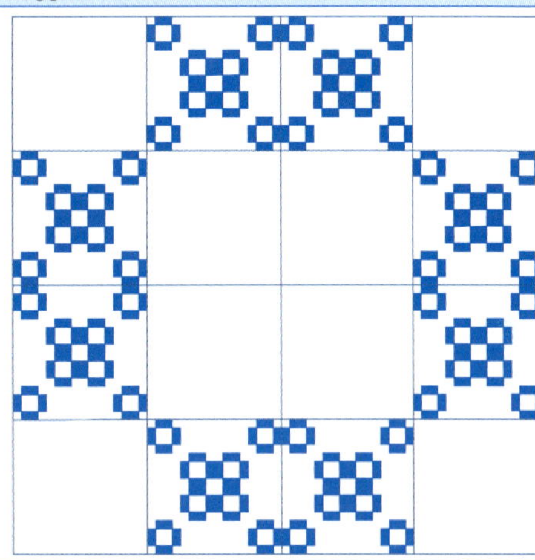

2.10 $\log_{16}64 = 1.5$

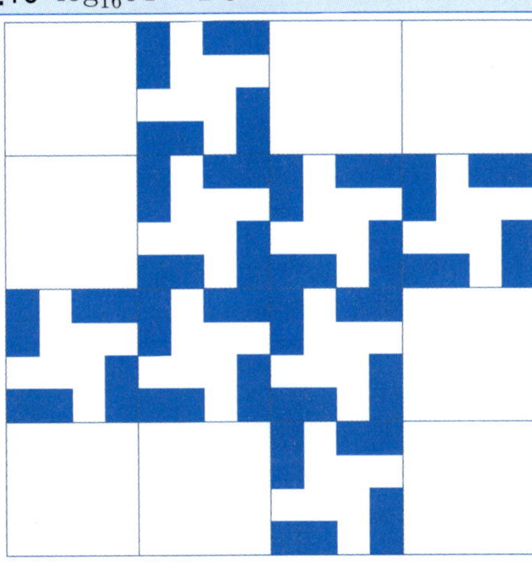

$\log_{64}512 = 1.5$

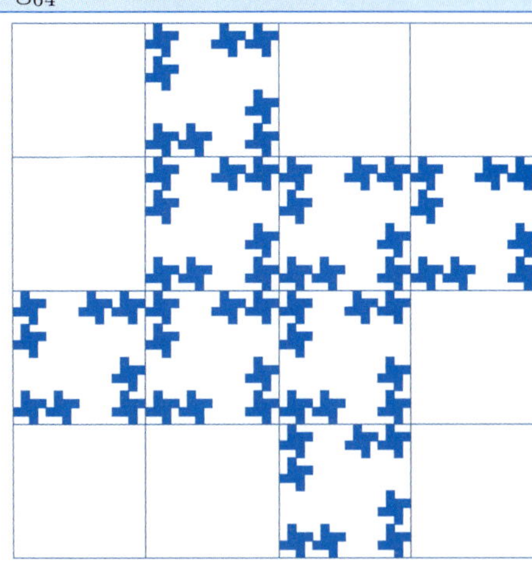

2.11 $\log_{16}48 = 1.396$

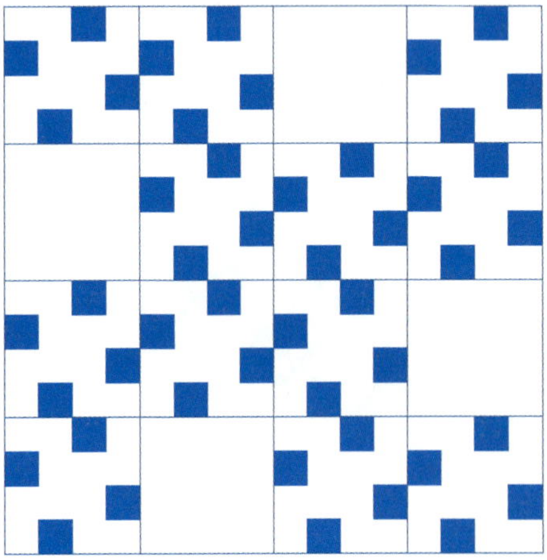

$\log_{64}576 = 1.528$

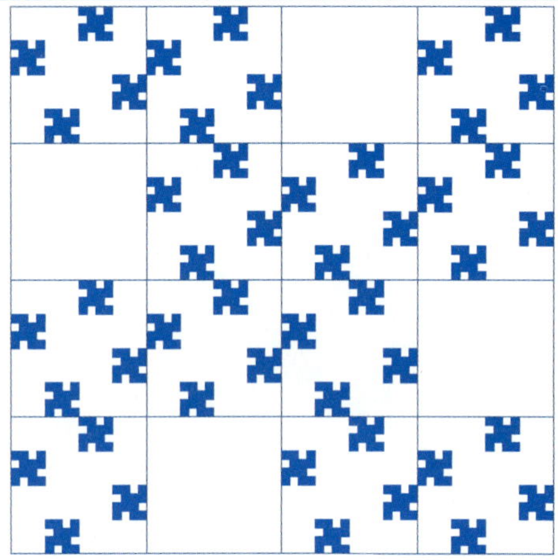

2.12 $\log_{16}48 = 1.396$

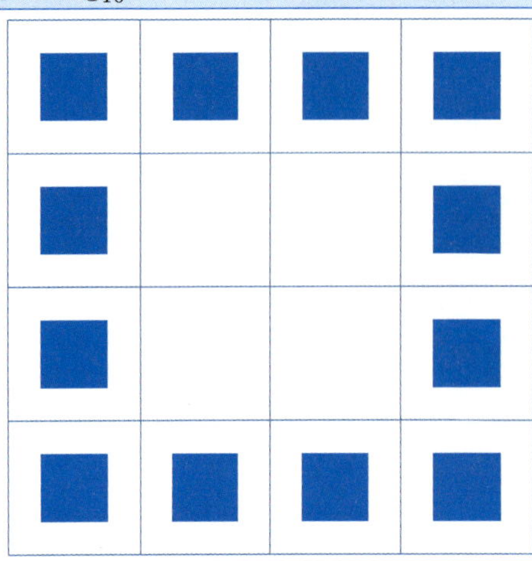

$\log_{64}576 = 1.528$

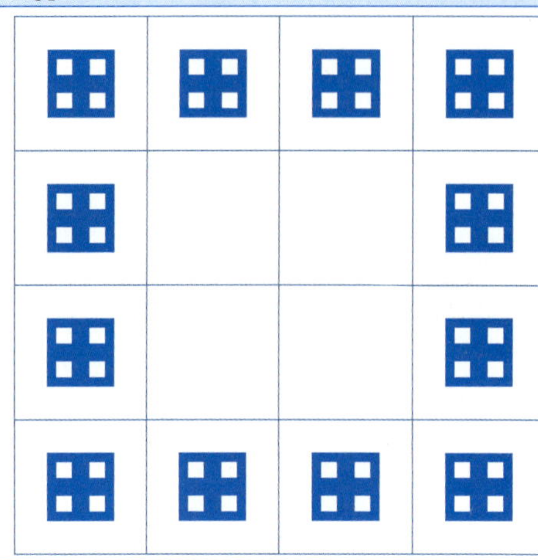

2.13 $\log_{16}48 = 1.396$

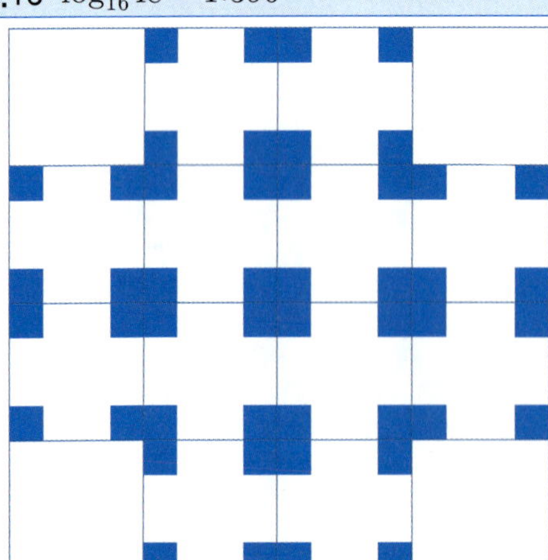

$\log_{64}576 = 1.528$

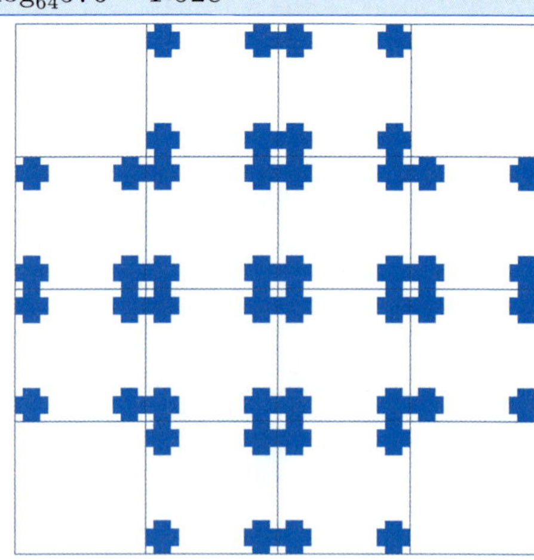

3.1 $\log_{25}84 = 1.377$

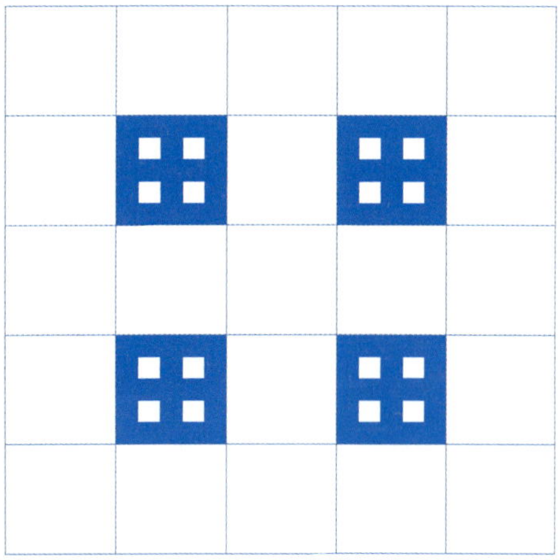

3.2 $\log_{25}136 = 1.526$

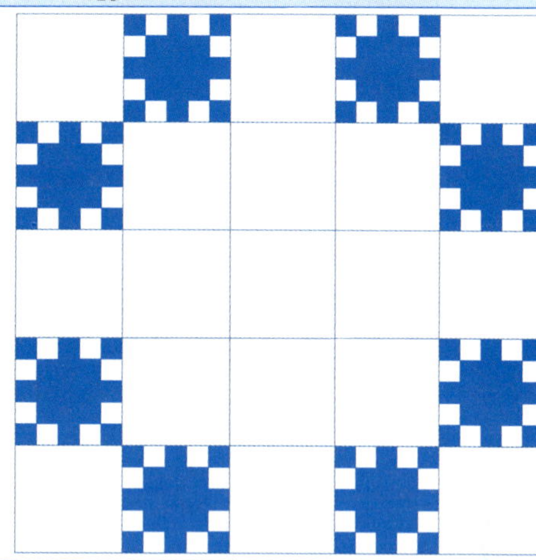

3.3 $\log_{25}136 = 1.526$

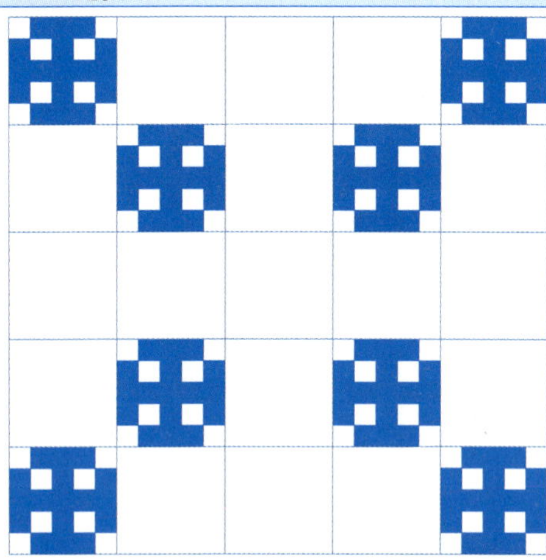

3.4 $\log_{25}136 = 1.526$

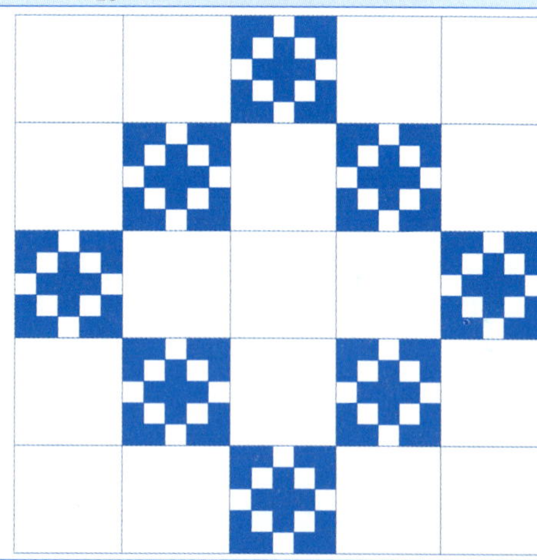

3.5 $\log_{25}144 = 1.544$

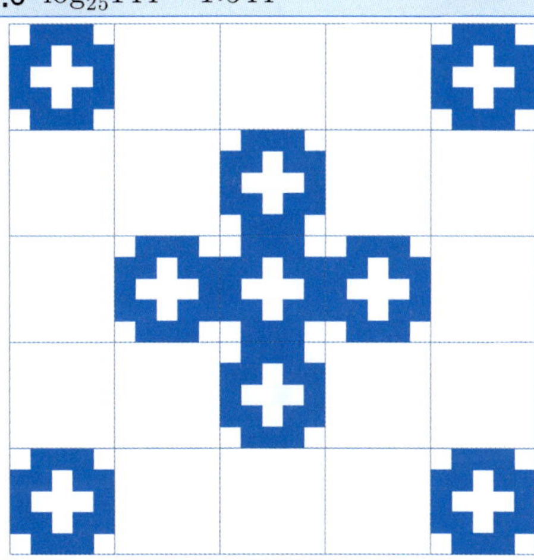

3.6 $\log_{25}144 = 1.544$

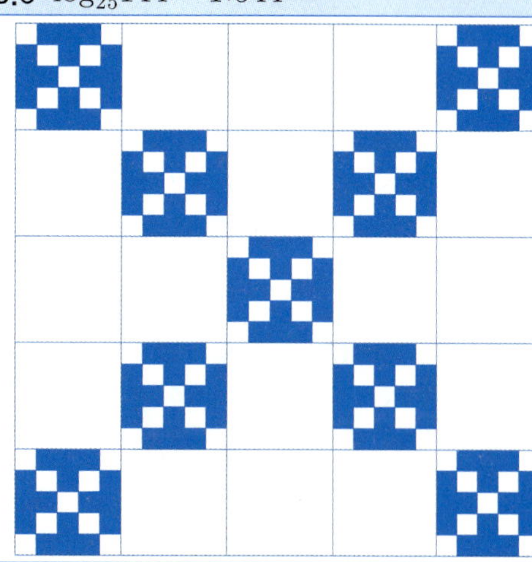

3.7 $\log_{25}144 = 1.544$

3.8 $\log_{25}156 = 1.569$

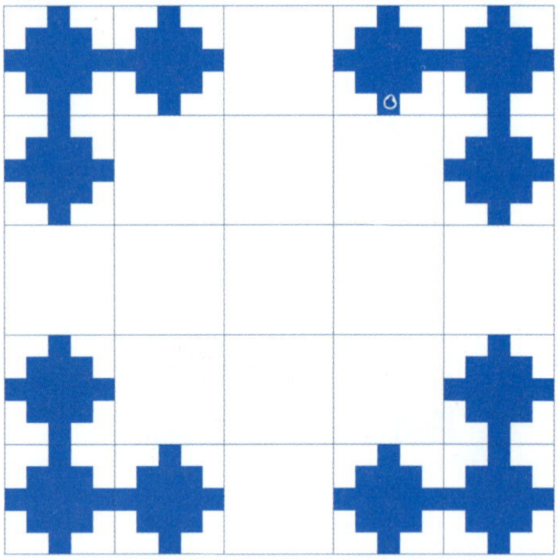

3.9 $\log_{25}156 = 1.569$

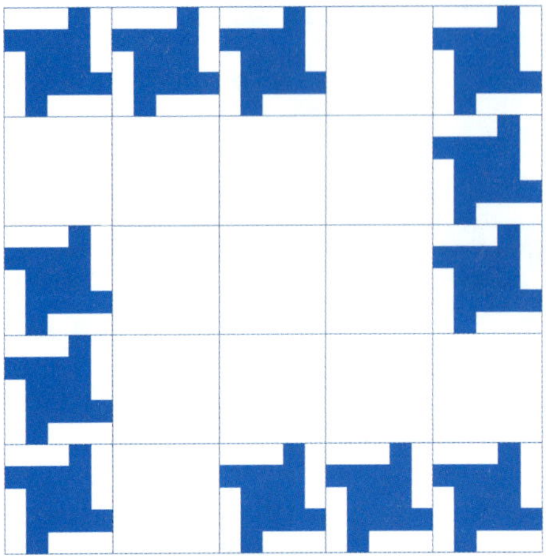

3.10 $\log_{25}156 = 1.569$

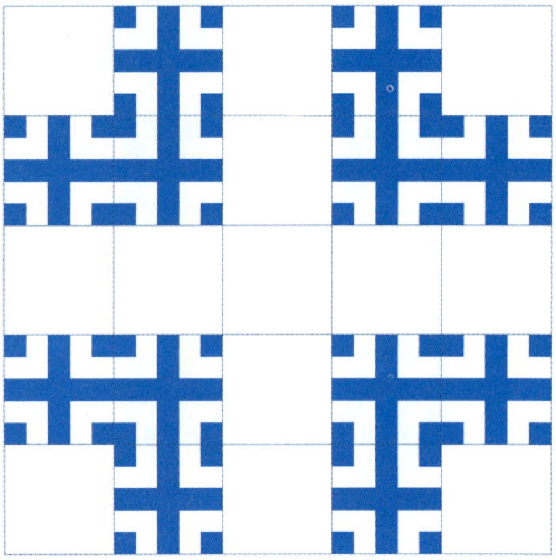

3.11 $\log_{25}156 = 1.569$

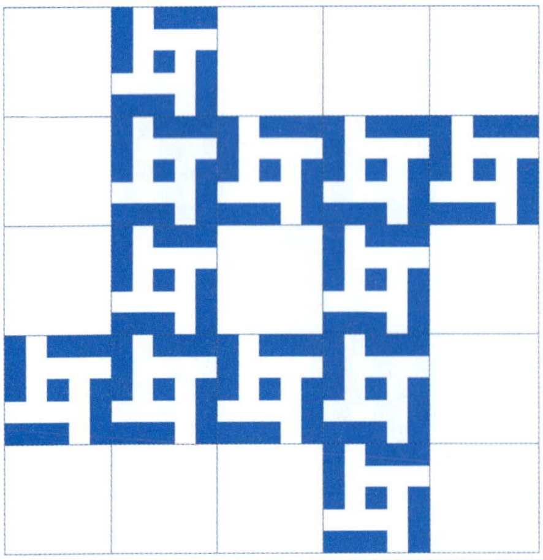

3.12 $\log_{25}156 = 1.569$

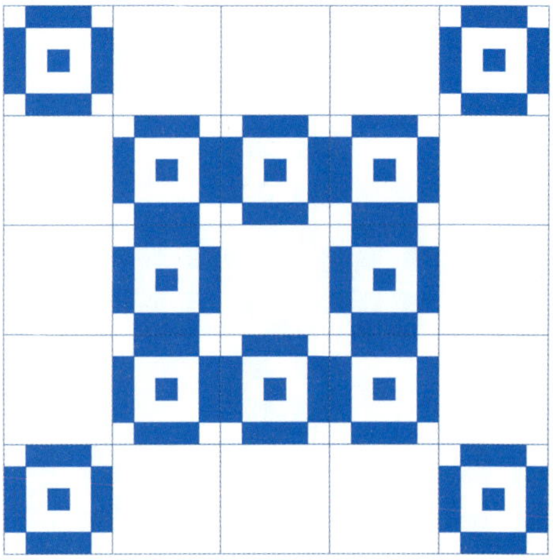

3.13 $\log_{25}156 = 1.569$

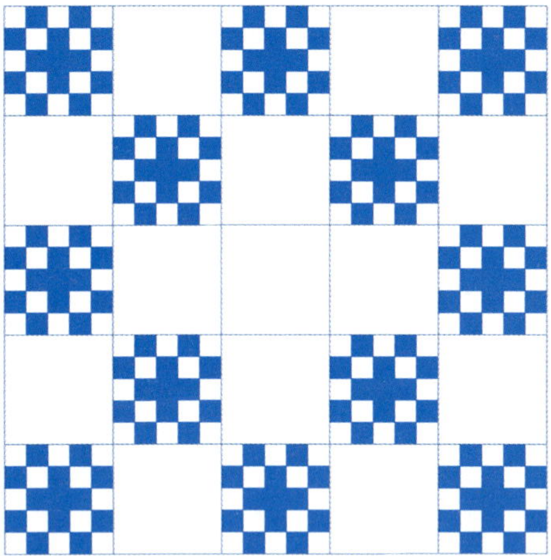

3.14 $\log_{25}156 = 1.569$

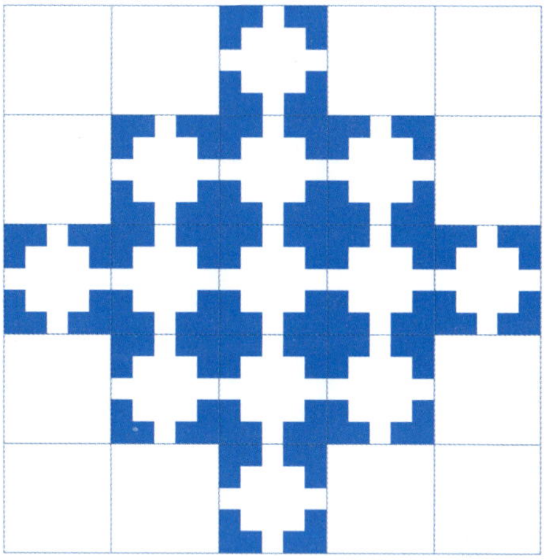

3.15 $\log_{25}156 = 1.569$

3.16 $\log_{25}156 = 1.569$

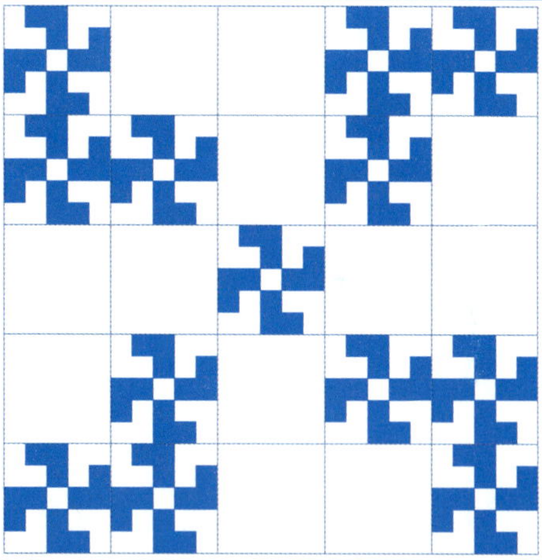

3.17 $\log_{25}156 = 1.569$

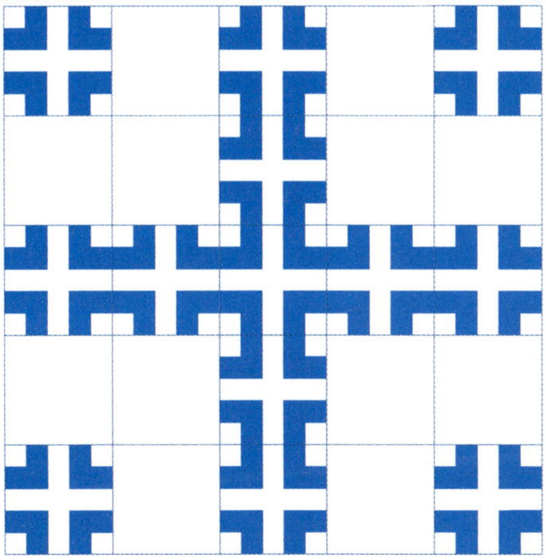

3.18 $\log_{25}136 = 1.526$

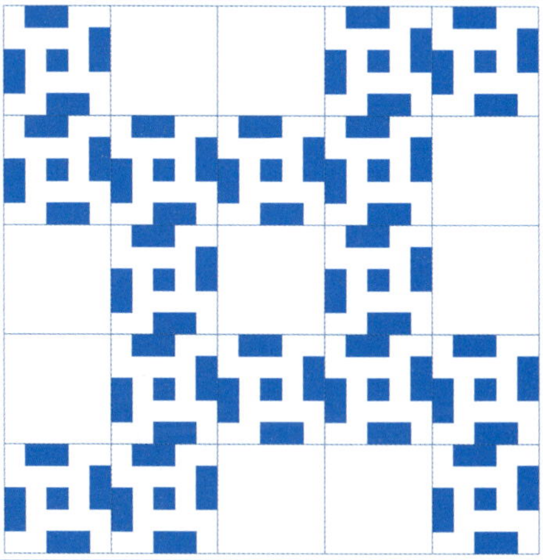

3.19 $\log_{25}136 = 1.526$

3.20 $\log_{25}136 = 1.526$

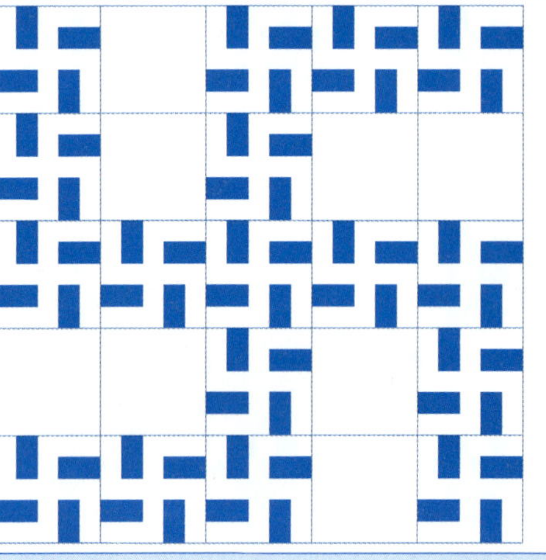

3.21 $\log_{25}100 = 1.431$

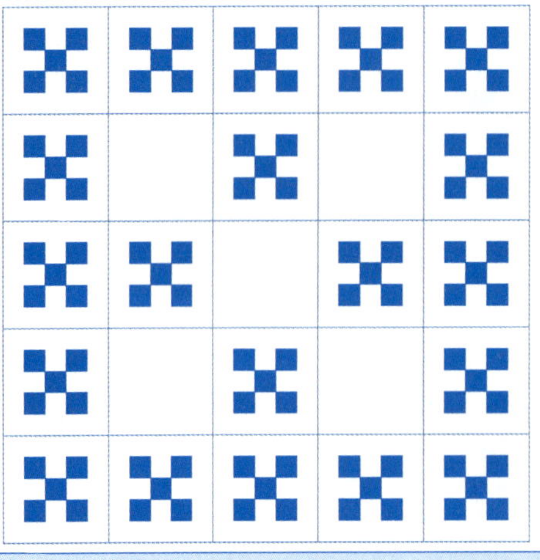

3.22 $\log_{25}84 = 1.377$

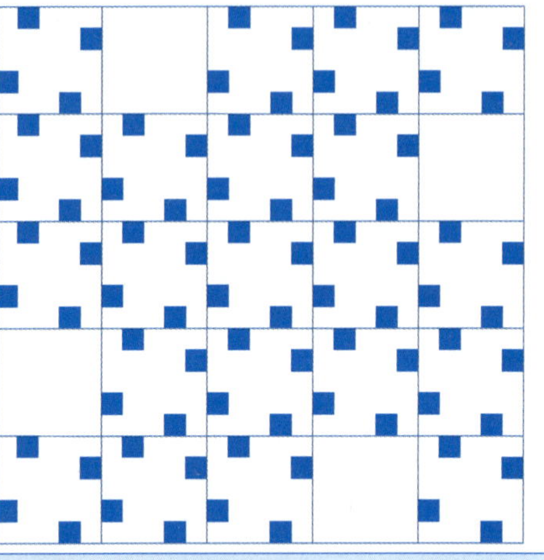

3.23 $\log_{25}84 = 1.377$

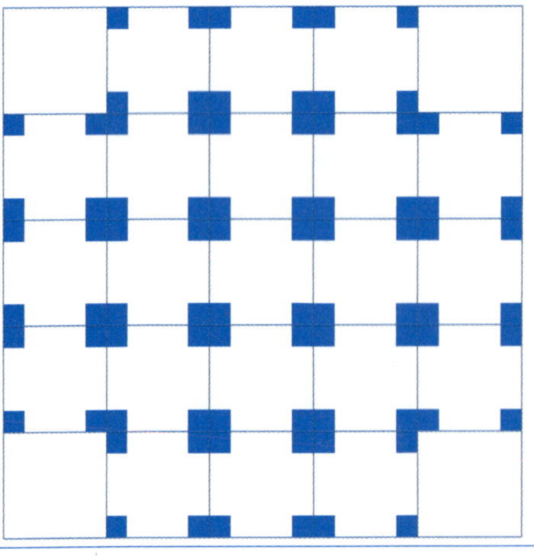

3.24 $\log_{25}84 = 1.377$

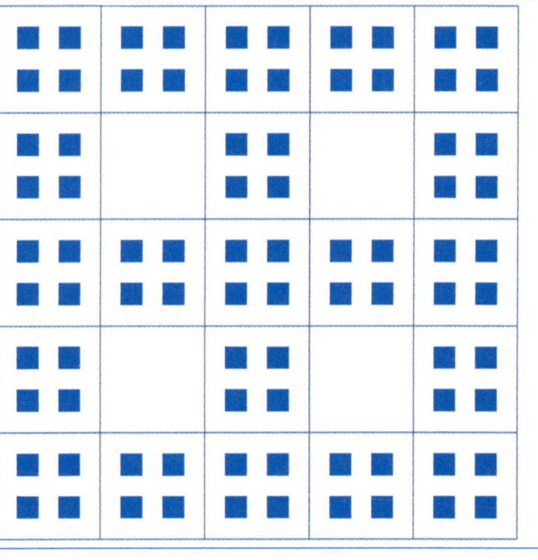

4.1 $\log_{36}99 = 1.282$

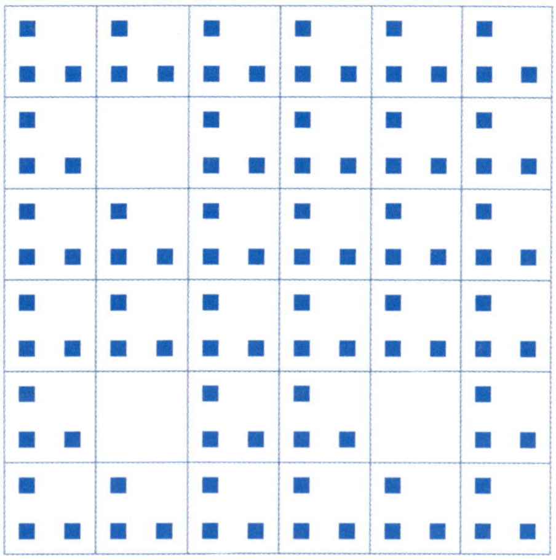

4.2 $\log_{36}128 = 1.354$

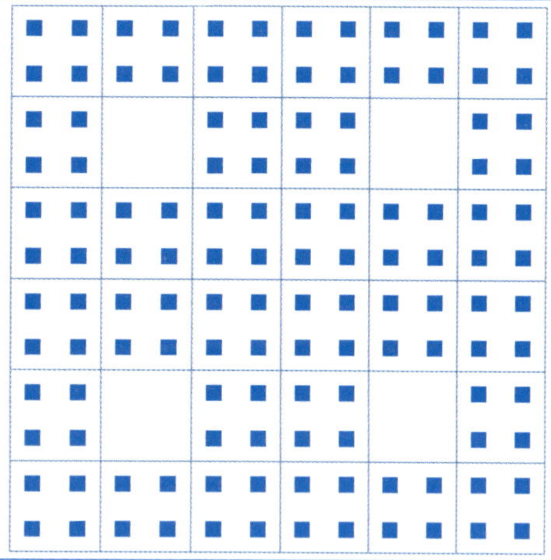

4.3 $\log_{36}224 = 1.51$

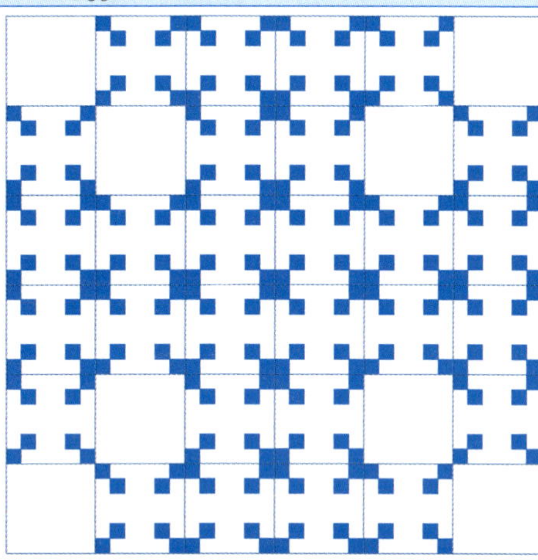

4.4 $\log_{36}224 = 1.51$

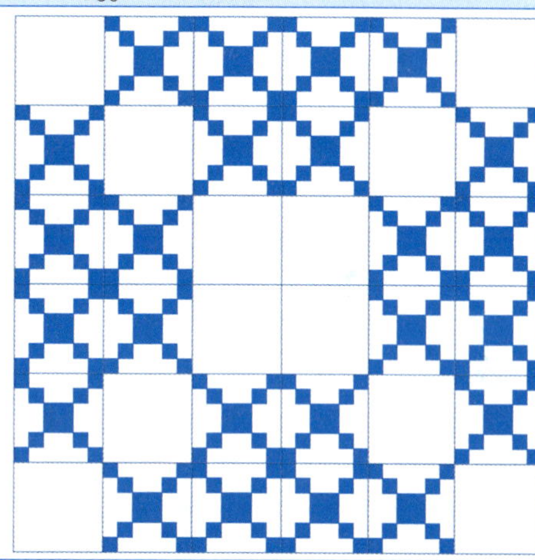

4.5 $\log_{36}288 = 1.58$

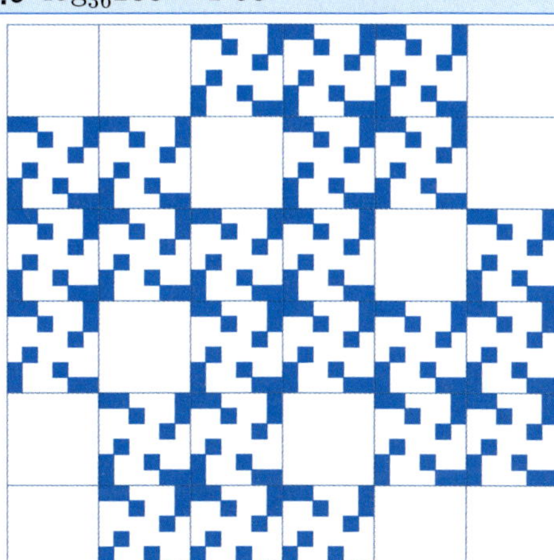

4.6 $\log_{36}288 = 1.58$

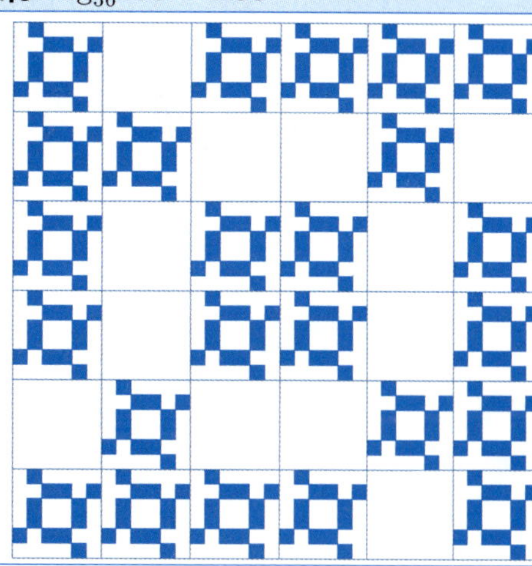

4.7 $\log_{36}288 = 1.58$

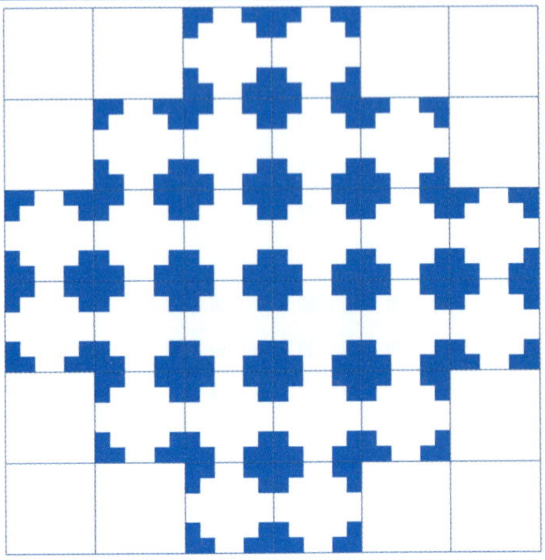

4.8 $\log_{36}288 = 1.58$

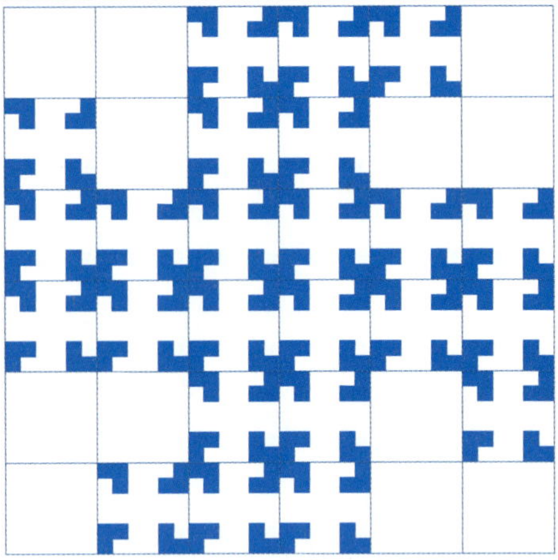

4.9 $\log_{36}288 = 1.58$

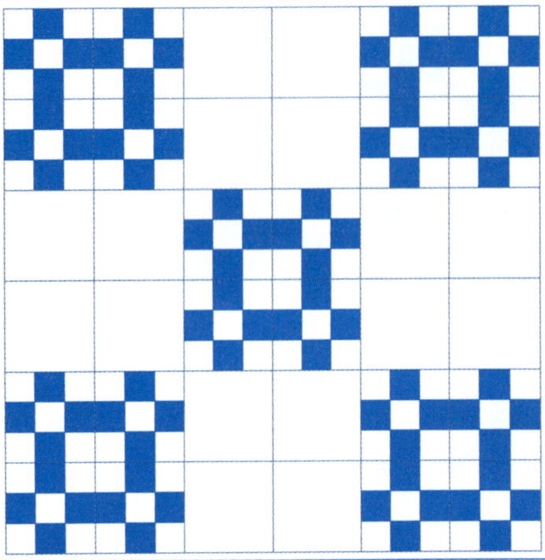

4.10 $\log_{36}320 = 1.61$

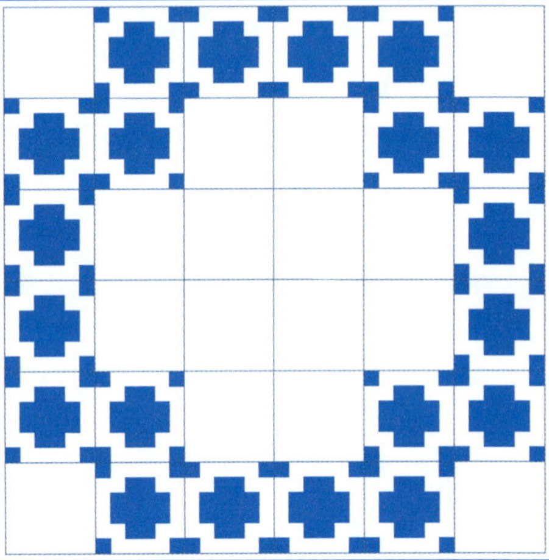

4.11 $\log_{36}320 = 1.61$

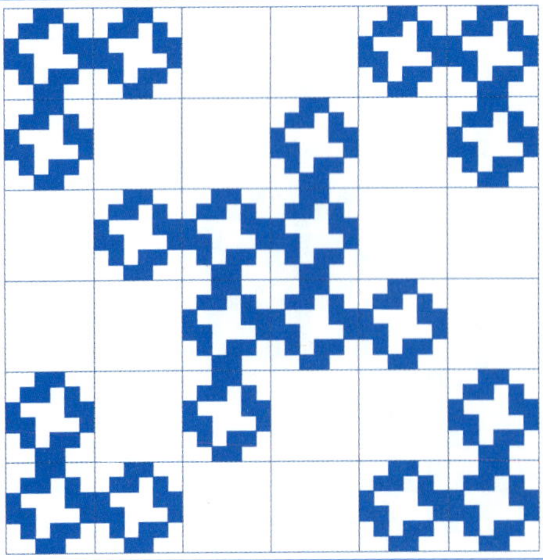

4.12 $\log_{36}320 = 1.61$

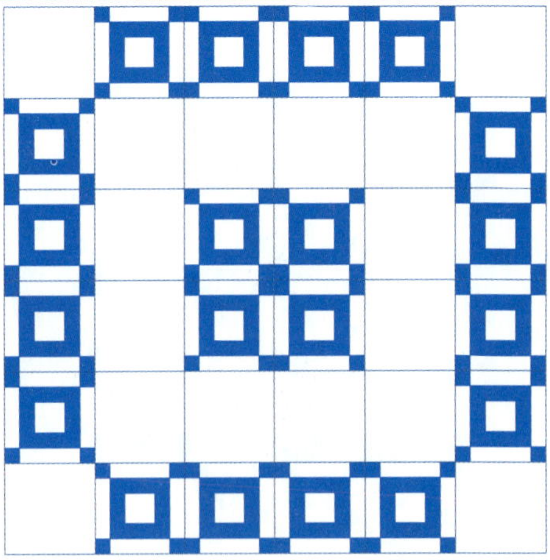

4.13 $\log_{36}320 = 1.61$

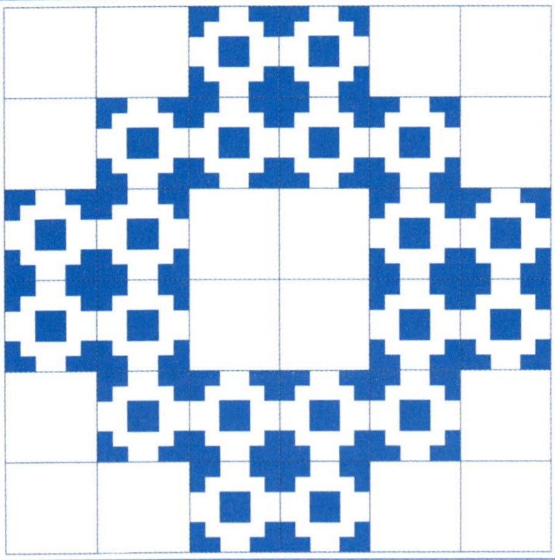

4.14 $\log_{36}320 = 1.61$

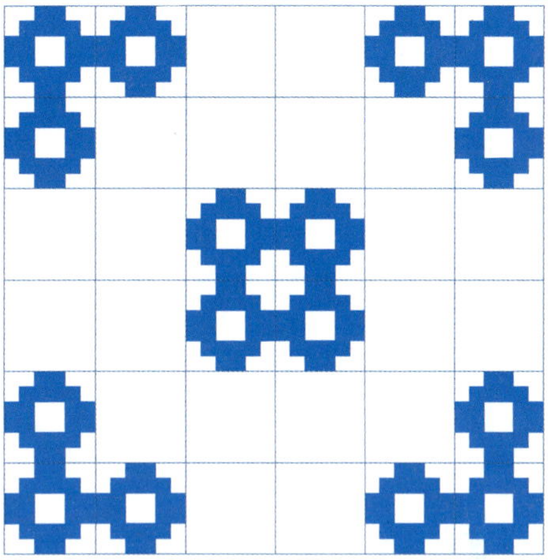

4.15 $\log_{36}320 = 1.61$

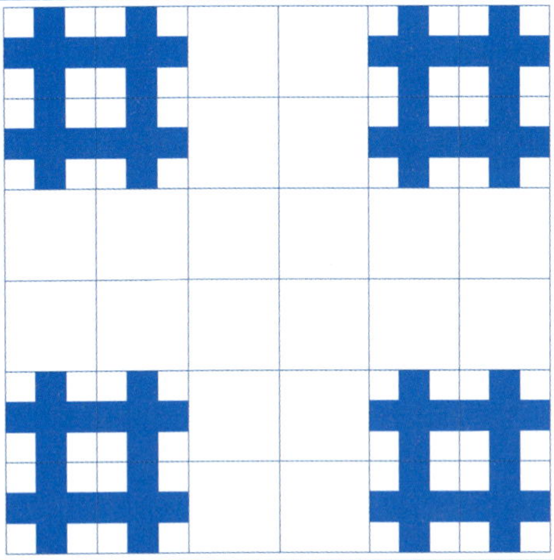

4.16 $\log_{36}320 = 1.61$

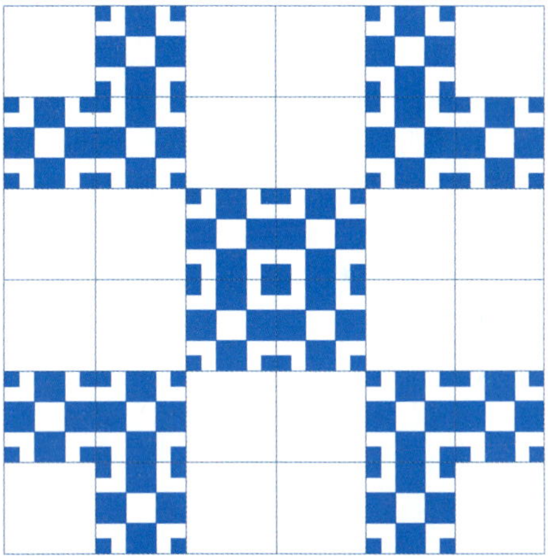

4.17 $\log_{36}320 = 1.61$

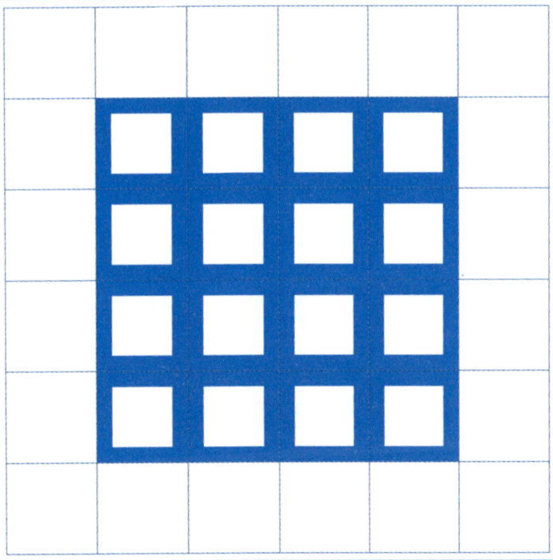

4.18 $\log_{36}320 = 1.61$

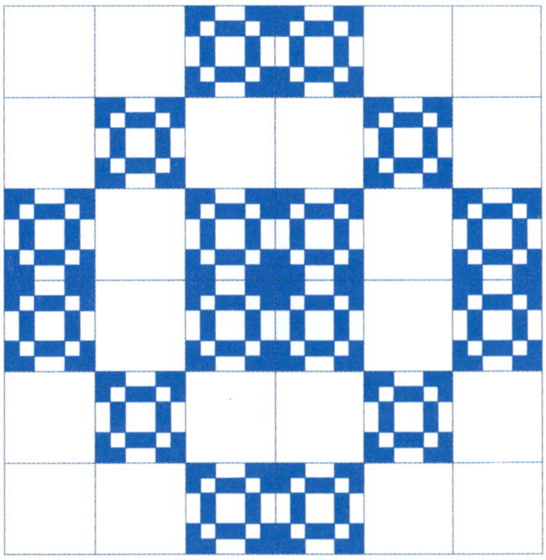

4.19 $\log_{36}288 = 1.58$

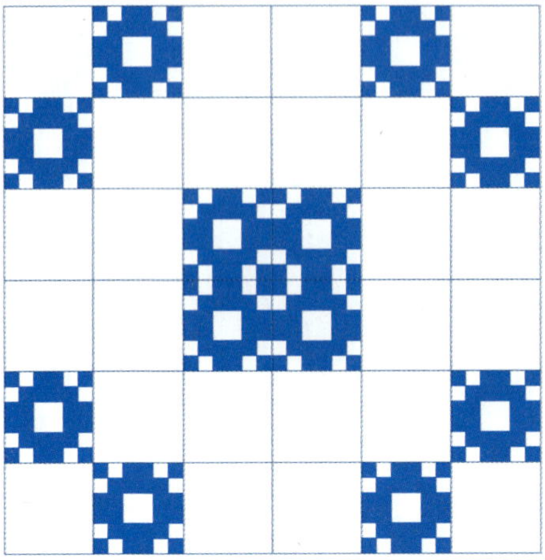

4.20 $\log_{36}288 = 1.58$

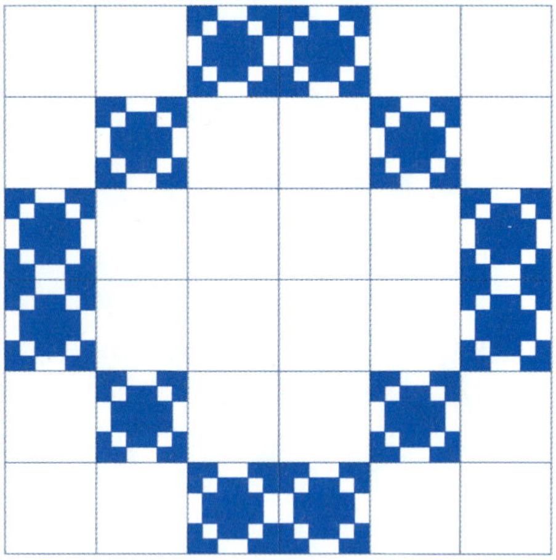

4.21 $\log_{36}288 = 1.58$

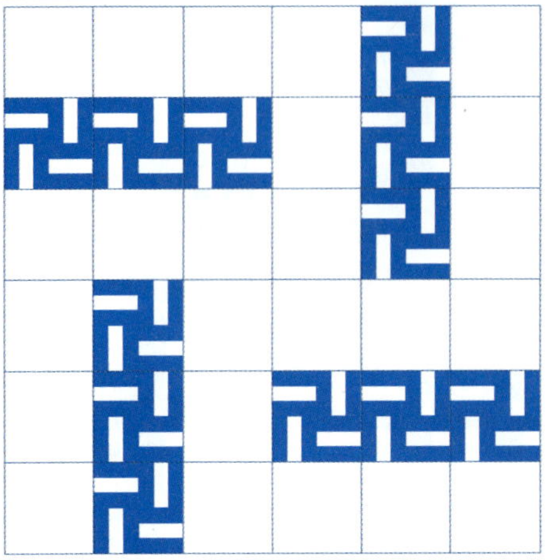

4.22 $\log_{36}256 = 1.547$

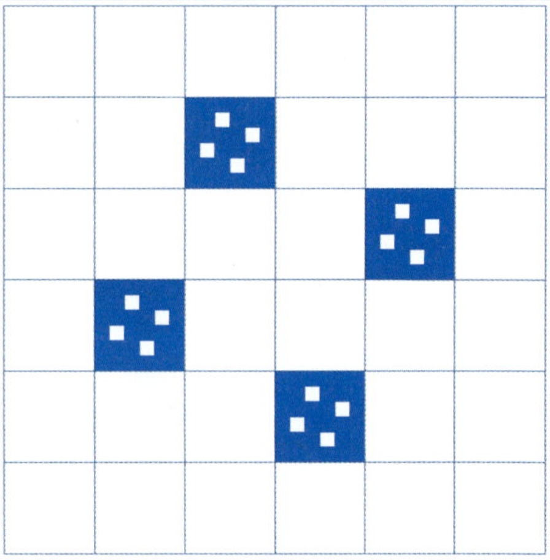

5.1 $\log_{49}360 = 1.512$

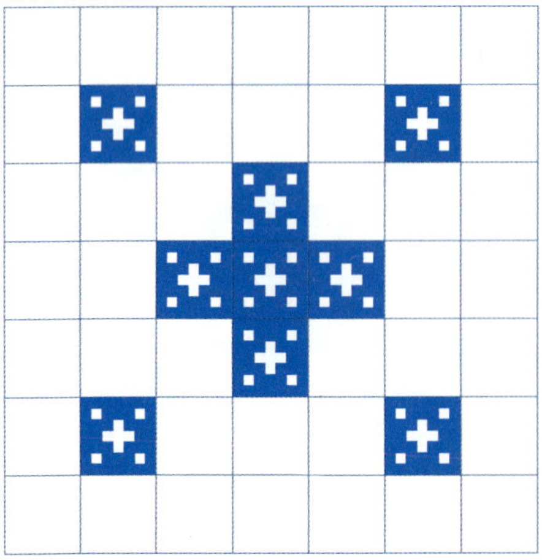

5.2 $\log_{49}360 = 1.512$

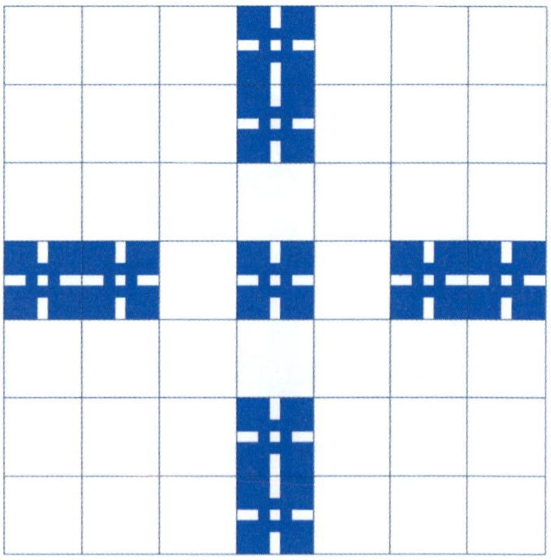

5.3 $\log_{49}444 = 1.566$

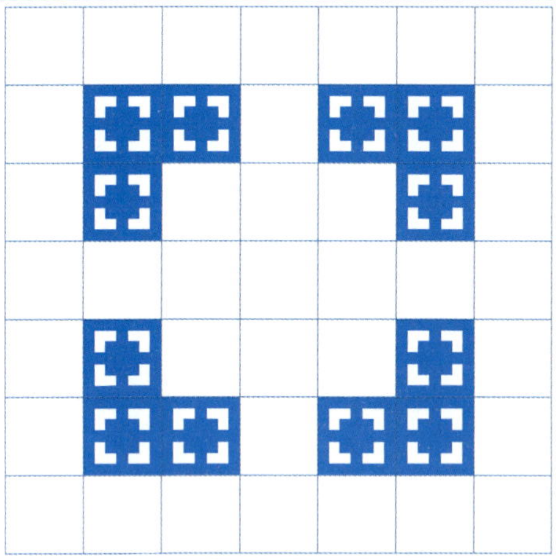

5.4 $\log_{49}468 = 1.58$

5.5 $\log_{49}528 = 1.611$

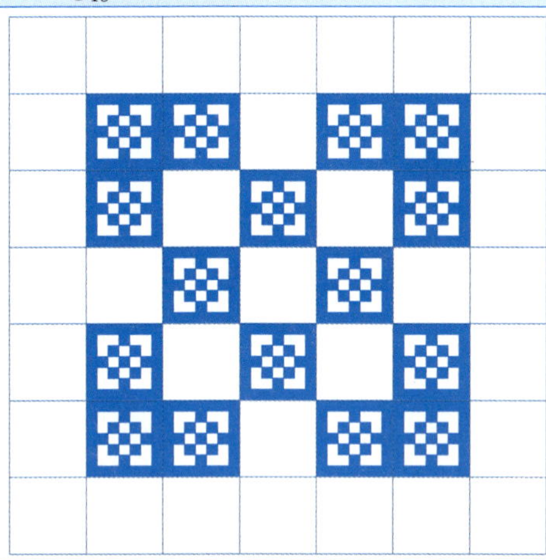

5.6 $\log_{49}528 = 1.611$

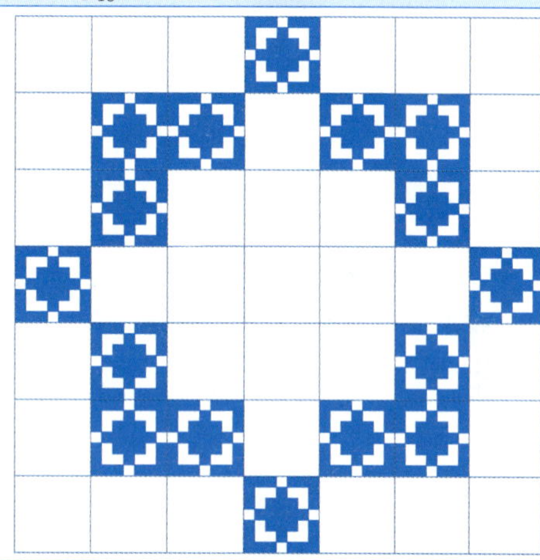

5.7 $\log_{49}528 = 1.611$

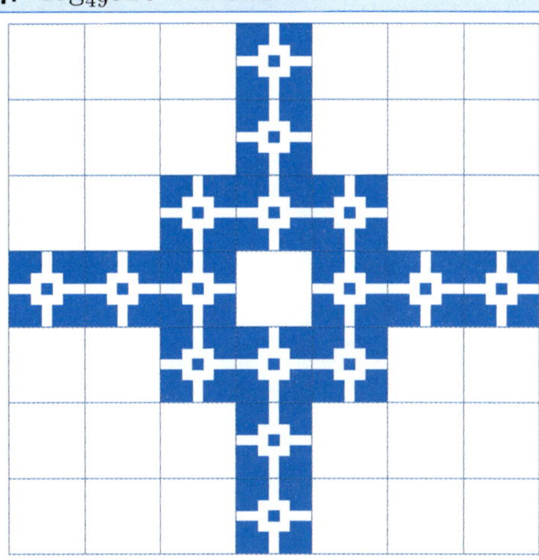

5.8 $\log_{49}544 = 1.619$

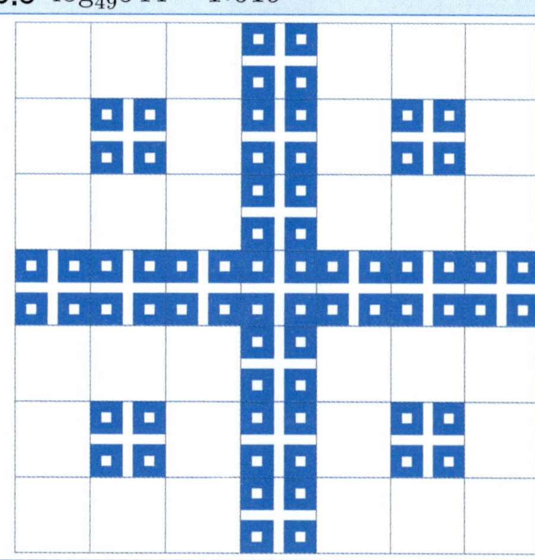

5.9 $\log_{49}544 = 1.619$

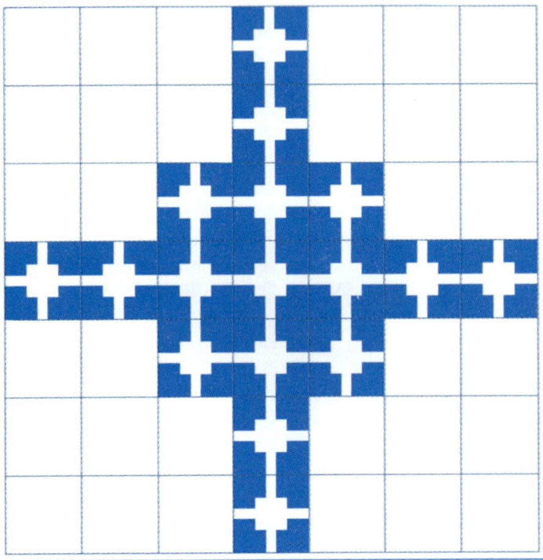

5.10 $\log_{49}580 = 1.635$

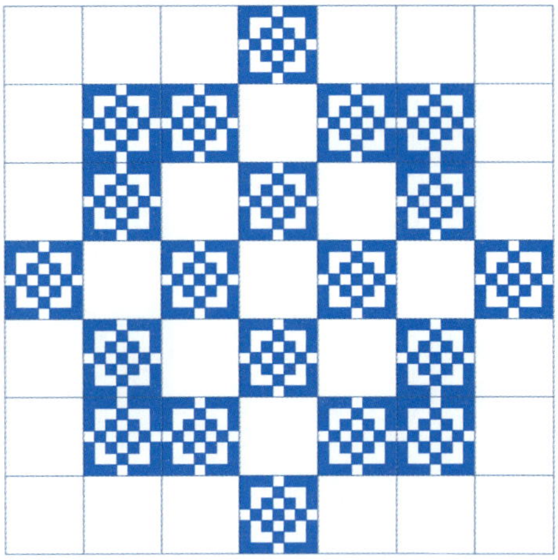

5.11 $\log_{49}580 = 1.635$

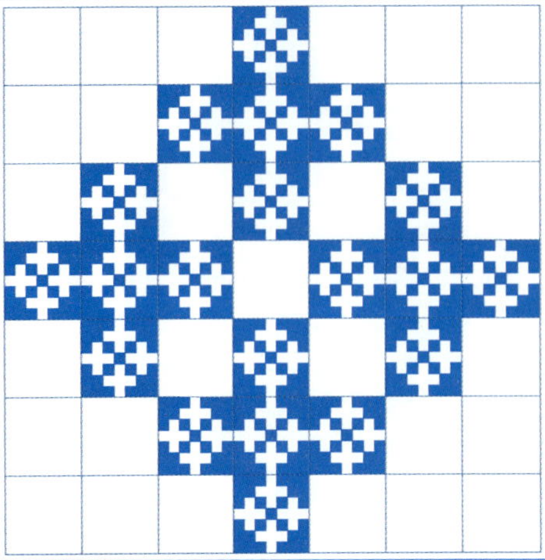

5.12 $\log_{49}580 = 1.635$

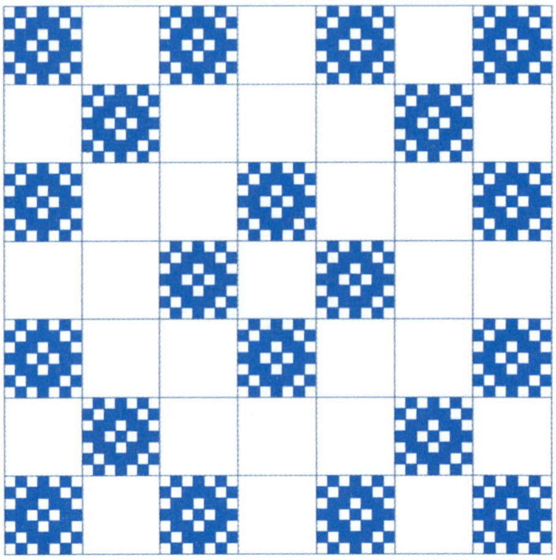

5.13 $\log_{49}580 = 1.635$

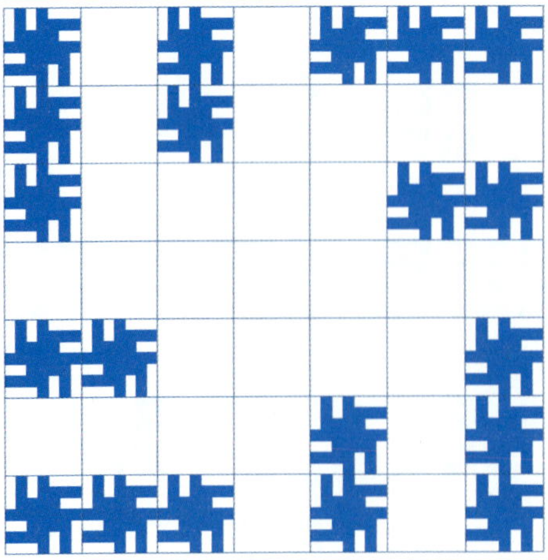

5.14 $\log_{49}588 = 1.638$

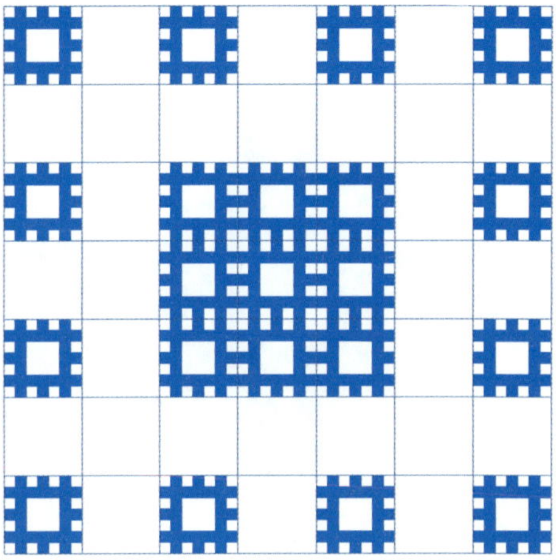

5.15 $\log_{49}588 = 1.638$

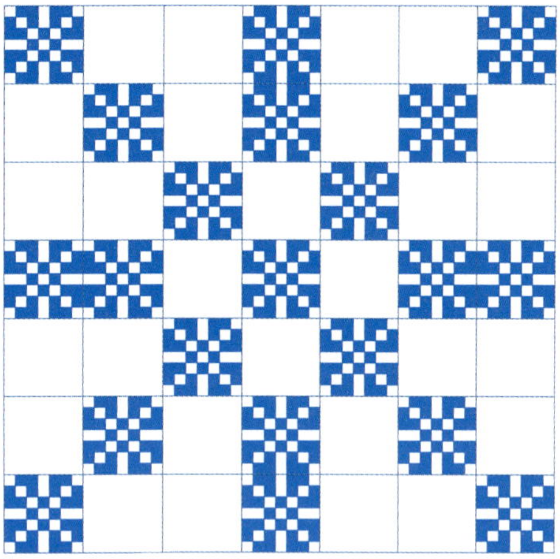

5.16 $\log_{49}588 = 1.638$

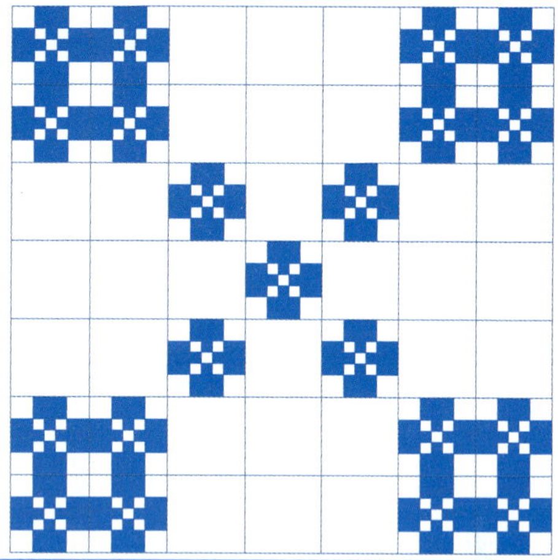

5.17 $\log_{49}588 = 1.638$

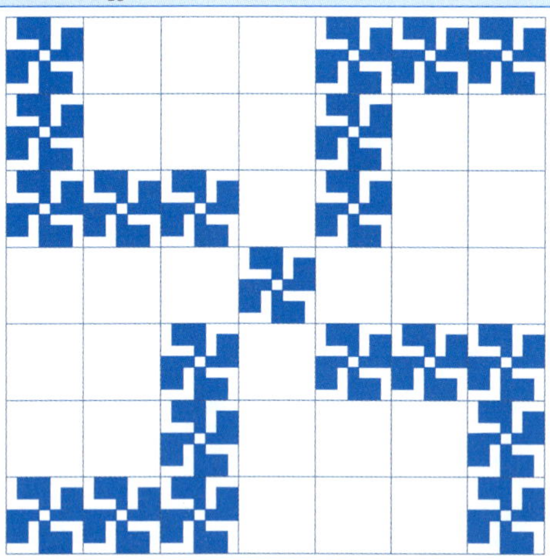

5.18 $\log_{49}600 = 1.644$

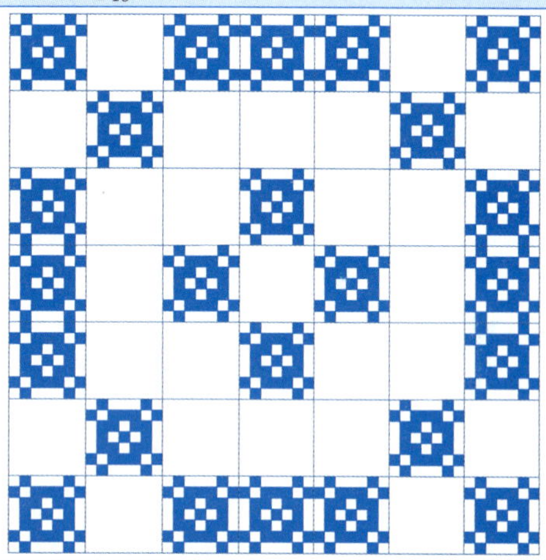

5.19 $\log_{49}600 = 1.644$

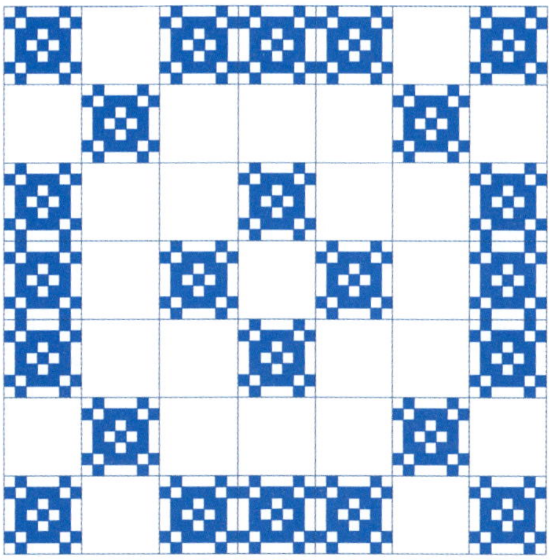

5.20 $\log_{49}600 = 1.644$

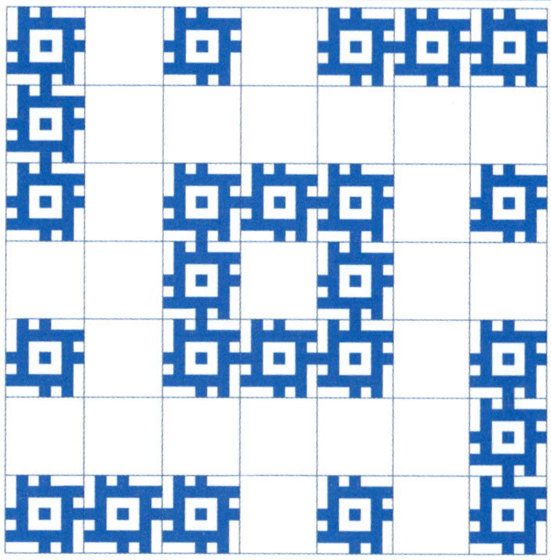

5.21 $\log_{49}600 = 1.644$

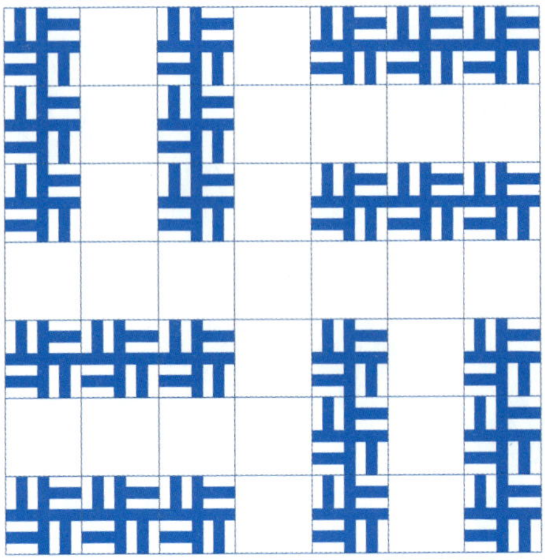

5.22 $\log_{49}600 = 1.644$

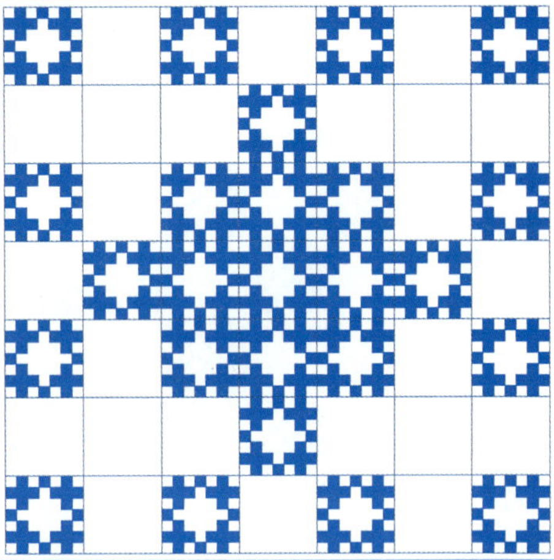

5.23 $\log_{49}600 = 1.644$

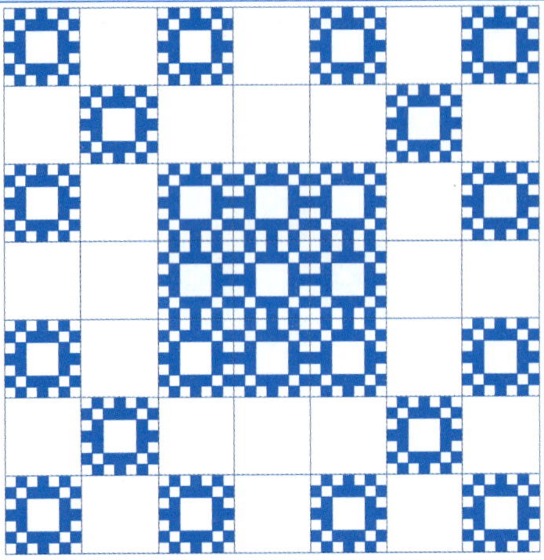

5.24 $\log_{49}600 = 1.644$

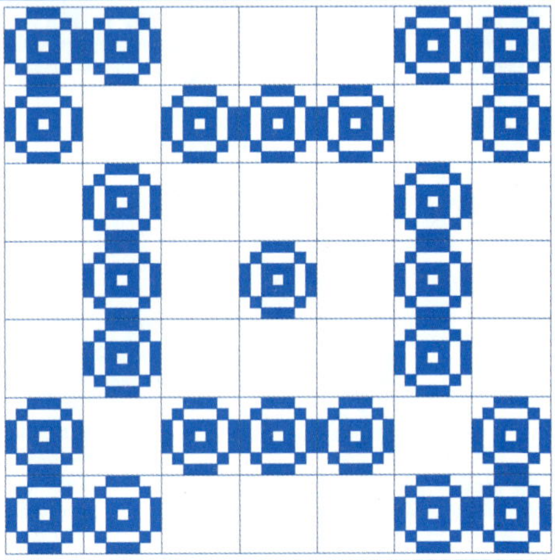

5.25 $\log_{49}588 = 1.638$

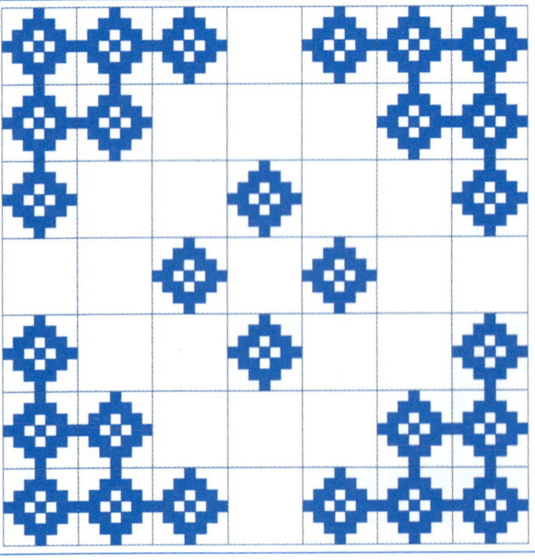

5.26 $\log_{49}588 = 1.638$

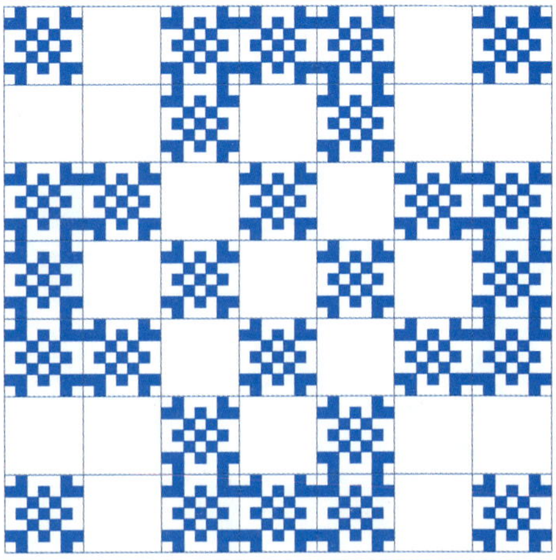

6.1 $\log_{64}240 = 1.318$

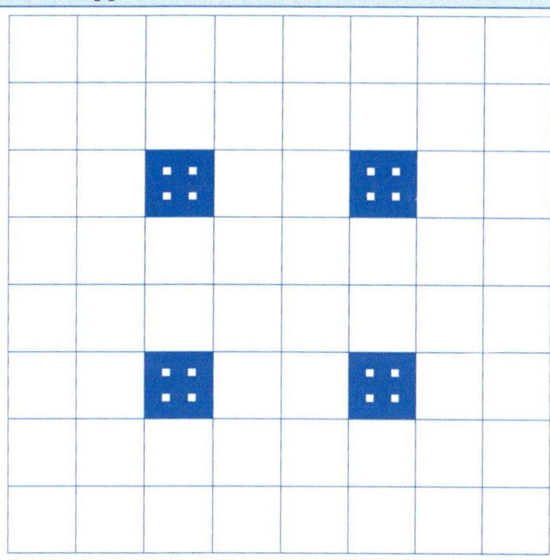

6.2 $\log_{64}448 = 1.468$

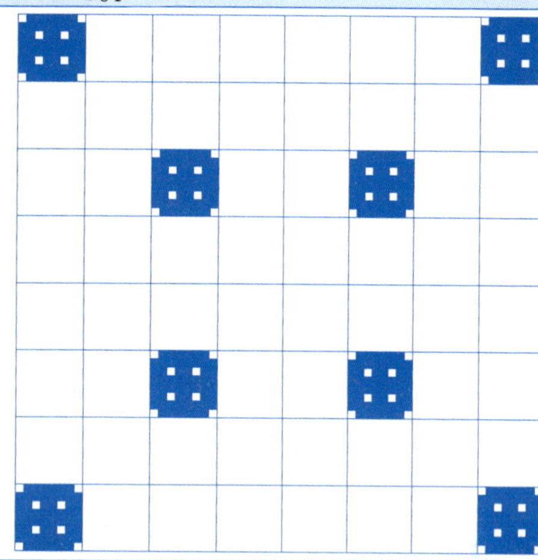

6.3 $\log_{64}624 = 1.548$

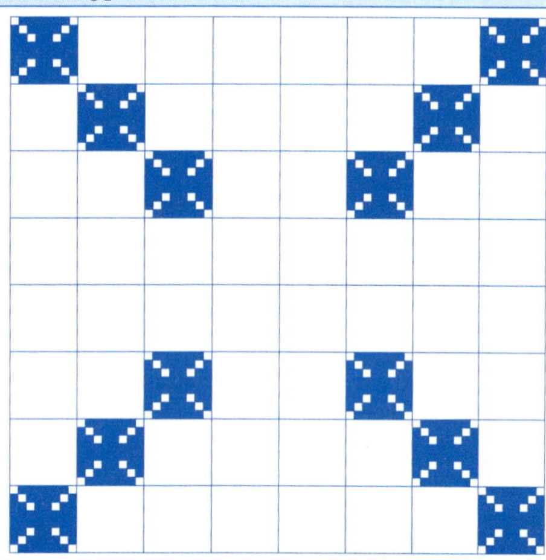

6.4 $\log_{64}768 = 1.597$

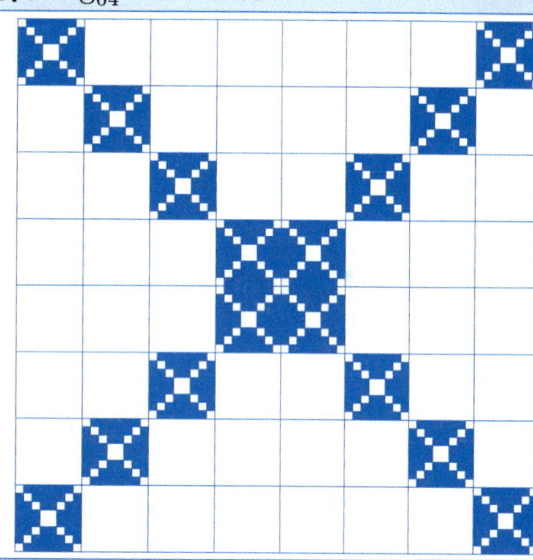

6.5 $\log_{64}768 = 1.597$

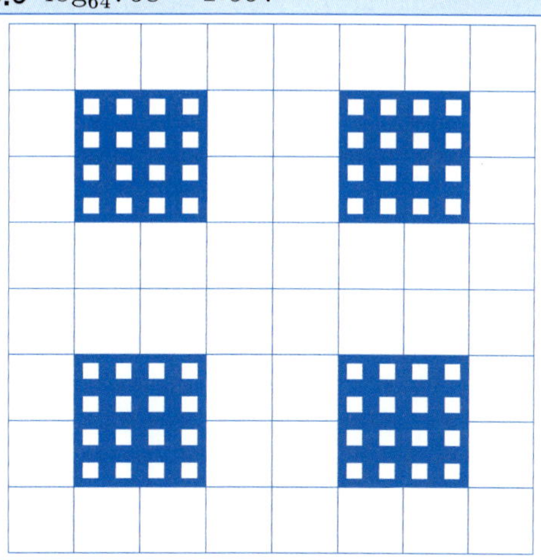

6.6 $\log_{64}880 = 1.63$

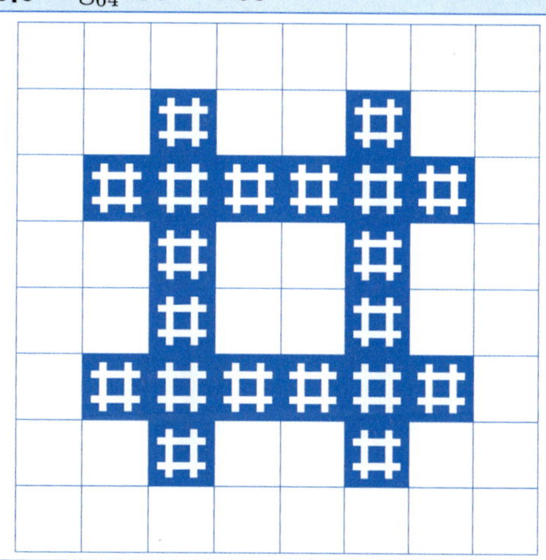

6.7 $\log_{64}880 = 1.63$

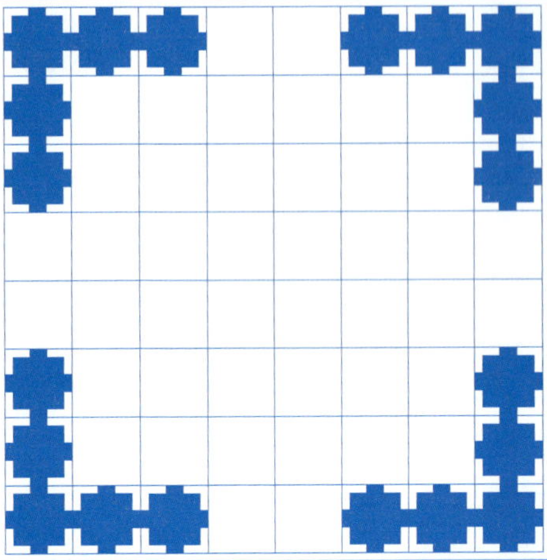

6.8 $\log_{64}880 = 1.63$

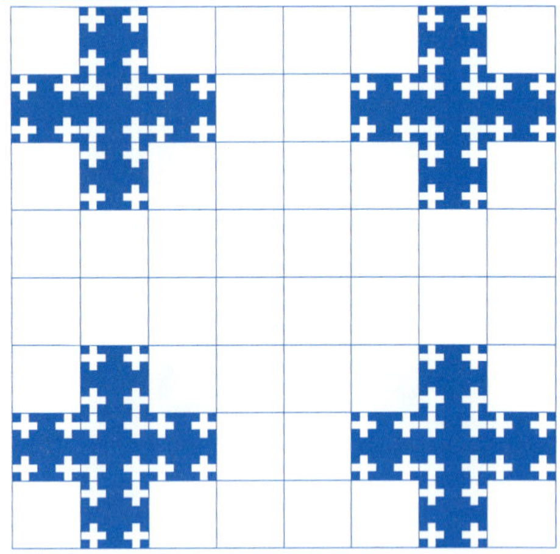

6.9 $\log_{64}880 = 1.63$

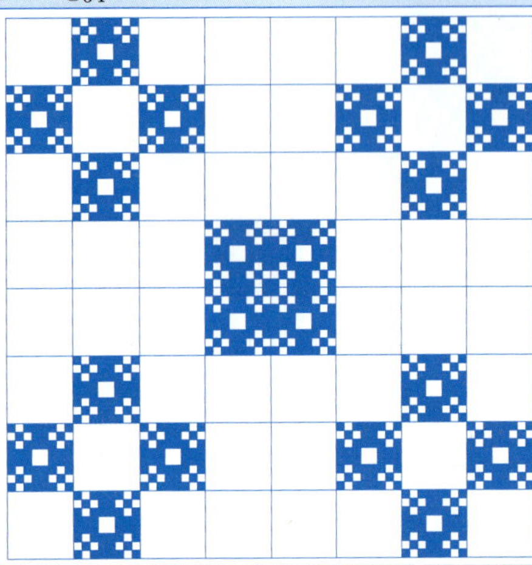

6.10 $\log_{64}960 = 1.651$

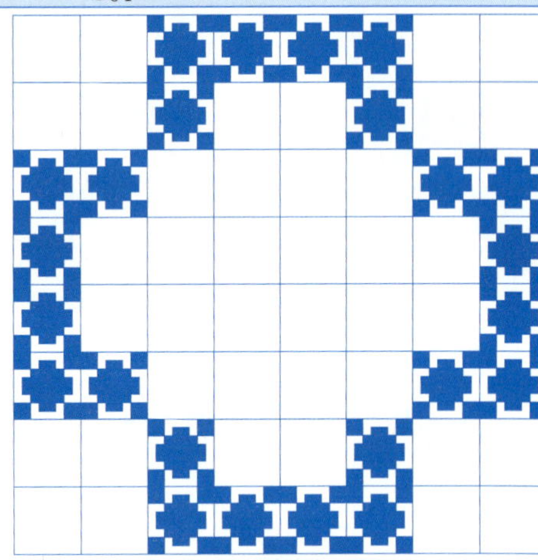

6.11 $\log_{64}1008 = 1.663$

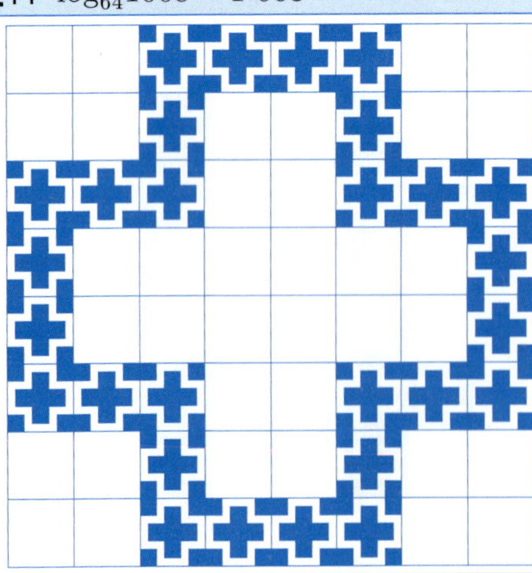

6.12 $\log_{64}1008 = 1.663$

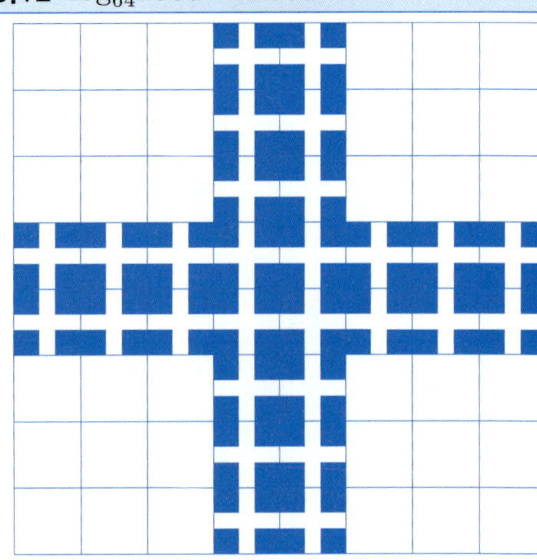

6.13 $\log_{64}1008 = 1.663$

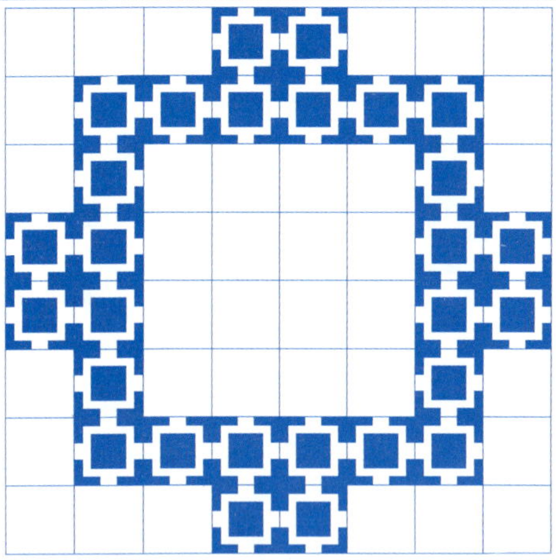

6.14 $\log_{64}1008 = 1.663$

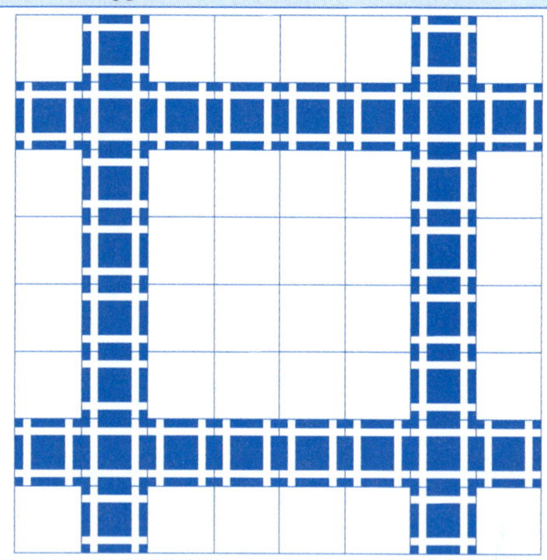

6.15 $\log_{64}1024 = 1.667$

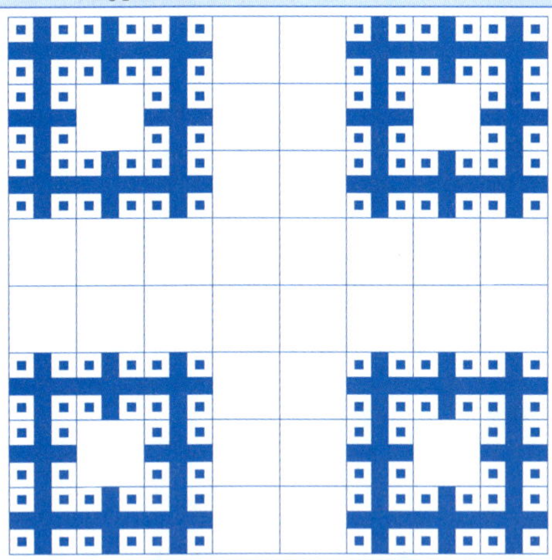

6.16 $\log_{64}1024 = 1.667$

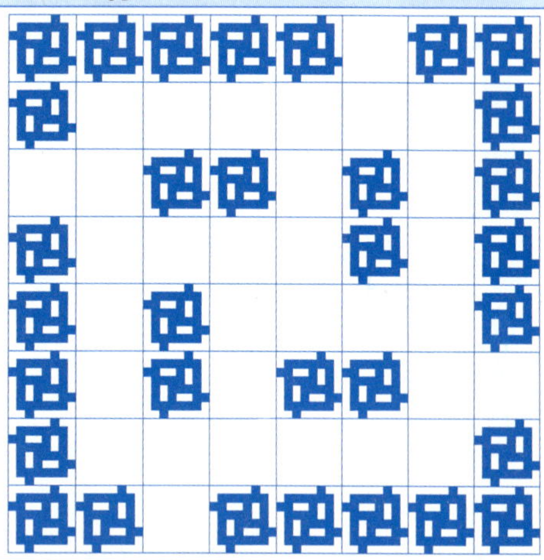

6.17 $\log_{64}1008 = 1.663$

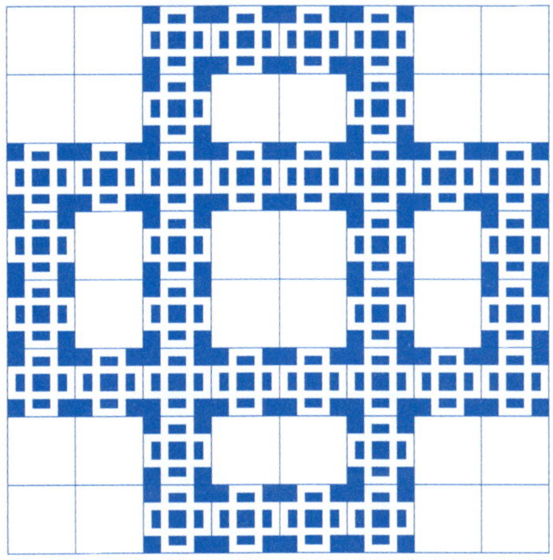

6.18 $\log_{64}960 = 1.651$

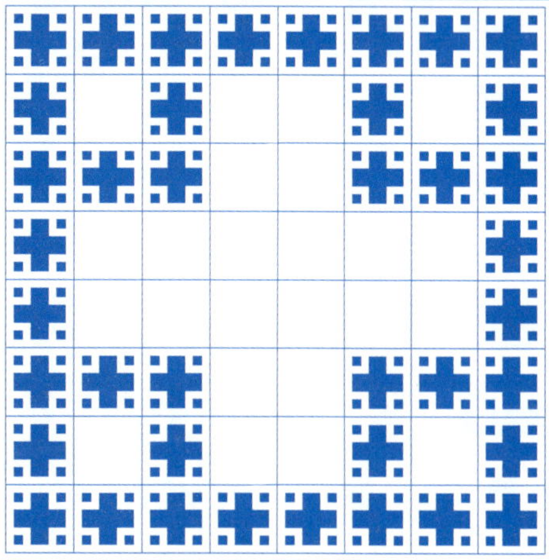

4 나눗셈 프랙탈 디자인 풀이

1.1 $\log_9 18 = 1.893$	$\log_{27} 193 = 1.597$	1.2 $\log_9 28 = 1.517$	$\log_{27} 302 = 1.733$
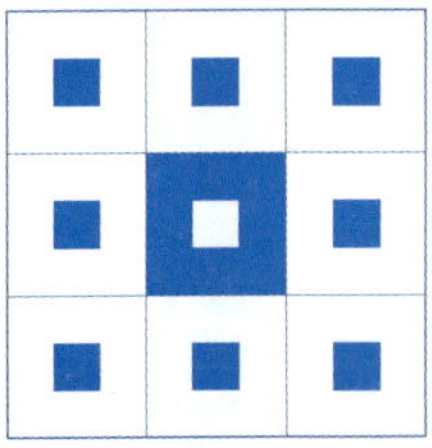	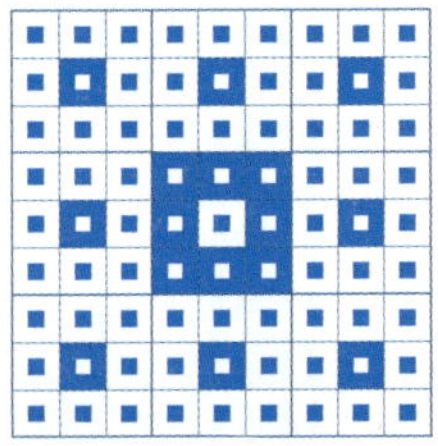	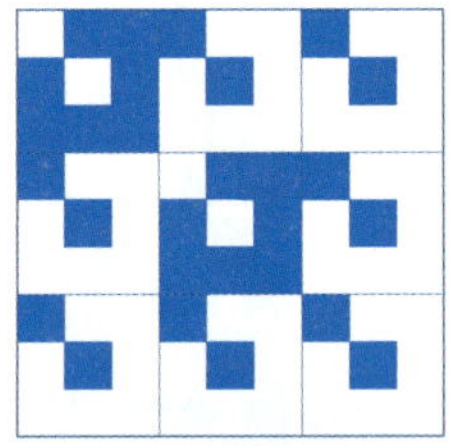	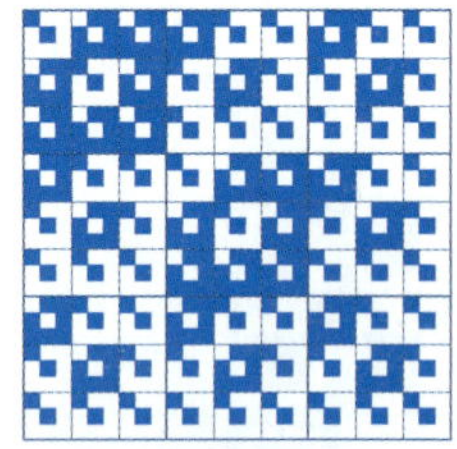
1.3 $\log_9 28 = 1.517$	$\log_{27} 302 = 1.733$	1.4 $\log_9 36 = 1.631$	$\log_{27} 351 = 1.778$
	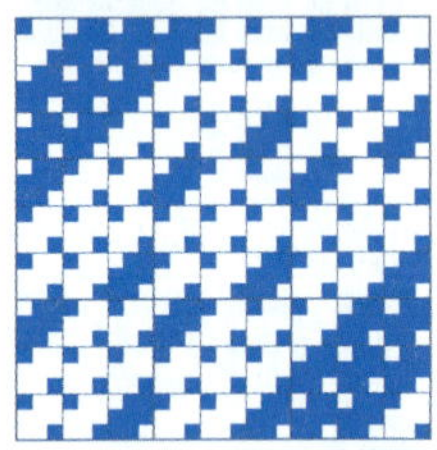		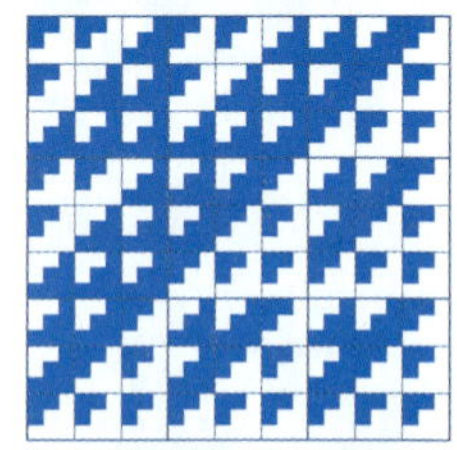
1.5 $\log_9 36 = 1.631$	$\log_{27} 351 = 1.778$	1.6 $\log_9 36 = 1.631$	$\log_{27} 351 = 1.778$
	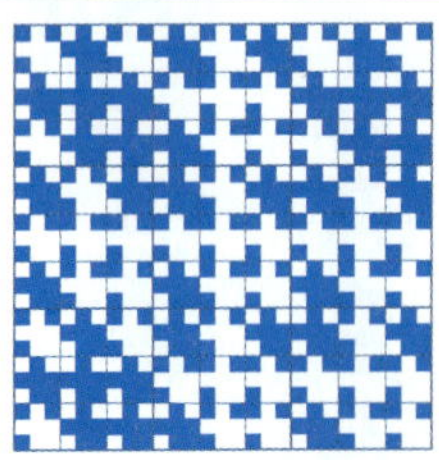		
1.7 $\log_9 40 = 1.679$	$\log_{27} 364 = 1.789$	1.8 $\log_9 40 = 1.679$	$\log_{27} 364 = 1.789$
	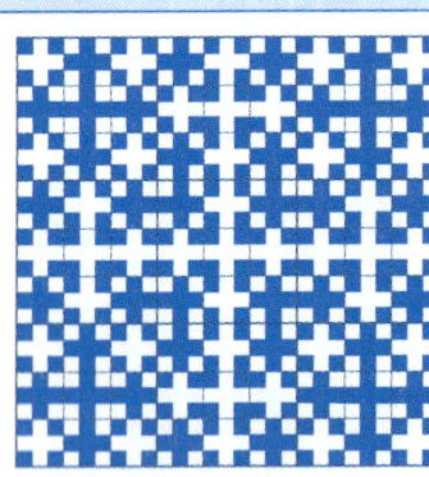		
1.9 $\log_9 40 = 1.679$	$\log_{27} 364 = 1.789$	1.10 $\log_9 40 = 1.679$	$\log_{27} 364 = 1.789$
			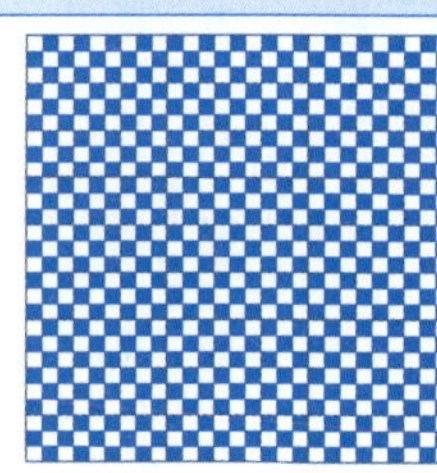

1.11 $\log_9 40 = 1.679$

$\log_{27} 364 = 1.789$

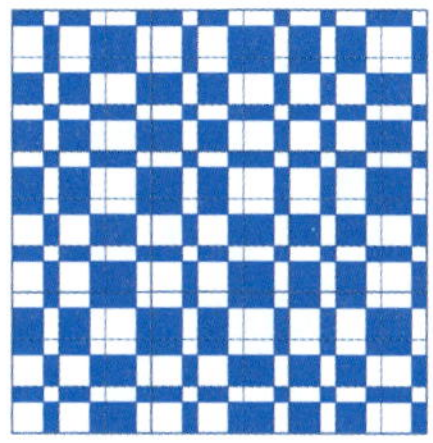

1.12 $\log_9 40 = 1.679$

$\log_{27} 364 = 1.789$

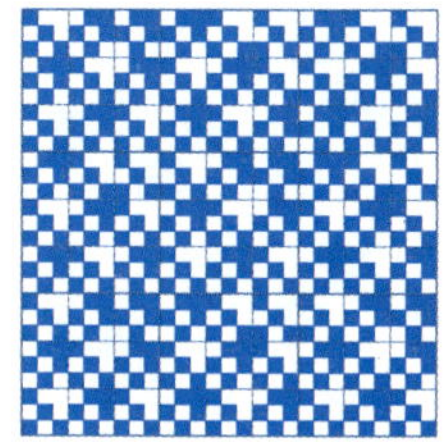

1.13 $\log_9 40 = 1.679$

$\log_{27} 365 = 1.79$

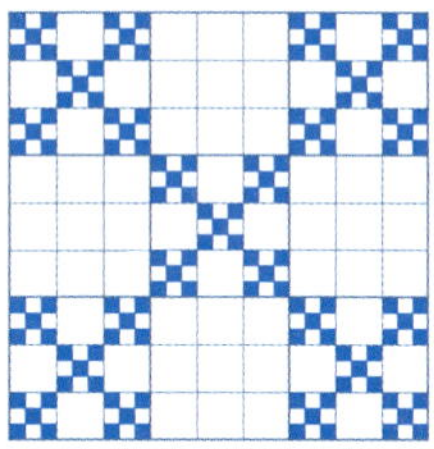

1.14 $\log_9 40 = 1.679$

$\log_{27} 365 = 1.79$

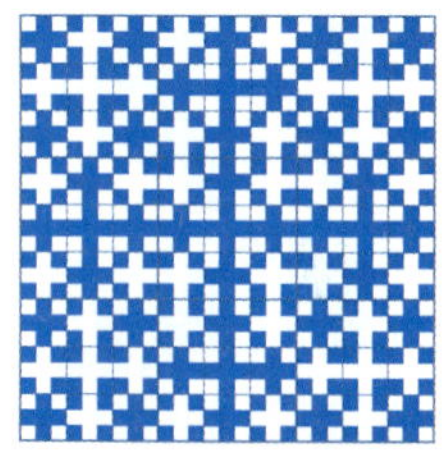

1.15 $\log_9 40 = 1.679$

$\log_{27} 365 = 1.79$

1.16 $\log_9 40 = 1.679$

$\log_{27} 365 = 1.79$

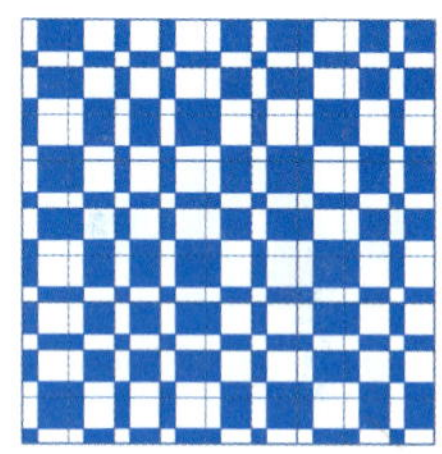

1.17 $\log_9 40 = 1.679$

$\log_{27} 365 = 1.79$

1.18 $\log_9 40 = 1.679$

$\log_{27} 365 = 1.79$

1.19 $\log_9 28 = 1.517$

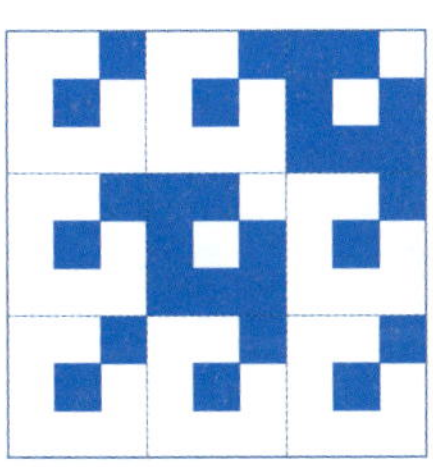

$\log_{27} 427 = 1.838$

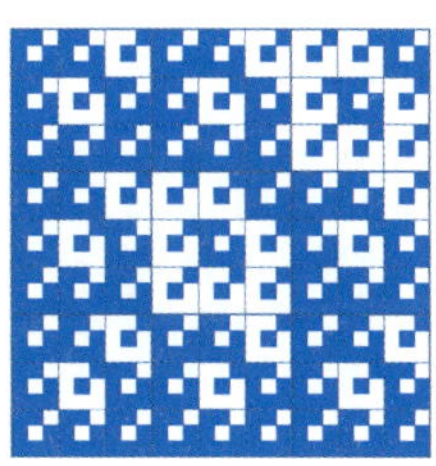

1.20 $\log_9 28 = 1.517$

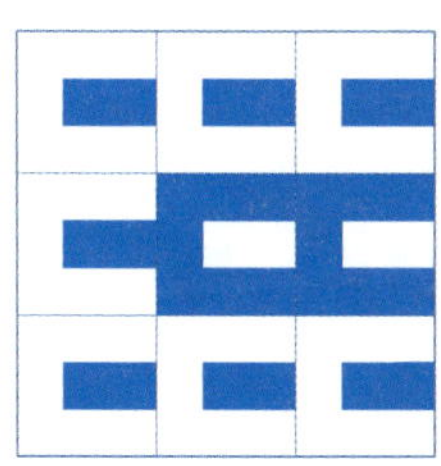

$\log_{27} 427 = 1.838$

1.21 $\log_9 28 = 1.517$

$\log_{27} 427 = 1.838$

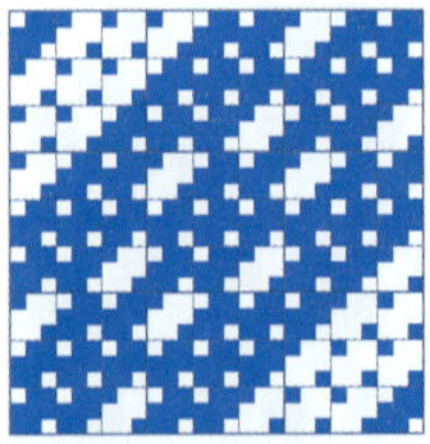

1.22 $\log_9 28 = 1.517$

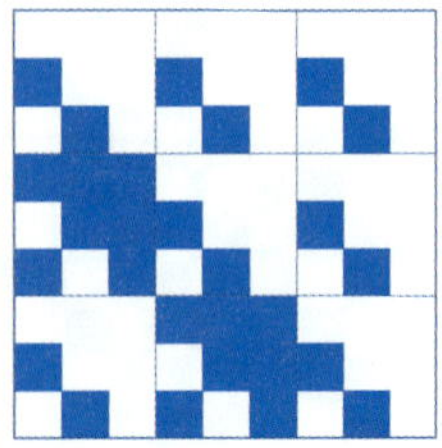

$\log_{27} 427 = 1.838$

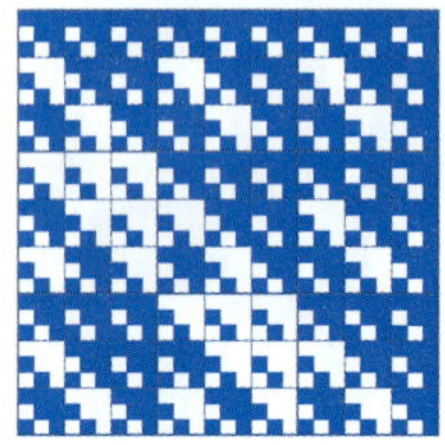

1.23 $\log_9 28 = 1.517$

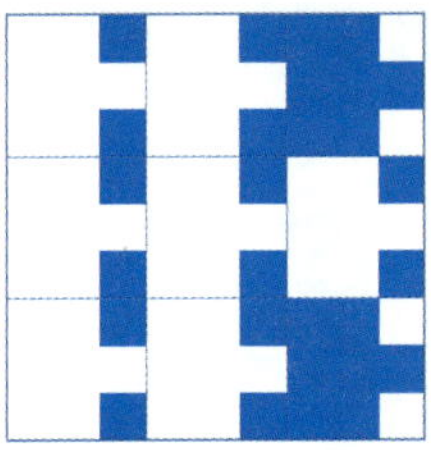

$\log_{27} 427 = 1.838$

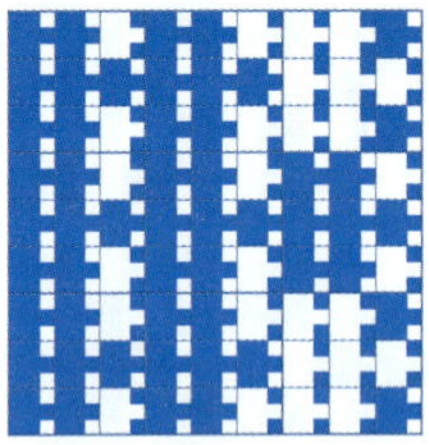

1.24 $\log_9 28 = 1.517$

$\log_{27} 427 = 1.838$

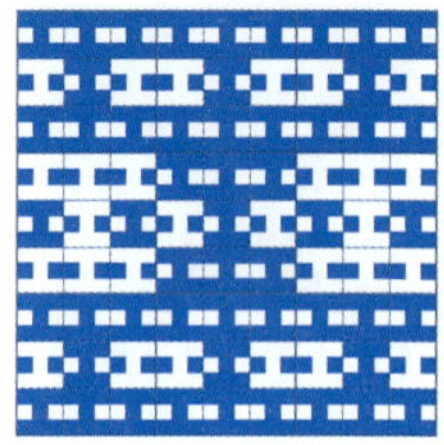

1.25 $\log_9 16 = 1.262$

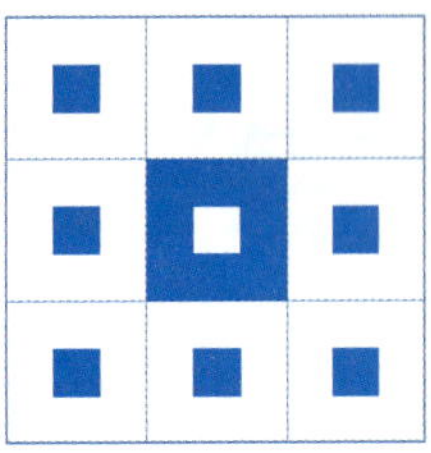

$\log_{27} 536 = 1.907$

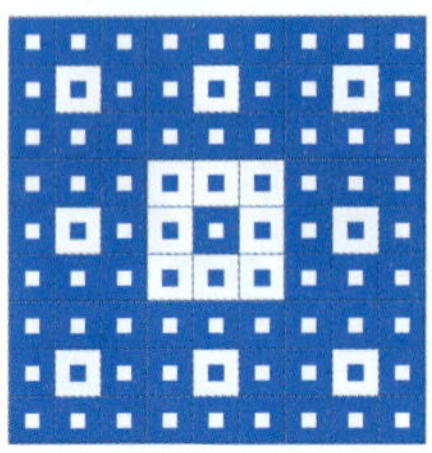

2.1 $\log_{16} 30 = 1.227$

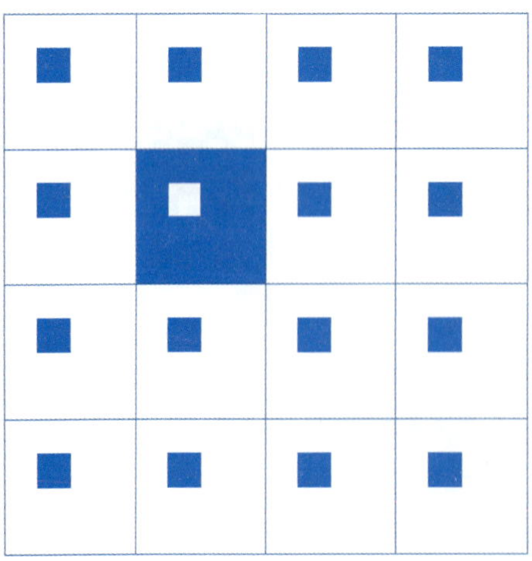

$\log_{64} 676 = 1.567$

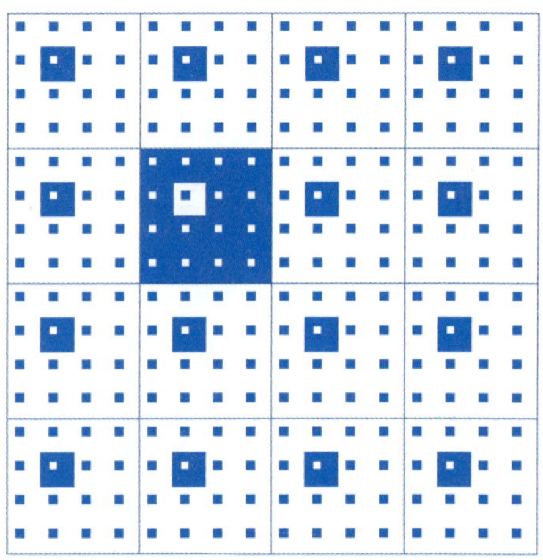

2.2 $\log_{16}56 = 1.452$

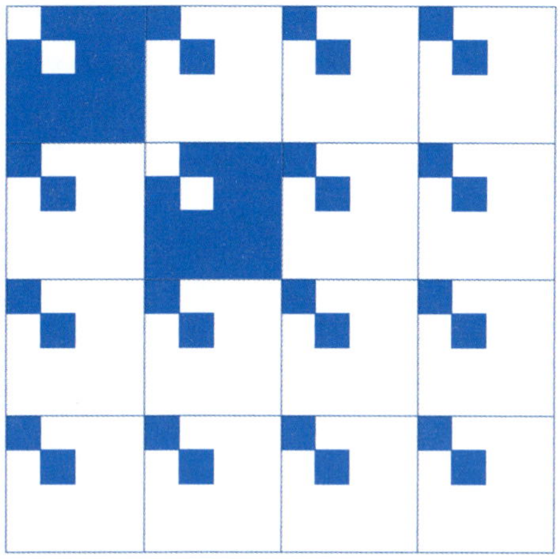

$\log_{64}1184 = 1.702$

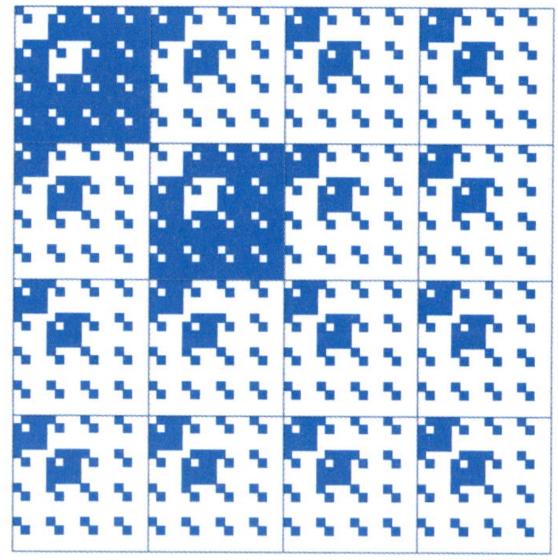

2.3 $\log_{16}78 = 1.571$

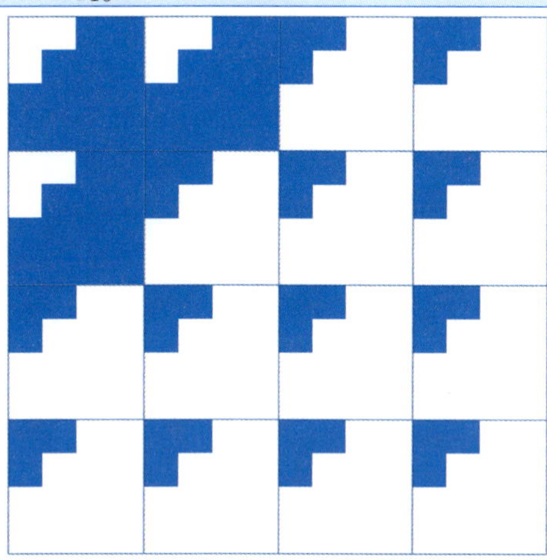

$\log_{64}1548 = 1.766$

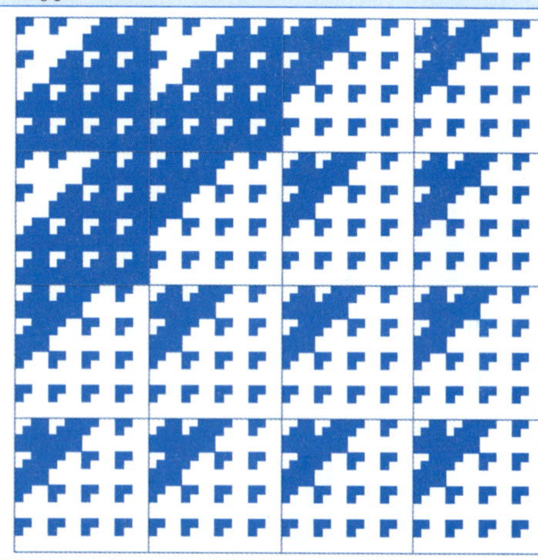

2.4 $\log_{16}78 = 1.571$

$\log_{64}1548 = 1.766$

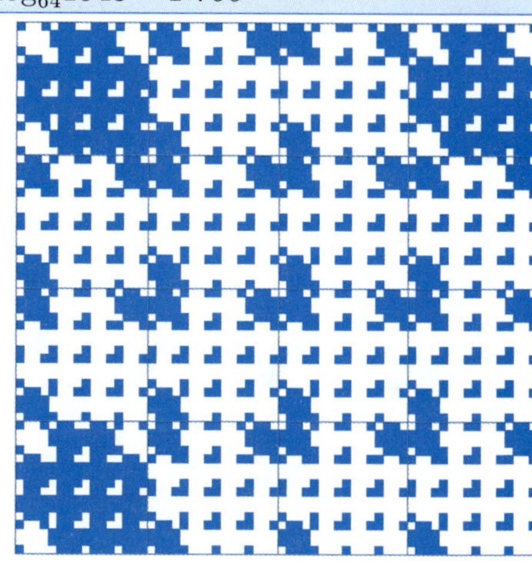

2.5 $\log_{16}78 = 1.571$

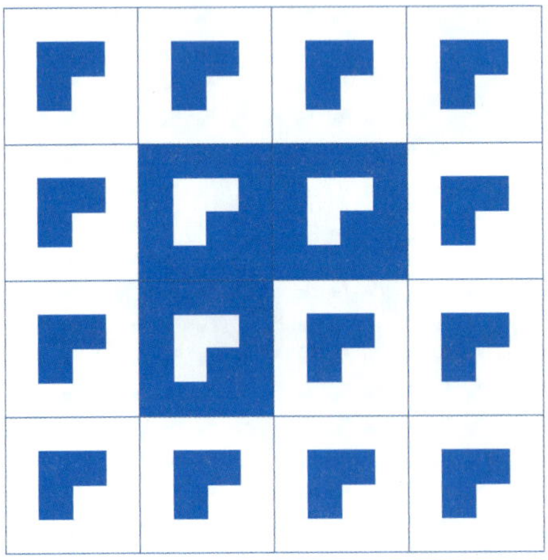

$\log_{64}1548 = 1.766$

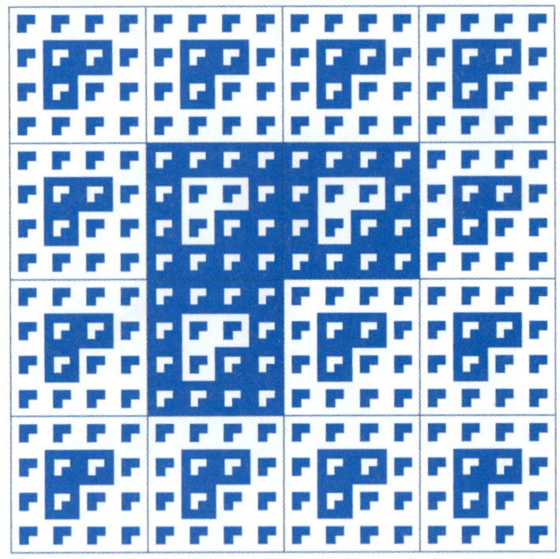

2.6 $\log_{16}78 = 1.571$

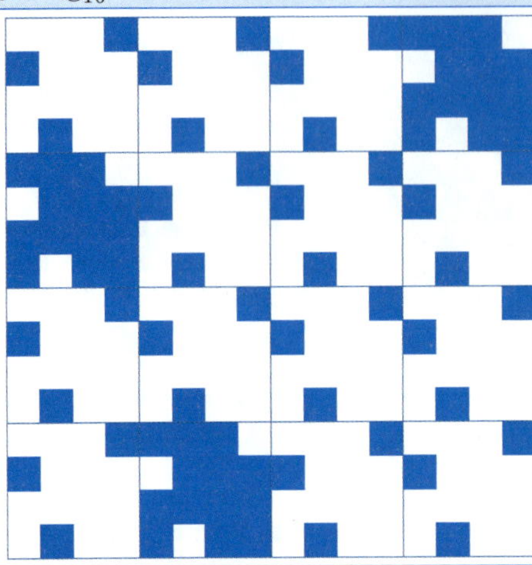

$\log_{64}1548 = 1.766$

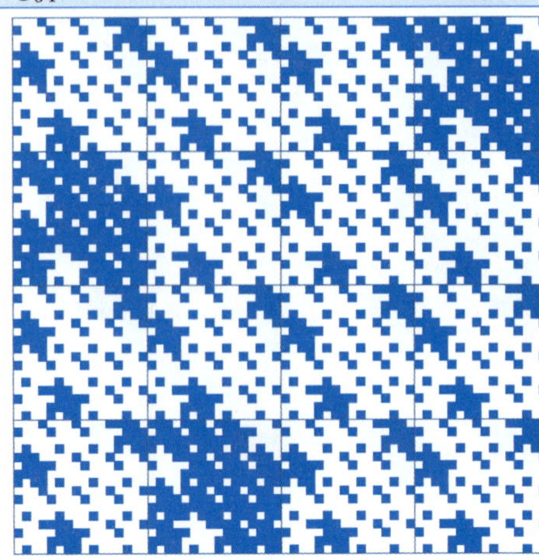

2.7 $\log_{16}96 = 1.646$

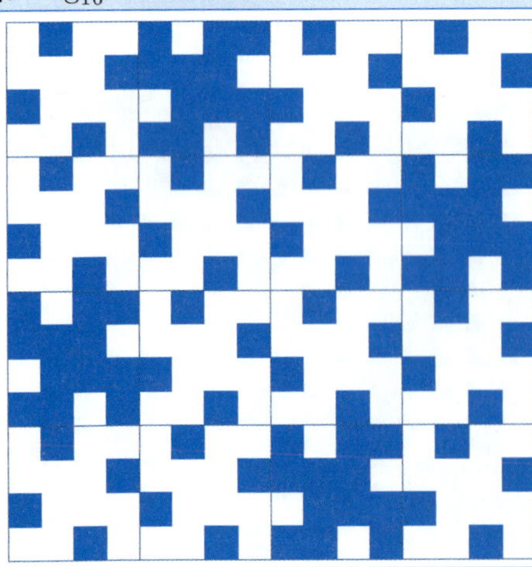

$\log_{64}1792 = 1.801$

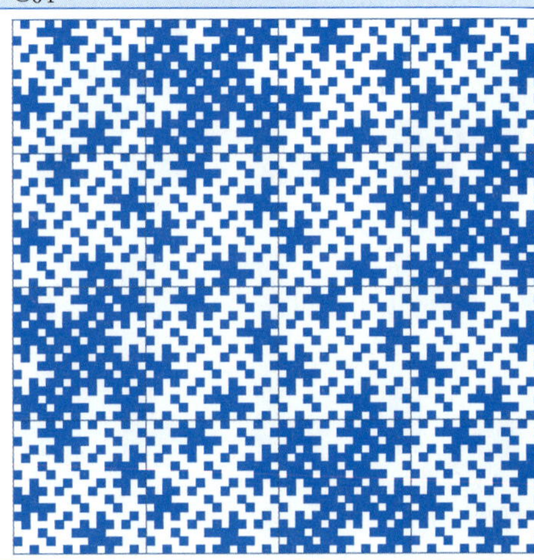

2.8 $\log_{16}128 = 1.75$

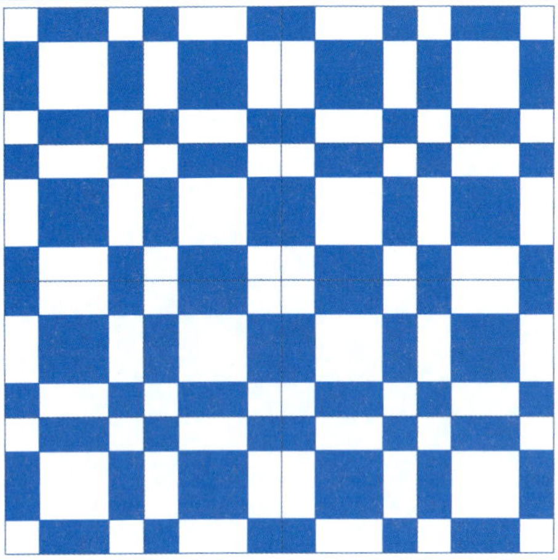

$\log_{64}2048 = 1.833$

2.9 $\log_{16}128 = 1.75$

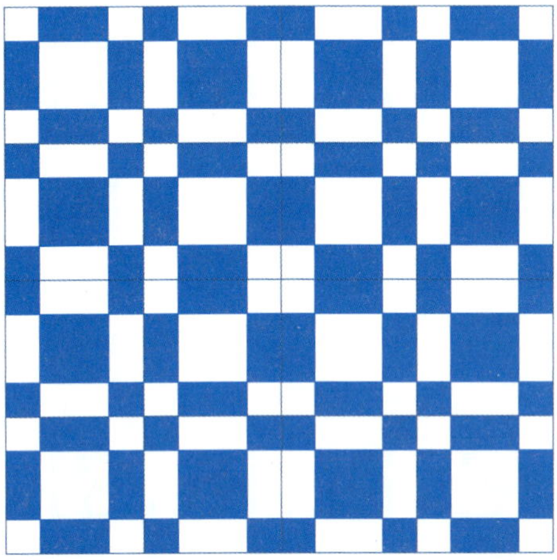

$\log_{64}2048 = 1.833$

2.10 $\log_{16}128 = 1.75$

$\log_{64}2048 = 1.833$

2.11 $\log_{16}96 = 1.646$

$\log_{64}2304 = 1.862$

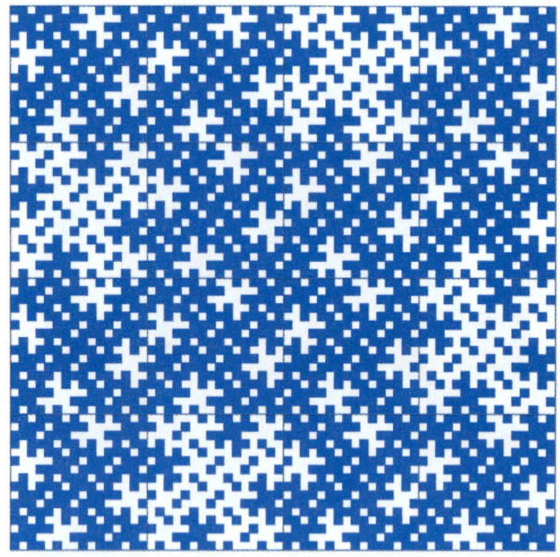

2.12 $\log_{16}96 = 1.646$

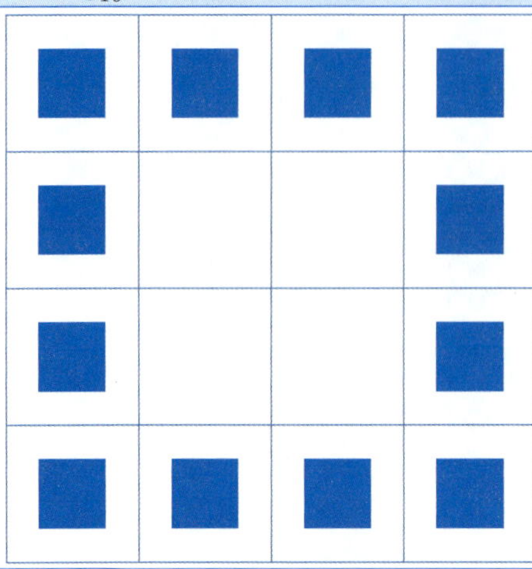

$\log_{64}2304 = 1.862$

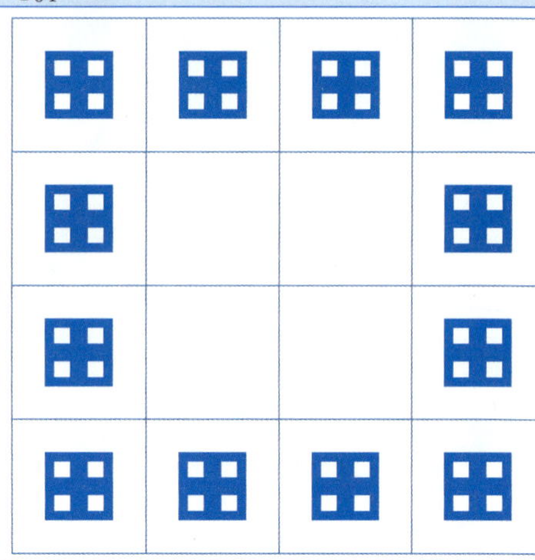

2.13 $\log_{16}96 = 1.646$

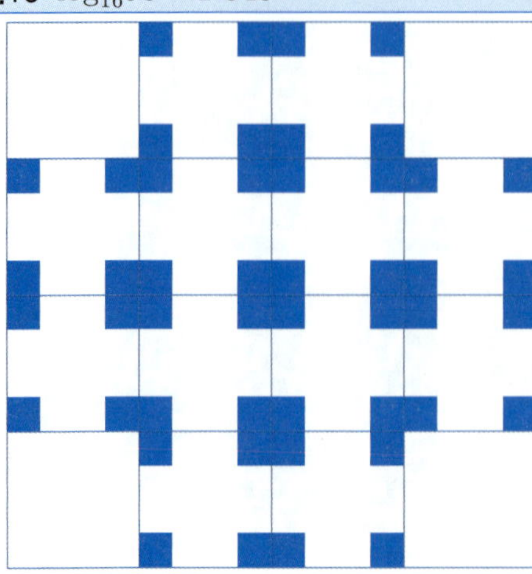

$\log_{64}2304 = 1.862$

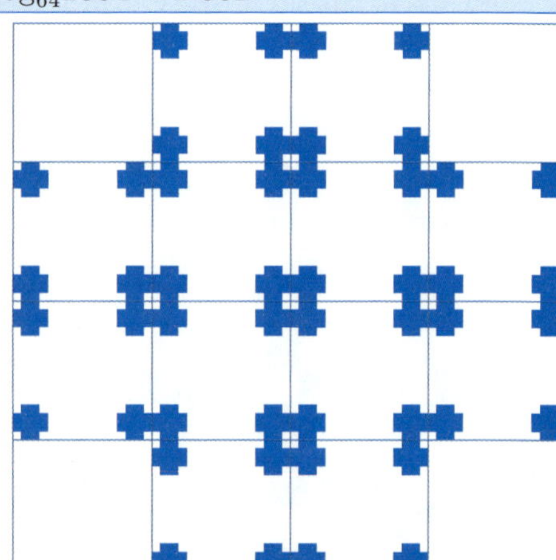

3.1 $\log_{25}168 = 1.592$

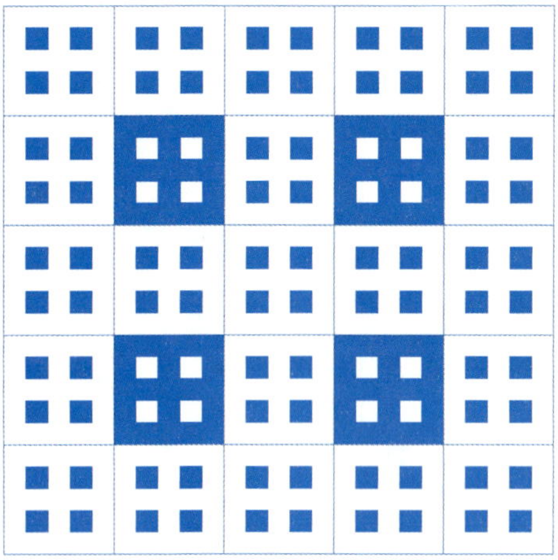

3.2 $\log_{25}272 = 1.742$

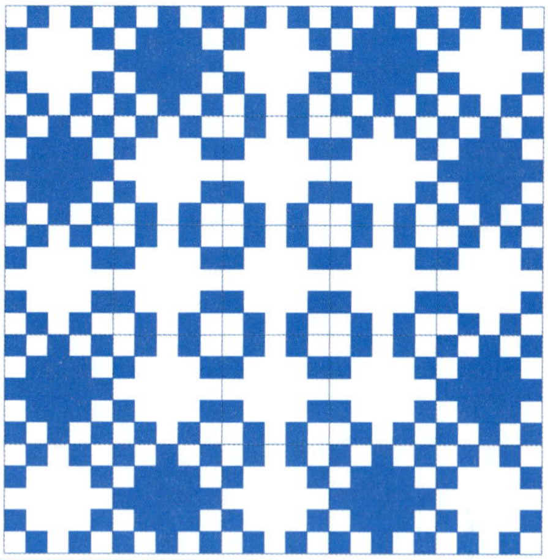

3.3 $\log_{25}272 = 1.742$

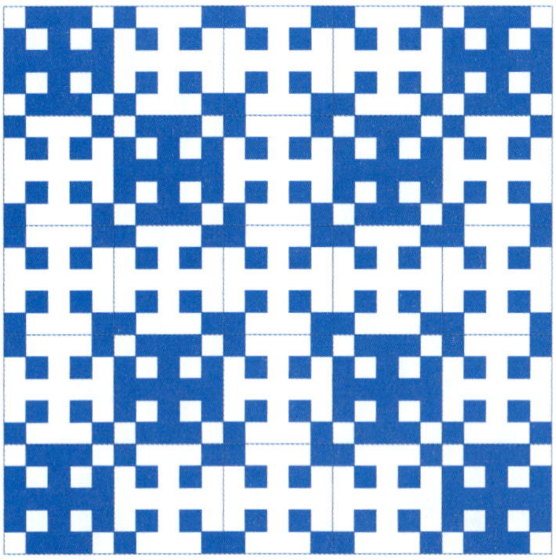

3.4 $\log_{25}272 = 1.742$

3.5 $\log_{25}288 = 1.759$

3.6 $\log_{25}288 = 1.759$

3.7 $\log_{25}288 = 1.759$

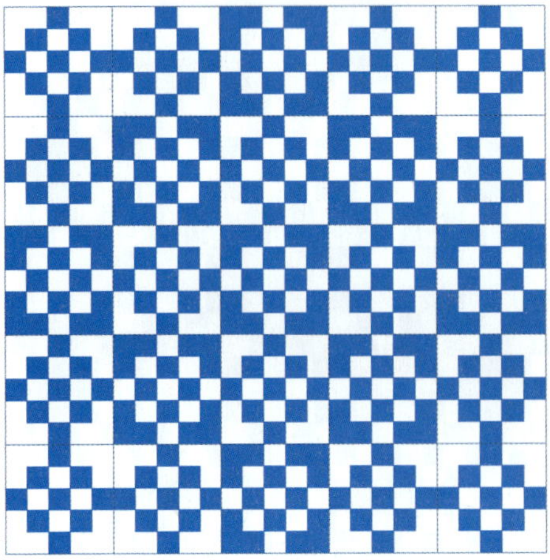

3.8 $\log_{25}312 = 1.784$

3.9 $\log_{25}312 = 1.784$

3.10 $\log_{25}312 = 1.784$

3.11 $\log_{25}312 = 1.784$

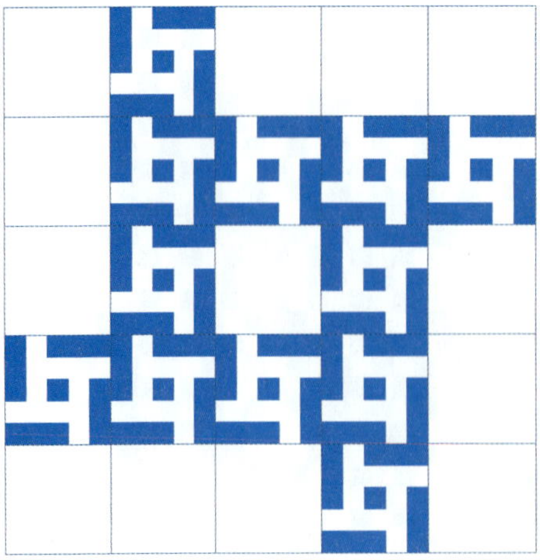

3.12 $\log_{25}312 = 1.784$

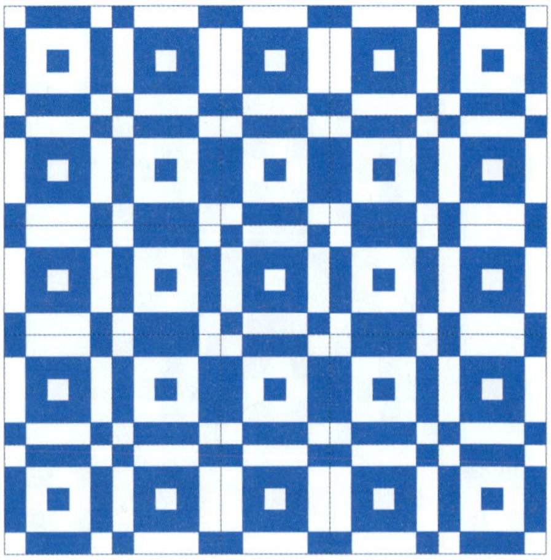

3.13 $\log_{25}312 = 1.784$

3.14 $\log_{25}312 = 1.784$

3.15 $\log_{25}312 = 1.784$

3.16 $\log_{25}312 = 1.784$

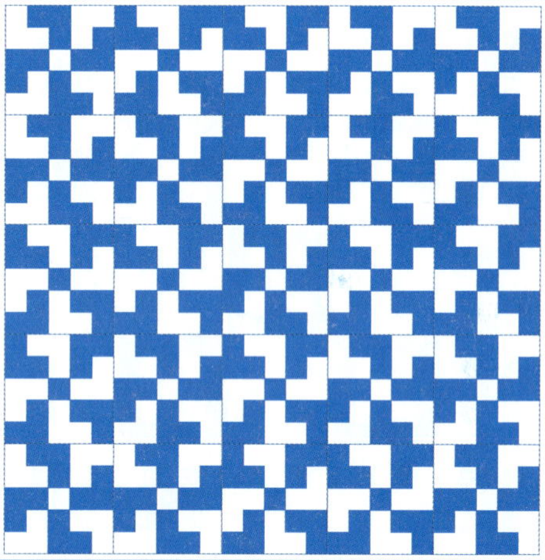

3.17 $\log_{25}312 = 1.784$

3.18 $\log_{25}272 = 1.742$

3.19 $\log_{25}272 = 1.742$

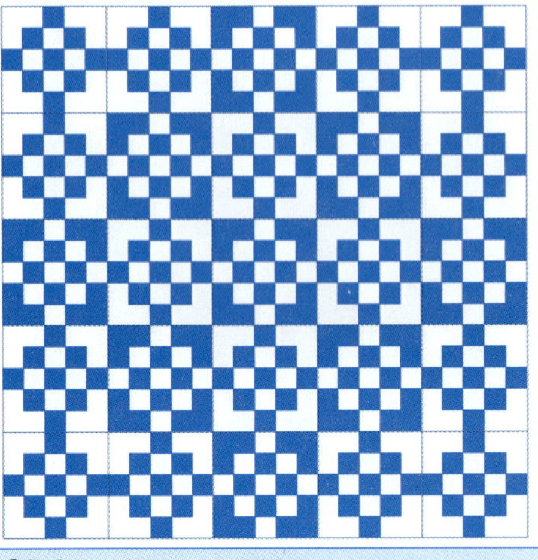

3.20 $\log_{25}272 = 1.742$

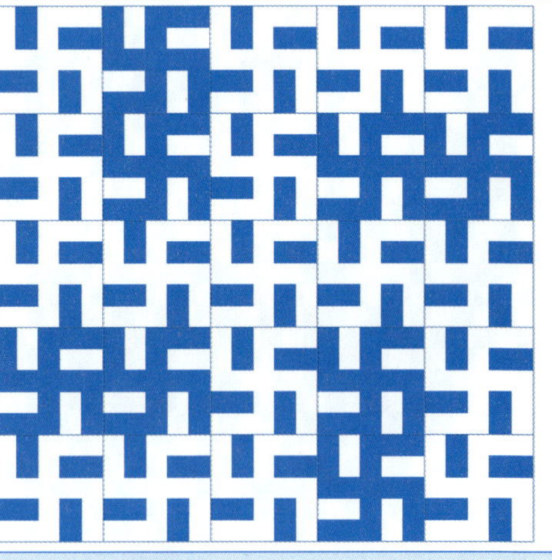

3.21 $\log_{25}200 = 1.646$

3.22 $\log_{25}168 = 1.592$

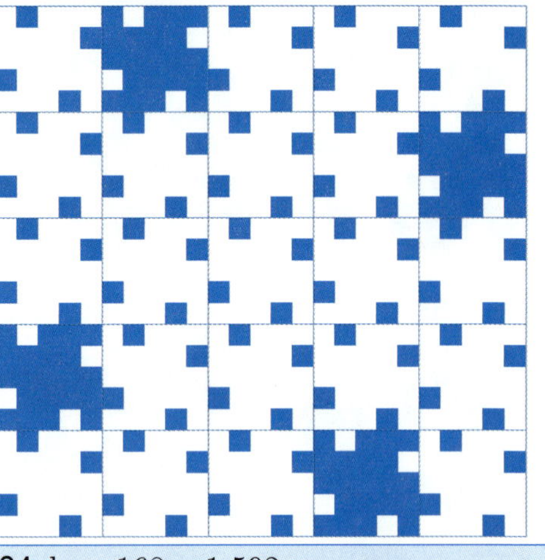

3.23 $\log_{25}168 = 1.592$

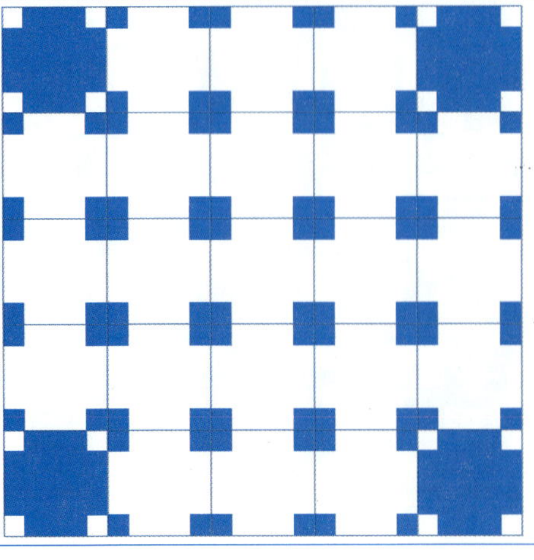

3.24 $\log_{25}168 = 1.592$

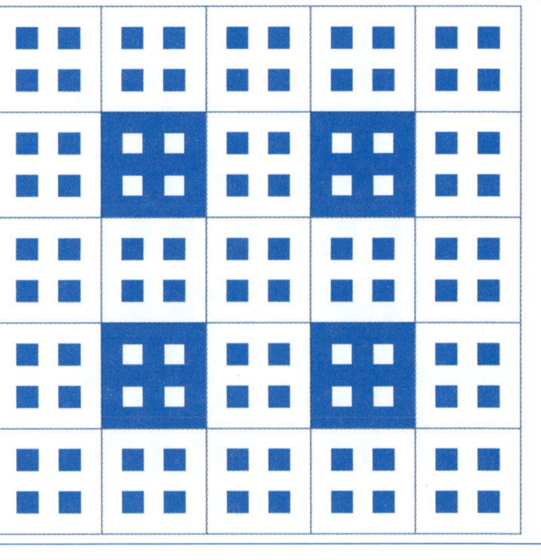

4.1 $\log_{36}406 = 1.676$

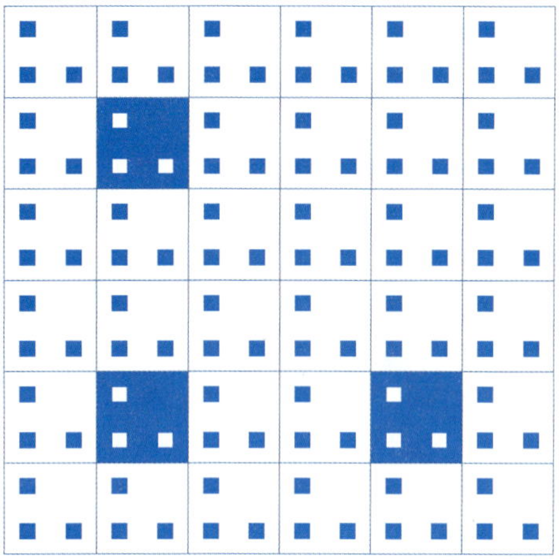

4.2 $\log_{36}448 = 1.704$

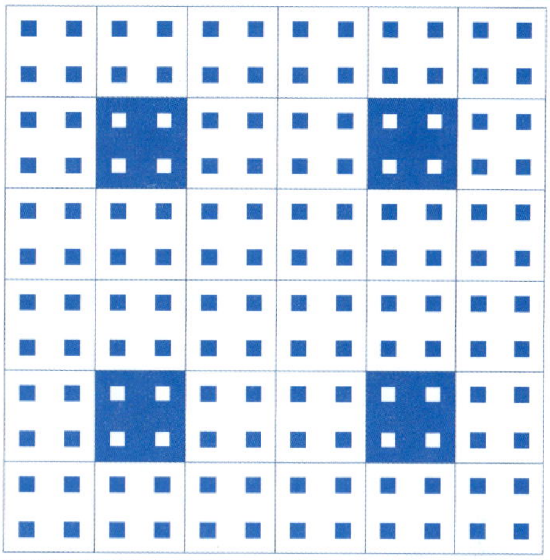

4.3 $\log_{36}576 = 1.774$

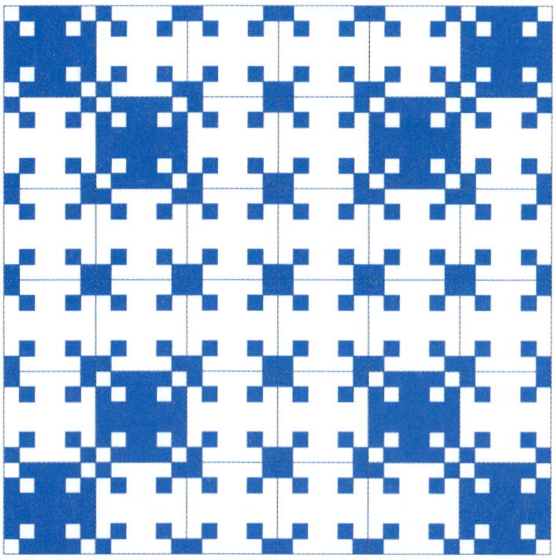

4.4 $\log_{36}576 = 1.774$

4.5 $\log_{36}576 = 1.774$

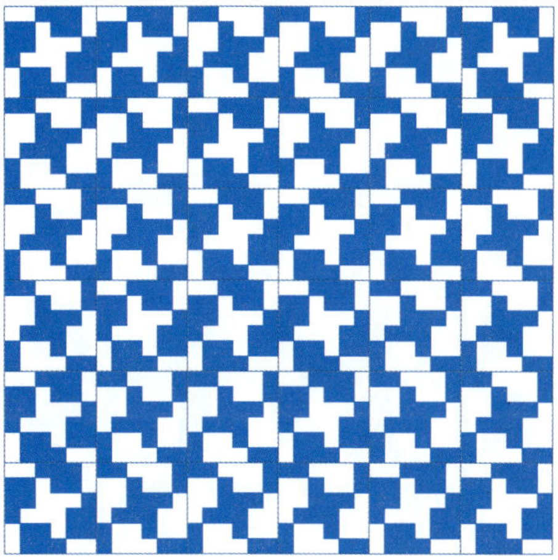

4.6 $\log_{36}576 = 1.774$

4.7 $\log_{36}576 = 1.774$

4.8 $\log_{36}576 = 1.774$

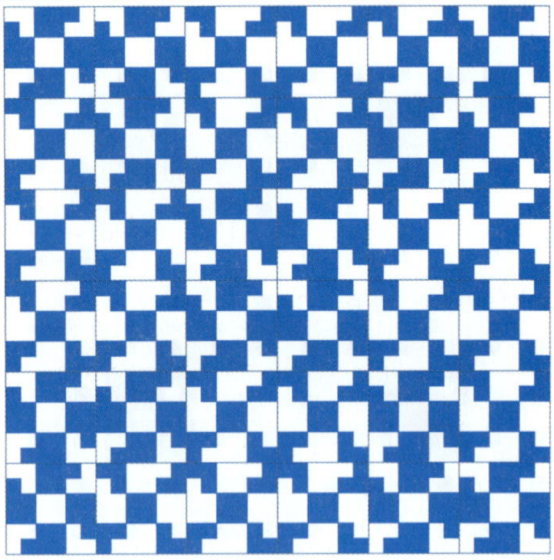

4.9 $\log_{36}576 = 1.774$

4.10 $\log_{36}640 = 1.803$

4.11 $\log_{36}640 = 1.803$

4.12 $\log_{36}640 = 1.803$

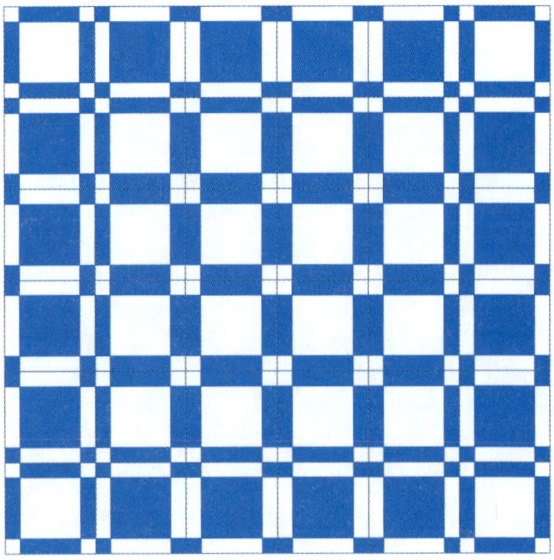

4.13 $\log_{36}640 = 1.803$

4.14 $\log_{36}640 = 1.803$

4.15 $\log_{36}640 = 1.803$

4.16 $\log_{36}640 = 1.803$

4.17 $\log_{36}640 = 1.803$

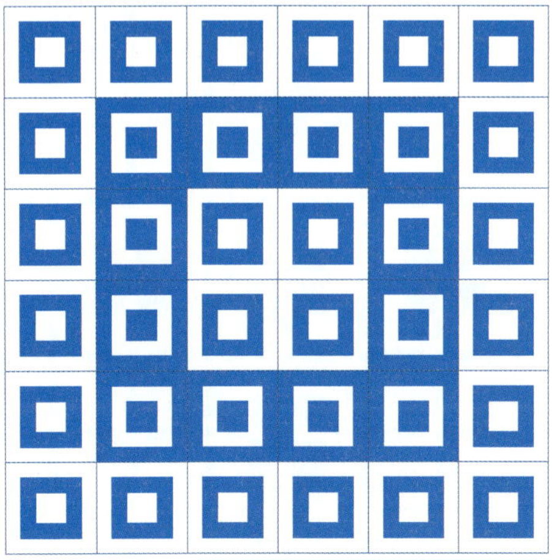

4.18 $\log_{36}640 = 1.803$

4.19 $\log_{36}576 = 1.774$

4.20 $\log_{36}576 = 1.774$

4.21 $\log_{36}576 = 1.774$

4.22 $\log_{36}400 = 1.672$

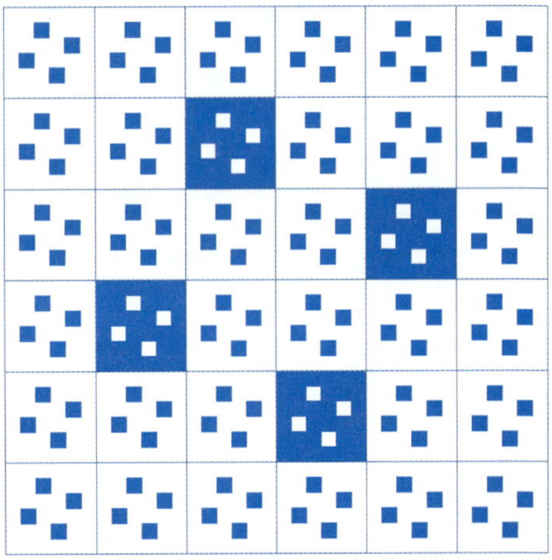

5.1 $\log_{49}720 = 1.691$

5.2 $\log_{49}720 = 1.691$

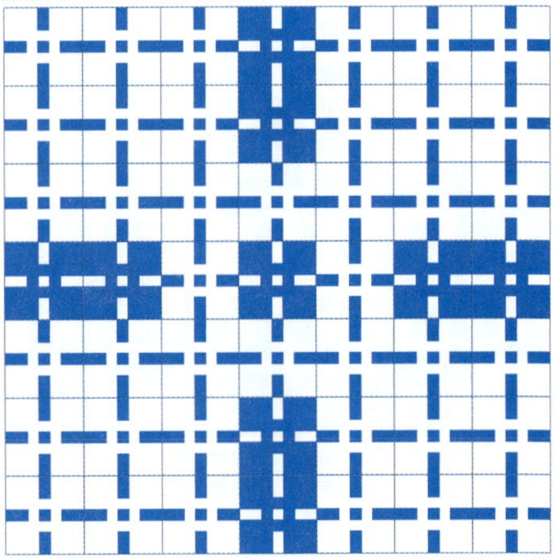

5.3 $\log_{49}888 = 1.744$

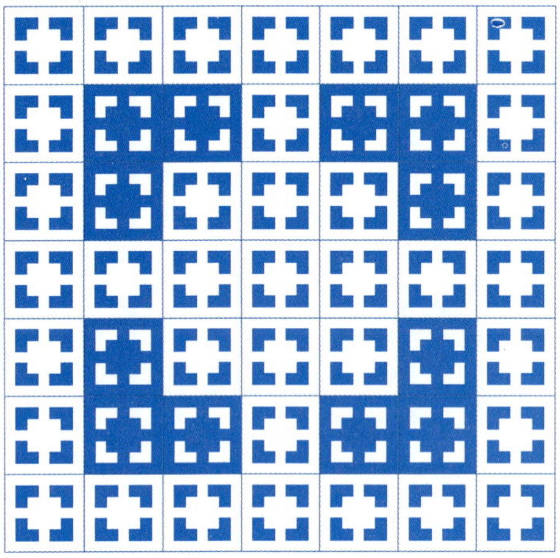

5.4 $\log_{49}936 = 1.758$

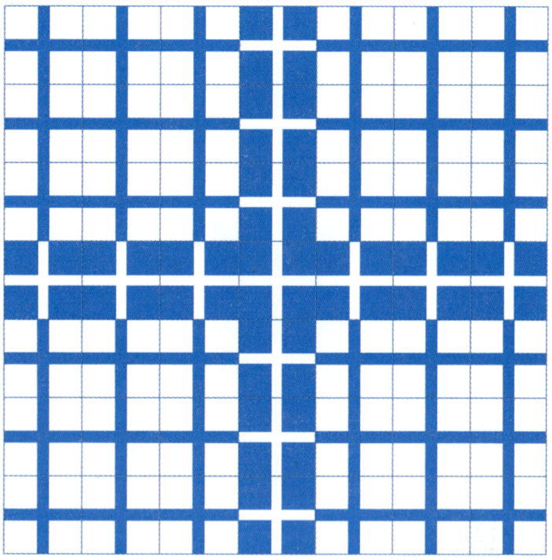

5.5 $\log_{49}1056 = 1.789$

5.6 $\log_{49}1056 = 1.789$

5.7 $\log_{49}1056 = 1.789$

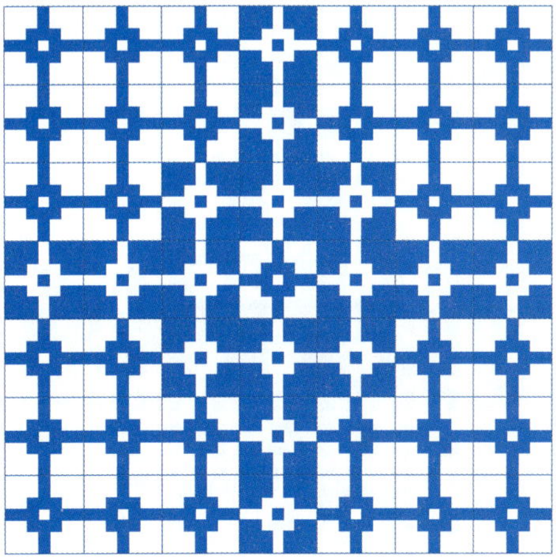

5.8 $\log_{49}1088 = 1.797$

5.9 $\log_{49}1088 = 1.797$

5.10 $\log_{49}1160 = 1.813$

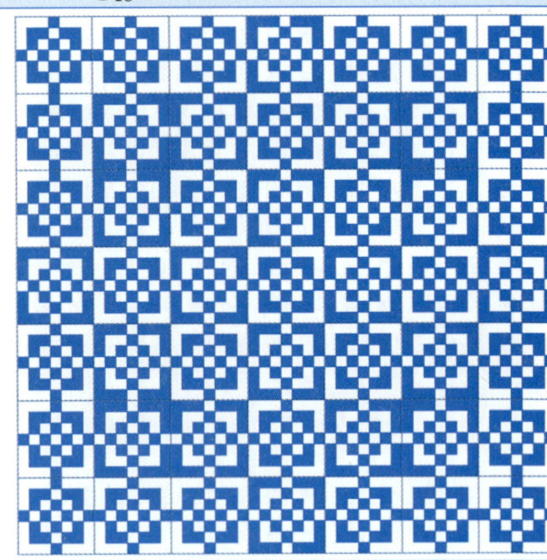

5.11 $\log_{49}1160 = 1.813$

5.12 $\log_{49}1160 = 1.813$

5.13 $\log_{49}1160 = 1.813$

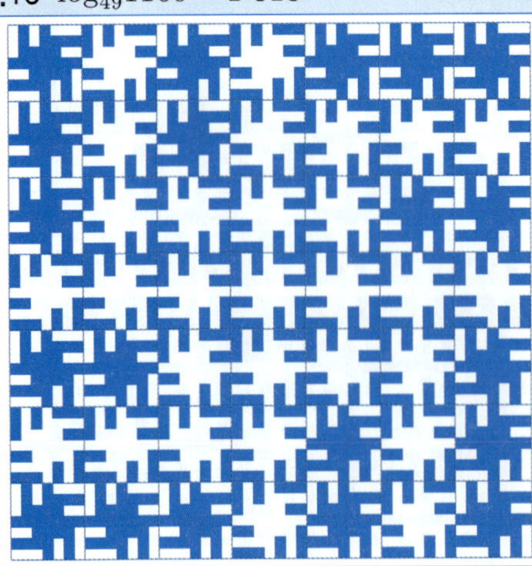

5.14 $\log_{49}1176 = 1.817$

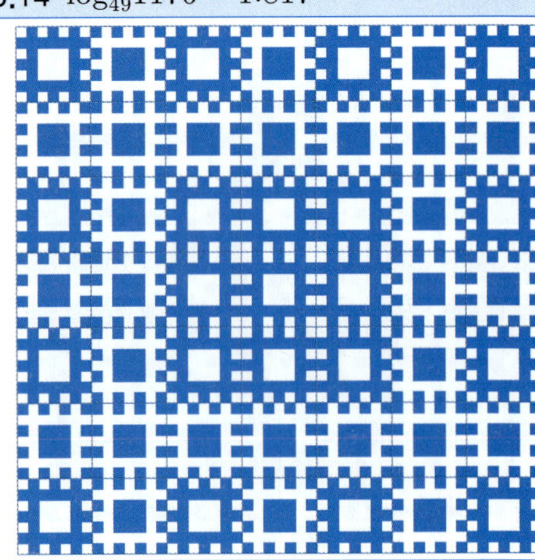

5.15 $\log_{49}1176 = 1.817$

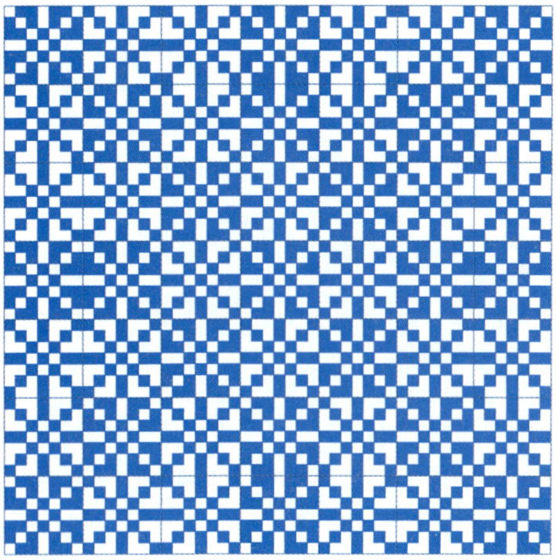

5.16 $\log_{49}1176 = 1.817$

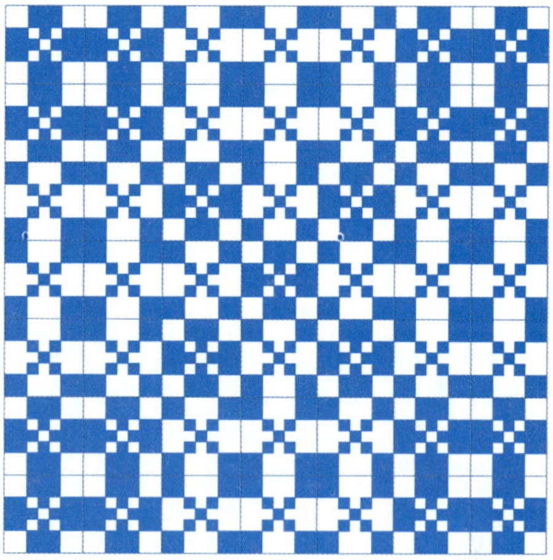

5.17 $\log_{49}1176 = 1.817$

5.18 $\log_{49}1200 = 1.822$

5.19 $\log_{49}1200 = 1.822$

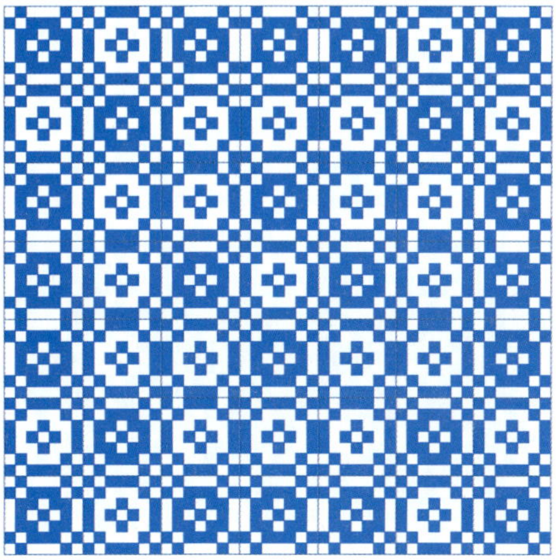

5.20 $\log_{49}1200 = 1.822$

5.21 $\log_{49}1200 = 1.822$

5.22 $\log_{49}1200 = 1.822$

5.23 $\log_{49}1200 = 1.822$

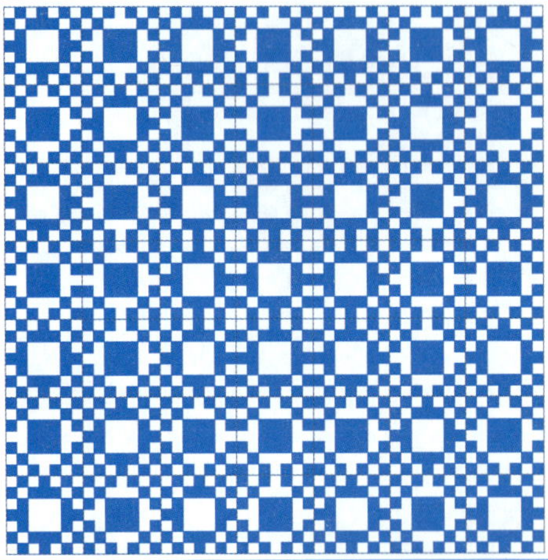

5.24 $\log_{49}1200 = 1.822$

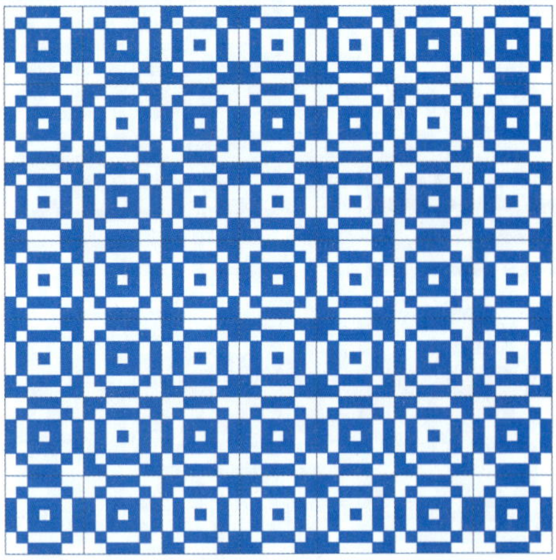

5.25 $\log_{49}1176 = 1.817$

5.26 $\log_{49}1176 = 1.817$

6.1 $\log_{64}480 = 1.484$

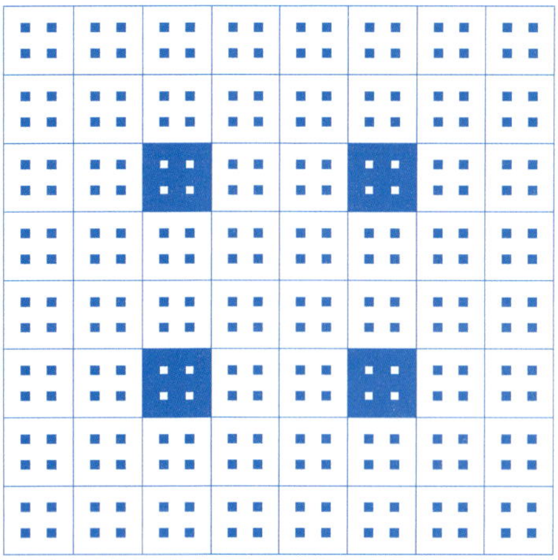

6.2 $\log_{64}896 = 1.635$

6.3 $\log_{64}1248 = 1.714$

6.4 $\log_{64}1536 = 1.764$

6.5 $\log_{64}1536 = 1.764$

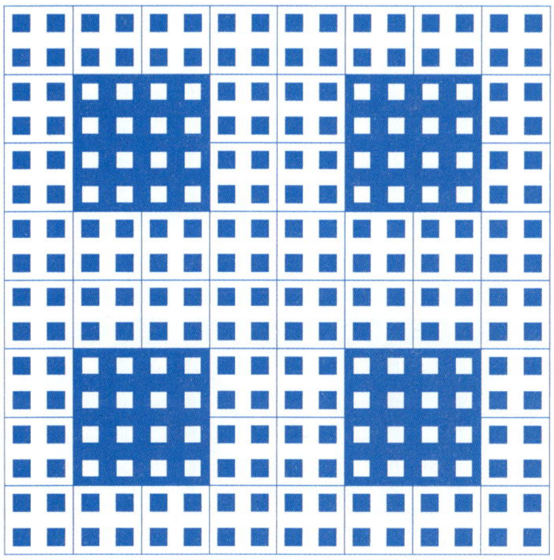

6.6 $\log_{64}1760 = 1.797$

6.7 $\log_{64}1760 = 1.797$

6.8 $\log_{64}1760 = 1.797$

6.9 $\log_{64}1760 = 1.797$

6.10 $\log_{64}1920 = 1.818$

6.11 $\log_{64}2016 = 1.83$

6.12 $\log_{64}2016 = 1.83$

6.13 $\log_{64}2106 = 1.83$

6.14 $\log_{64}2106 = 1.83$

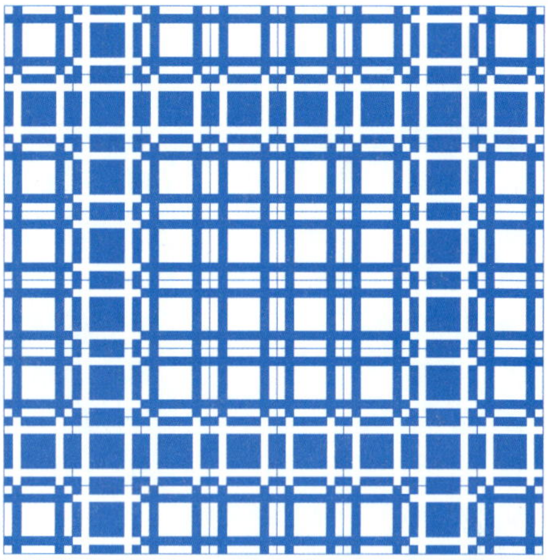

6.15 $\log_{64}2083 = 1.833$

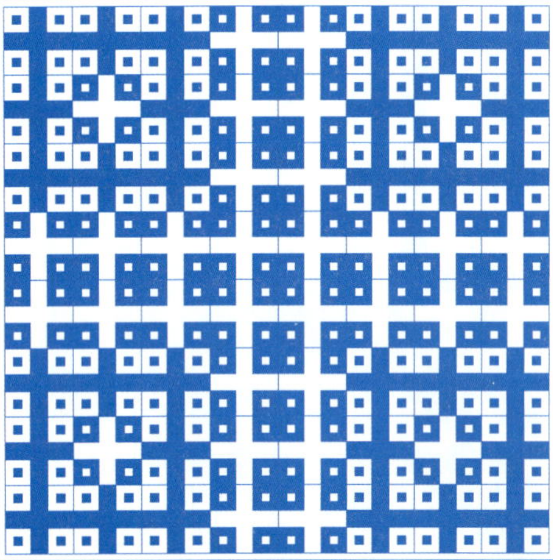

6.16 $\log_{64}2083 = 1.833$

6.17 $\log_{64}2016 = 1.83$

6.18 $\log_{64}1920 = 1.818$

5 숫자의 나머지에 색칠하기

1.1 셀 2개의 합을 구한 후 2로 나눌 때

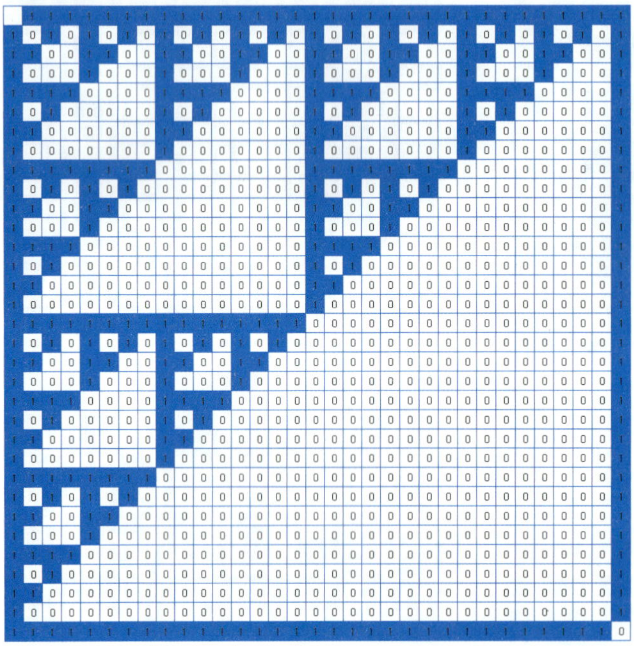

① 위쪽의 셀과 왼쪽의 셀의 합을 구한다.

② 구한 합을 2로 나눈다.

③ 나머지 1에 색칠한다.

1.2 셀 2개의 합을 구한 후 3으로 나눌 때

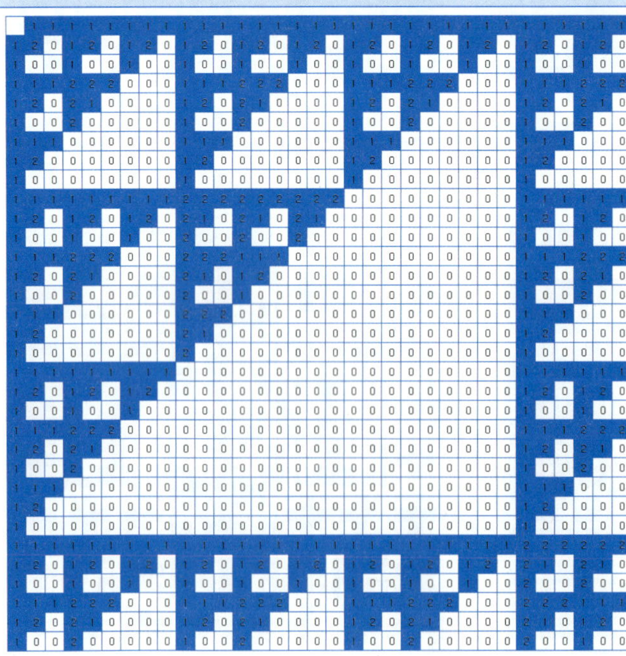

① 위쪽의 셀과 왼쪽의 셀의 합을 구한다.

② 구한 합을 3으로 나눈다.

③ 0보다 큰수에 색칠한다.

1.3 셀 2개의 합을 구한 후 5로 나눌 때

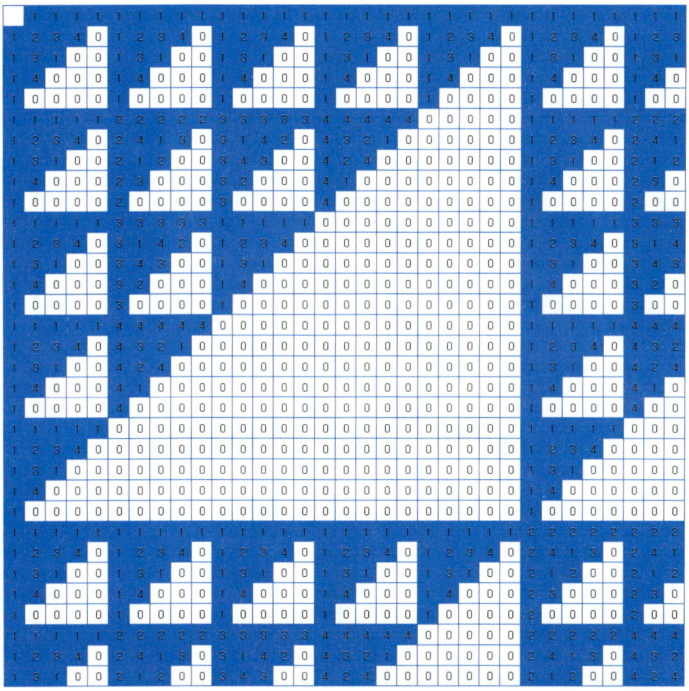

① 위쪽의 셀과 왼쪽의 셀의 합을 구한다.

② 구한 합을 5로 나눈다.

③ 0보다 큰 수에 색칠한다.

1.4 셀 2개의 합을 구한 후 7로 나눌 때

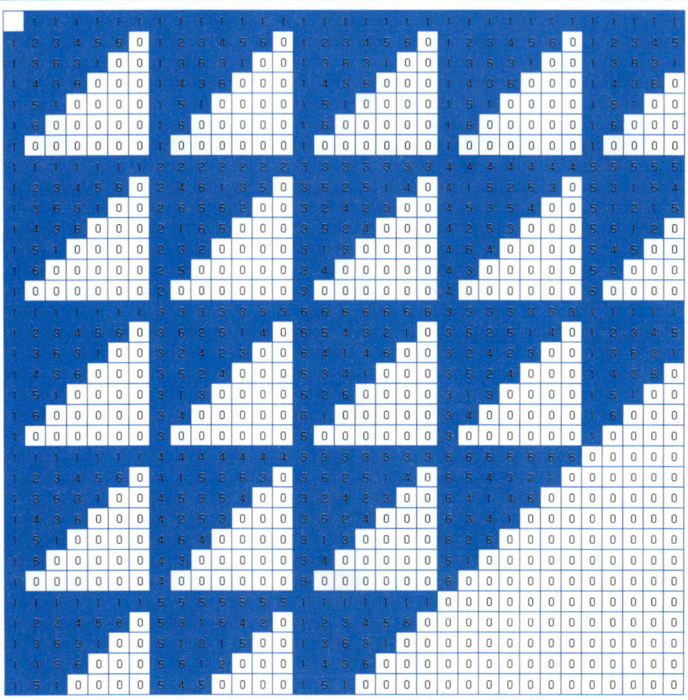

① 위쪽의 셀과 왼쪽의 셀의 합을 구한다.

② 구한 합을 7로 나눈다.

③ 0보다 큰 수에 색칠한다.

1.5 셀 2개의 합을 구한 후 2으로 나눌 때

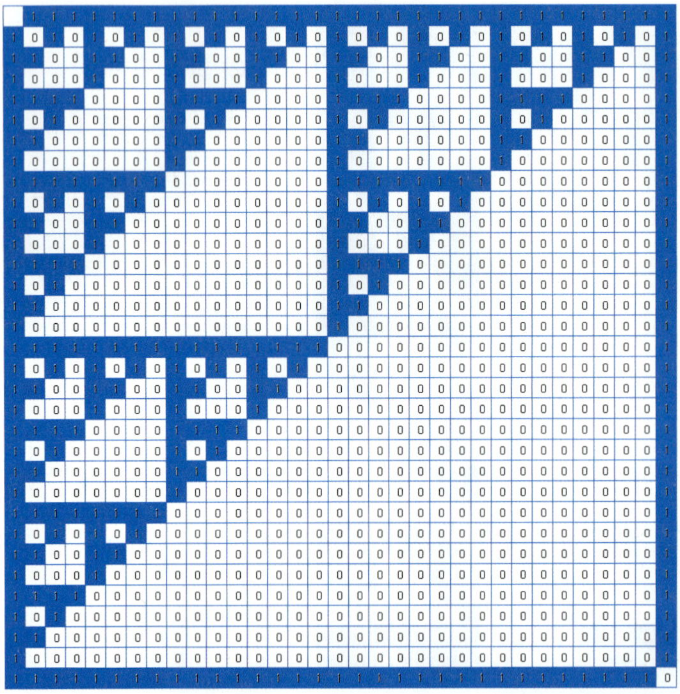

① 위쪽의 셀과 왼쪽의 셀의 합을 구한다. .

② 구한 합을 2로 나눈다.

③ 나머지 1에 색칠한다.

1.6 셀 2개의 합을 구한 후 3으로 나눌 때

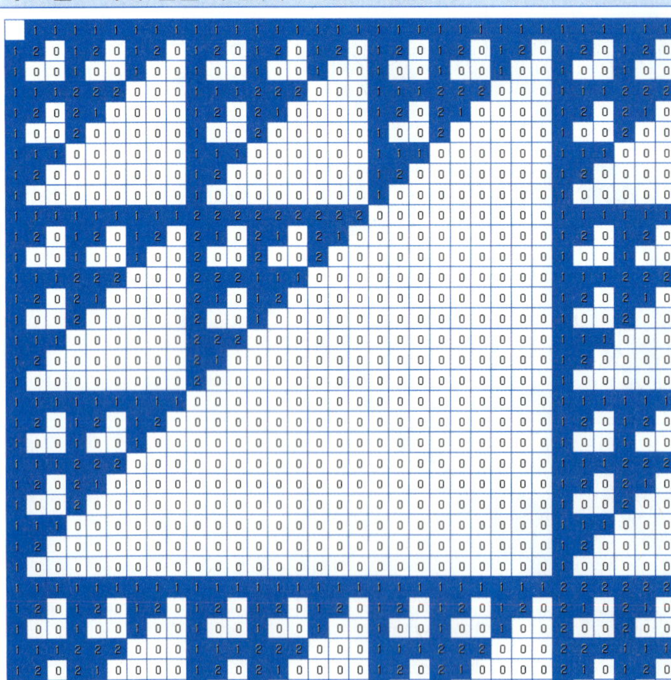

① 위쪽의 셀과 왼쪽의 셀의 합을 구한다.

② 구한 합을 3으로 나눈다.

③ 0보다 큰 수에 색칠한다.

1.7 셀 2개의 합을 구한 후 5로 나눌 때

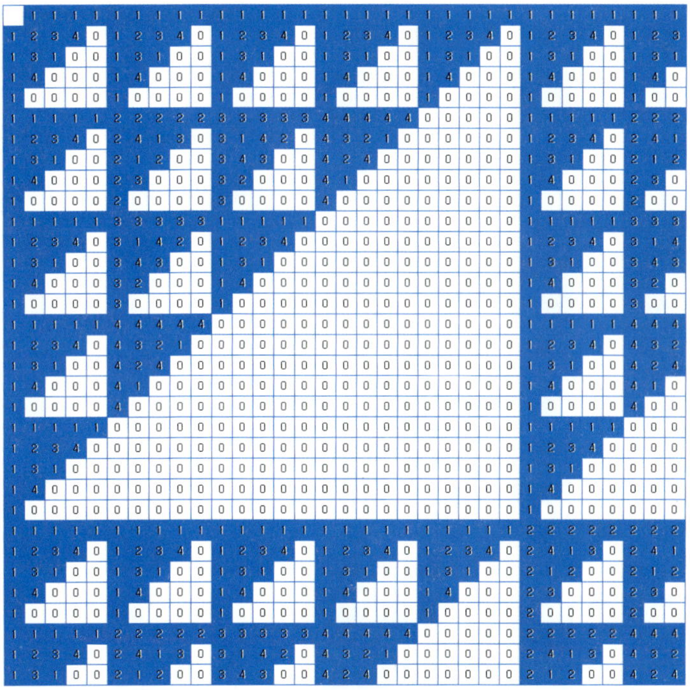

① 위쪽의 셀과 왼쪽의 셀의 합을 구한다.

② 구한 합을 5로 나눈다.

③ 0보다 큰 수에 색칠한다.

1.8 셀 2개의 합을 구한 후 7로 나눌 때

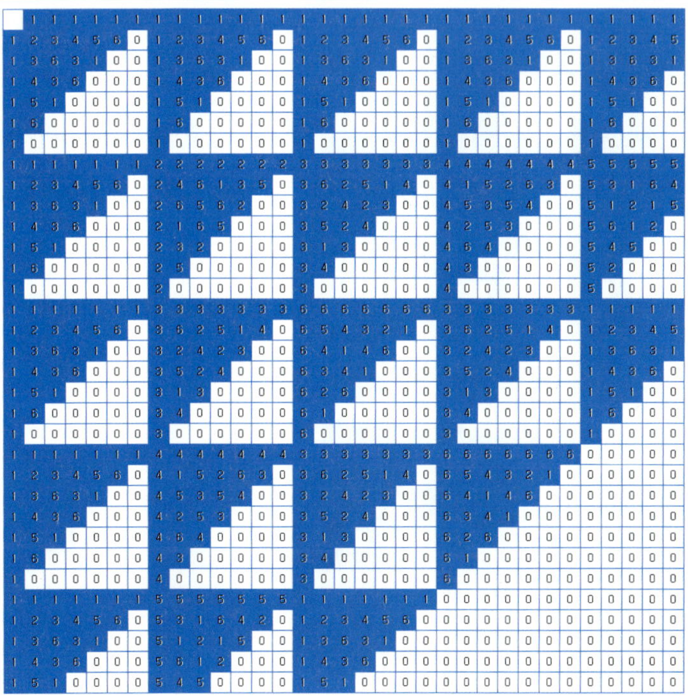

① 위쪽의 셀과 왼쪽의 셀의 합을 구한다.

② 구한 합을 7로 나눈다.

③ 0보다 큰 수에 색칠한다.

1.9 셀 3개의 합을 구한 후 3으로 나눌 때

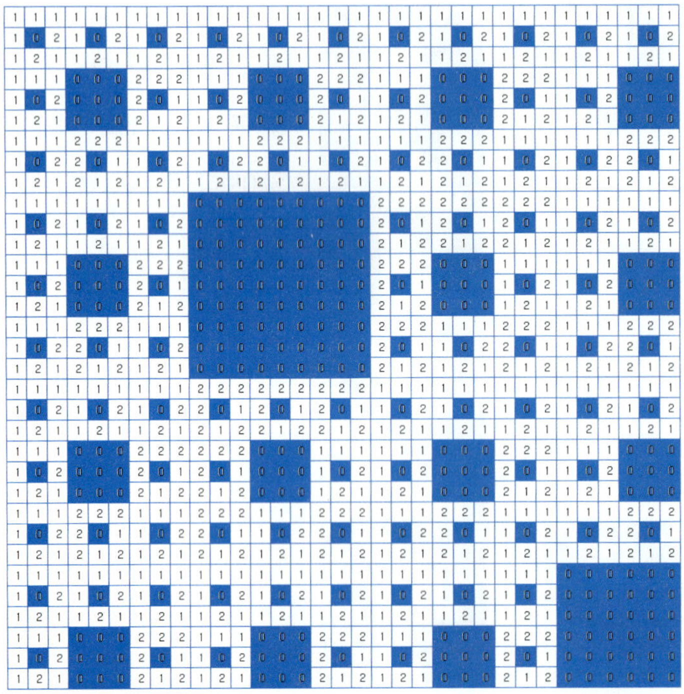

① (왼쪽)+(왼쪽위)+(위쪽) 셀 3개의 합을 구한다.

② 구한 합을 3으로 나눈다.

③ 나머지 0에 색칠한다.

1.10 셀 3개의 합을 구한 후 3으로 나눌 때

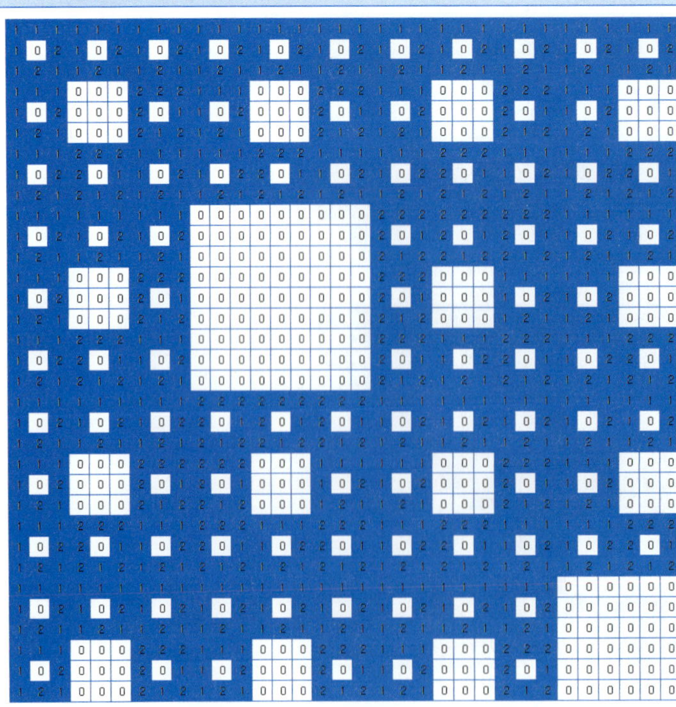

① (왼쪽)+(왼쪽위)+(위쪽) 셀 3개의 합을 구한다.

② 구한 합을 3으로 나눈다.

③ 0보다 큰 수에 색칠한다.

1.11 셀 3개의 합을 구한 후 5로 나눌 때

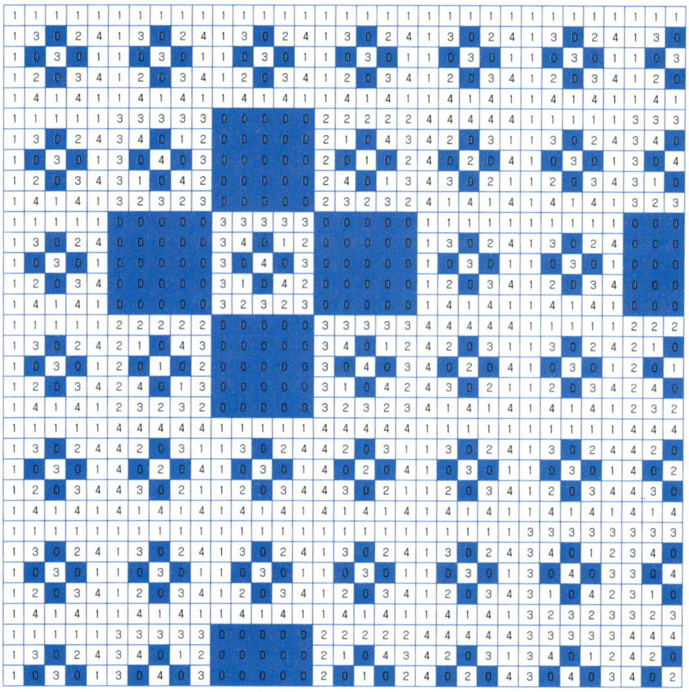

① (왼쪽)+(왼쪽위)+(위쪽) 셀 3개의 합을 구한다.

② 구한 합을 5로 나눈다.

③ 나머지 0에 색칠한다.

1.12 셀 3개의 합을 구한 후 5로 나눌 때

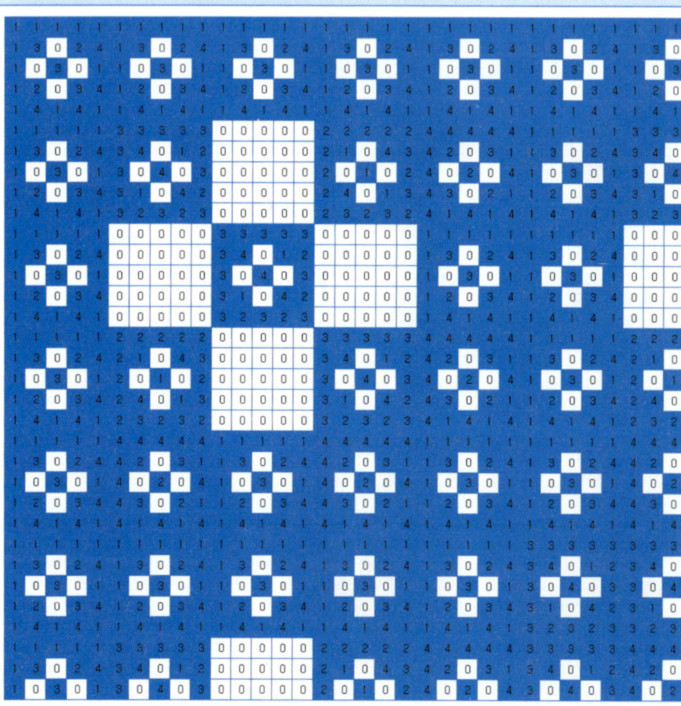

① (왼쪽)+(왼쪽위)+(위쪽) 셀 3개의 합을 구한다.

② 구한 합을 5로 나눈다.

③ 0보다 큰수에 색을 칠한다.

1.13 셀 3개의 합을 구한 후 7로 나눌 때

1	1	1	1	1	1	1	1	1	1	1	1	1	1	1	1	1	1	1	1	1	1	1	1	1	1	1	1	1	1	1	1	1
1	3	5	0	2	4	6	1	3	5	0	2	4	6	1	3	5	0	2	4	6	1	3	5	0	2	4	6	1	3	5	0	2
1	5	6	4	6	5	1	1	5	6	4	6	5	1	1	5	6	4	6	5	1	1	5	6	4	6	5	1	1	5	6	4	6
1	0	4	0	3	0	6	1	0	4	0	3	0	6	1	0	4	0	3	0	6	1	0	4	0	3	0	6	1	0	4	0	3
1	2	6	3	6	2	1	1	2	6	3	6	2	1	1	2	6	3	6	2	1	1	2	6	3	6	2	1	1	2	6	3	6
1	4	5	0	2	3	6	1	4	5	0	2	3	6	1	4	5	0	2	3	6	1	4	5	0	2	3	6	1	4	5	0	2
1	6	1	6	1	6	1	1	6	1	6	1	6	1	1	6	1	6	1	6	1	1	6	1	6	1	6	1	1	6	1	6	1
1	1	1	1	1	1	1	3	3	3	3	3	3	3	5	5	5	5	5	5	5	0	0	0	0	0	0	0	2	2	2	2	2
1	3	5	0	2	4	6	3	2	1	0	6	5	4	5	1	4	0	3	6	2	0	0	0	0	0	0	0	2	6	3	0	4
1	5	6	4	6	5	1	3	1	4	5	4	1	3	5	4	2	6	2	4	5	0	0	0	0	0	0	0	2	3	5	1	5
1	0	4	0	3	0	6	3	0	5	0	2	0	4	5	0	6	0	1	0	2	0	0	0	0	0	0	0	2	0	1	0	6
1	2	6	3	6	2	1	3	6	4	2	4	6	3	5	3	2	1	2	3	5	0	0	0	0	0	0	0	2	4	5	6	5
1	4	5	0	2	3	6	3	5	1	0	6	2	4	5	6	4	0	3	1	2	0	0	0	0	0	0	0	2	1	3	0	4
1	6	1	6	1	6	1	3	4	3	4	3	4	3	5	2	5	2	5	2	5	0	0	0	0	0	0	0	2	5	2	5	2
1	1	1	1	1	1	1	5	5	5	5	5	5	5	6	6	6	6	6	6	6	4	4	4	4	4	4	4	6	6	6	6	6
1	3	5	0	2	4	6	5	1	4	0	3	6	2	6	4	2	0	5	3	1	4	5	6	0	1	2	3	6	4	2	0	5
1	5	6	4	6	5	1	5	4	2	6	2	4	5	6	2	1	3	1	2	6	4	6	3	2	3	6	4	6	2	1	3	1
1	0	4	0	3	0	6	5	0	6	0	1	0	2	6	0	3	0	4	0	1	4	0	2	0	5	0	3	6	0	3	0	4
1	2	6	3	6	2	1	5	3	2	1	2	3	5	6	5	1	4	1	5	6	4	1	3	5	3	1	4	6	5	1	4	1
1	4	5	0	2	3	6	5	6	4	0	3	1	2	6	3	2	0	5	4	1	4	2	6	0	1	5	3	6	3	2	0	5
1	6	1	6	1	6	1	5	2	5	2	5	2	5	6	1	6	1	6	1	6	4	3	4	3	4	3	4	6	1	6	1	6
1	1	1	1	1	1	1	0	0	0	0	0	0	0	4	4	4	4	4	4	4	0	0	0	0	0	0	0	3	3	3	3	3
1	3	5	0	2	4	6	0	0	0	0	0	0	0	4	5	6	0	1	2	3	0	0	0	0	0	0	0	3	2	1	0	6
1	5	6	4	6	5	1	0	0	0	0	0	0	0	4	6	3	2	3	6	4	0	0	0	0	0	0	0	3	1	4	5	4
1	0	4	0	3	0	6	0	0	0	0	0	0	0	4	0	2	0	5	0	3	0	0	0	0	0	0	0	3	0	5	0	2
1	2	6	3	6	2	1	0	0	0	0	0	0	0	4	1	3	5	3	1	4	0	0	0	0	0	0	0	3	6	4	2	4
1	4	5	0	2	3	6	0	0	0	0	0	0	0	4	2	6	0	1	5	3	0	0	0	0	0	0	0	3	5	1	0	6
1	6	1	6	1	6	1	0	0	0	0	0	0	0	4	3	4	3	4	3	4	0	0	0	0	0	0	0	3	4	3	4	3
1	1	1	1	1	1	1	2	2	2	2	2	2	2	6	6	6	6	6	6	6	3	3	3	3	3	3	3	6	6	6	6	6
1	3	5	0	2	4	6	2	6	3	0	4	1	5	6	4	2	0	5	3	1	3	2	1	0	6	5	4	6	4	2	0	5
1	5	6	4	6	5	1	2	3	5	1	5	3	2	6	2	1	3	1	2	6	3	1	4	5	4	1	3	6	2	1	3	1
1	0	4	0	3	0	6	2	0	1	0	6	0	5	6	0	3	0	4	0	1	3	0	5	0	2	0	4	6	0	3	0	4
1	2	6	3	6	2	1	2	4	5	6	5	4	2	6	5	1	4	1	5	6	3	6	4	2	4	6	3	6	5	1	4	1

① (왼쪽)+(왼쪽위)+(위쪽) 셀 3개의 합을 구한다.

② 구한 합을 7로 나눈다.

③ 나머지 0에 색칠한다.

1.14 셀 3개의 합을 구한 후 7로 나눌 때

1	1	1	1	1	1	1	1	1	1	1	1	1	1	1	1	1	1	1	1	1	1	1	1	1	1	1	1	1	1	1	1	1
1	3	5	0	2	4	6	1	3	5	0	2	4	6	1	3	5	0	2	4	6	1	3	5	0	2	4	6	1	3	5	0	2
1	5	6	4	6	5	1	1	5	6	4	6	5	1	1	5	6	4	6	5	1	1	5	6	4	6	5	1	1	5	6	4	6
1	0	4	0	3	0	6	1	0	4	0	3	0	6	1	0	4	0	3	0	6	1	0	4	0	3	0	6	1	0	4	0	3
1	2	6	3	6	2	1	1	2	6	3	6	2	1	1	2	6	3	6	2	1	1	2	6	3	6	2	1	1	2	6	3	6
1	4	5	0	2	3	6	1	4	5	0	2	3	6	1	4	5	0	2	3	6	1	4	5	0	2	3	6	1	4	5	0	2
1	6	1	6	1	6	1	1	6	1	6	1	6	1	1	6	1	6	1	6	1	1	6	1	6	1	6	1	1	6	1	6	1
1	1	1	1	1	1	1	3	3	3	3	3	3	3	5	5	5	5	5	5	5	0	0	0	0	0	0	0	2	2	2	2	2
1	3	5	0	2	4	6	3	2	1	0	6	5	4	5	1	4	0	3	6	2	0	0	0	0	0	0	0	2	6	3	0	4
1	5	6	4	6	5	1	3	1	4	5	4	1	3	5	4	2	6	2	4	5	0	0	0	0	0	0	0	2	3	5	1	5
1	0	4	0	3	0	6	3	0	5	0	2	0	4	5	0	6	0	1	0	2	0	0	0	0	0	0	0	2	0	1	0	6
1	2	6	3	6	2	1	3	6	4	2	4	6	3	5	3	2	1	2	3	5	0	0	0	0	0	0	0	2	4	5	6	5
1	4	5	0	2	3	6	3	5	1	0	6	2	4	5	6	4	0	3	1	2	0	0	0	0	0	0	0	2	1	3	0	4
1	6	1	6	1	6	1	3	4	3	4	3	4	3	5	2	5	2	5	2	5	0	0	0	0	0	0	0	2	5	2	5	2
1	1	1	1	1	1	1	5	5	5	5	5	5	5	6	6	6	6	6	6	6	4	4	4	4	4	4	4	6	6	6	6	6
1	3	5	0	2	4	6	5	1	4	0	3	6	2	6	4	2	0	5	3	1	4	5	6	0	1	2	3	6	4	2	0	5
1	5	6	4	6	5	1	5	4	2	6	2	4	5	6	2	1	3	1	2	6	4	6	3	2	3	6	4	6	2	1	3	1
1	0	4	0	3	0	6	5	0	6	0	1	0	2	6	0	3	0	4	0	1	4	0	2	0	5	0	3	6	0	3	0	4
1	2	6	3	6	2	1	5	3	2	1	2	3	5	6	5	1	4	1	5	6	4	1	3	5	3	1	4	6	5	1	4	1
1	4	5	0	2	3	6	5	6	4	0	3	1	2	6	3	2	0	5	4	1	4	2	6	0	1	5	3	6	3	2	0	5
1	6	1	6	1	6	1	5	2	5	2	5	2	5	6	1	6	1	6	1	6	4	3	4	3	4	3	4	6	1	6	1	6
1	1	1	1	1	1	1	0	0	0	0	0	0	0	4	4	4	4	4	4	4	0	0	0	0	0	0	0	3	3	3	3	3
1	3	5	0	2	4	6	0	0	0	0	0	0	0	4	5	6	0	1	2	3	0	0	0	0	0	0	0	3	2	1	0	6
1	5	6	4	6	5	1	0	0	0	0	0	0	0	4	6	3	2	3	6	4	0	0	0	0	0	0	0	3	1	4	5	4
1	0	4	0	3	0	6	0	0	0	0	0	0	0	4	0	2	0	5	0	3	0	0	0	0	0	0	0	3	0	5	0	2
1	2	6	3	6	2	1	0	0	0	0	0	0	0	4	1	3	5	3	1	4	0	0	0	0	0	0	0	3	6	4	2	4
1	4	5	0	2	3	6	0	0	0	0	0	0	0	4	2	6	0	1	5	3	0	0	0	0	0	0	0	3	5	1	0	6
1	6	1	6	1	6	1	0	0	0	0	0	0	0	4	3	4	3	4	3	4	0	0	0	0	0	0	0	3	4	3	4	3
1	1	1	1	1	1	1	2	2	2	2	2	2	2	6	6	6	6	6	6	6	3	3	3	3	3	3	3	6	6	6	6	6
1	3	5	0	2	4	6	2	6	3	0	4	1	5	6	4	2	0	5	3	1	3	2	1	0	6	5	4	6	4	2	0	5
1	5	6	4	6	5	1	2	3	5	1	5	3	2	6	2	1	3	1	2	6	3	1	4	5	4	1	3	6	2	1	3	1
1	0	4	0	3	0	6	2	0	1	0	6	0	5	6	0	3	0	4	0	1	3	0	5	0	2	0	4	6	0	3	0	4
1	2	6	3	6	2	1	2	4	5	6	5	4	2	6	5	1	4	1	5	6	3	6	4	2	4	6	3	6	5	1	4	1

① (왼쪽)+(왼쪽위)+(위쪽) 셀 3개의 합을 구한다.

② 구한 합을 7로 나눈다.

③ 나머지 0보다 큰수에 색칠한다.

1.15 셀 3개의 합을 구한 후 9로 나눌 때

1	1	1	1	1	1	1	1	1	1	1	1	1	1	1	1	1	1	1	1	1	1	1	1	1	1	1	1	1	1	1	1	1
1	3	5	7	0	2	4	6	8	1	3	5	7	0	2	4	6	8	1	3	5	7	0	2	4	6	8	1	3	5	7	0	2
1	5	4	7	5	7	4	5	1	1	5	4	7	5	7	4	5	1	1	5	4	7	5	7	4	5	1	1	5	4	7	5	7
1	7	7	0	3	6	8	8	5	7	4	4	6	0	3	5	5	2	4	1	1	3	6	0	2	2	8	1	7	7	0	3	6
1	0	5	3	6	6	2	0	4	7	0	8	0	6	0	8	0	7	4	0	2	6	6	3	5	0	1	1	0	5	3	6	6
1	2	7	6	6	0	8	1	5	7	5	4	3	0	6	5	4	2	4	8	1	0	3	3	2	7	8	1	2	7	6	6	0
1	4	4	8	2	8	7	7	4	7	1	1	8	2	8	1	1	7	4	7	7	8	2	8	4	4	1	1	4	4	8	2	8
1	6	5	8	0	1	7	3	5	7	6	8	8	0	1	1	3	2	4	6	2	8	0	1	4	3	8	1	6	5	8	0	1
1	8	1	5	4	5	4	5	4	7	2	7	5	4	5	7	2	7	4	5	4	5	4	5	1	8	1	1	8	1	5	4	5
1	1	1	7	7	7	7	7	7	0	0	0	3	3	3	6	6	6	8	8	8	8	8	8	5	5	5	7	7	7	4	4	4
1	3	5	4	0	5	1	6	2	0	0	0	3	0	6	6	0	3	8	6	4	2	0	7	2	3	4	7	3	8	1	0	8
1	5	4	4	8	4	1	8	7	0	0	0	3	6	3	6	3	6	8	4	5	2	4	2	2	7	5	7	8	1	1	2	1
1	7	7	6	0	3	8	8	5	3	3	3	6	6	6	6	6	6	2	5	5	3	0	6	1	1	4	7	4	4	6	0	3
1	0	5	0	6	0	2	0	4	3	0	6	6	0	3	6	0	3	2	0	1	0	3	0	7	0	5	7	0	8	0	6	0
1	2	7	3	0	6	8	1	5	3	6	3	6	3	6	6	3	6	2	4	5	6	0	3	1	8	4	7	5	4	3	0	6
1	4	4	5	8	5	1	1	7	6	6	6	6	6	6	0	0	0	8	5	5	7	4	7	2	2	5	7	1	1	8	2	8
1	6	5	5	0	4	1	3	2	6	0	3	6	0	3	0	0	0	8	3	4	7	0	2	2	6	4	7	6	8	8	0	1
1	8	1	2	7	2	7	2	7	6	3	6	6	3	6	0	0	0	8	1	8	1	8	1	5	4	5	7	2	7	5	4	5
1	1	1	4	4	4	4	4	4	8	8	8	2	2	2	8	8	8	7	7	7	7	7	7	4	4	4	7	7	7	1	1	1
1	3	5	1	0	8	7	6	5	8	6	4	5	0	4	5	3	1	7	3	8	4	0	5	7	6	5	7	3	8	7	0	2
1	5	4	1	2	1	7	2	4	8	4	5	5	1	5	5	4	8	7	8	1	4	8	4	7	2	4	7	8	1	7	5	7
1	7	7	3	6	0	8	8	5	8	2	2	3	0	6	7	7	1	7	4	4	0	3	6	8	8	5	7	4	4	3	6	0
1	0	5	6	6	3	2	0	4	8	0	4	0	3	0	4	0	8	7	0	8	3	6	6	2	0	4	7	0	8	6	6	3
1	2	7	0	3	3	8	1	5	8	7	2	6	0	3	7	2	1	7	5	4	6	6	0	8	1	5	7	5	4	0	3	3
1	4	4	2	5	2	4	4	1	5	2	2	1	7	1	2	2	5	4	7	7	8	2	8	7	7	4	7	1	1	5	8	5
1	6	5	2	0	7	4	3	8	5	3	7	1	0	8	2	6	4	4	6	2	8	0	1	7	3	5	7	6	8	5	0	4
1	8	1	8	1	8	1	8	1	5	4	5	4	5	4	5	4	5	4	5	4	5	4	5	4	5	4	7	2	7	2	7	2
1	1	1	1	1	1	1	1	1	7	7	7	7	7	7	7	7	7	7	7	7	7	7	7	7	7	7	0	0	0	0	0	0
1	3	5	7	0	2	4	6	8	7	3	8	4	0	5	1	6	2	7	3	8	4	0	5	1	6	2	0	0	0	0	0	0
1	5	4	7	5	7	4	5	1	7	8	1	4	8	4	1	8	7	7	8	1	4	8	4	1	8	7	0	0	0	0	0	0
1	7	7	0	3	6	8	8	5	4	1	1	6	0	3	8	8	5	1	7	7	3	6	0	5	5	2	0	0	0	0	0	0
1	0	5	3	6	6	2	0	4	4	0	2	0	6	0	2	0	4	1	0	5	6	6	3	8	0	7	0	0	0	0	0	0
1	2	7	6	6	0	8	1	5	4	8	1	3	0	6	8	1	5	1	2	7	0	3	3	5	4	2	0	0	0	0	0	0

① (왼쪽)+(왼쪽위)+(위쪽) 셀 3개의 합을 구한다.

② 구한 합을 9로 나눈다.

③ 나머지 0에 색칠한다.

1.16 셀 3개의 합을 구한 후 12로 나누고, 나머지3

1	1	1	1	1	1	1	1	1	1	1	1	1	1	1	1	1	1	1	1	1	1	1	1	1	1	1	1	1	1	1	1	1
1	3	5	7	9	11	1	3	5	7	9	11	1	3	5	7	9	11	1	3	5	7	9	11	1	3	5	7	9	11	1	3	5
1	5	1	1	5	1	1	5	1	1	5	1	1	5	1	1	5	1	1	5	1	1	5	1	1	5	1	1	5	1	1	5	1
1	7	1	3	9	3	5	11	5	7	1	7	9	3	9	11	5	11	1	7	1	3	9	3	5	11	5	7	1	7	9	3	9
1	9	5	9	9	9	5	9	1	1	9	5	9	9	9	5	9	1	1	9	5	9	9	9	5	9	1	1	9	5	9	9	9
1	11	1	3	9	3	5	7	5	7	5	7	9	3	9	11	1	11	1	11	1	3	9	3	5	7	5	7	5	7	9	3	9
1	1	1	5	5	5	1	1	1	1	1	1	5	5	5	1	1	1	1	1	1	5	5	5	1	1	1	1	1	1	5	5	5
1	3	5	11	9	7	1	3	5	7	9	11	5	3	1	7	9	11	1	3	5	11	9	7	1	3	5	7	9	11	5	3	1
1	5	1	5	1	5	1	5	1	1	5	1	5	1	5	1	5	1	1	5	1	5	1	5	1	5	1	1	5	1	5	1	5
1	7	1	7	1	7	1	7	1	3	9	3	9	3	9	3	9	3	5	11	5	11	5	11	5	11	5	7	1	7	1	7	1
1	9	5	1	9	5	1	9	5	9	9	9	9	9	9	9	9	9	5	9	1	5	9	1	5	9	1	1	9	5	1	9	5
1	11	1	7	5	7	1	11	1	3	9	3	9	3	9	3	9	3	5	7	5	11	1	11	5	7	5	7	5	7	1	11	1
1	1	1	9	9	9	5	5	5	9	9	9	9	9	9	9	9	9	5	5	5	9	9	9	1	1	1	1	1	1	9	9	9
1	3	5	3	9	3	5	3	1	3	9	3	9	3	9	3	9	3	5	3	1	3	9	3	1	3	5	7	9	11	9	3	9
1	5	1	9	9	9	5	1	5	9	9	9	9	9	9	9	9	9	5	1	5	9	9	9	1	5	1	1	5	1	9	9	9
1	7	1	11	5	11	1	7	1	3	9	3	9	3	9	3	9	3	5	11	5	7	1	7	5	11	5	7	1	7	5	11	5
1	9	5	5	9	1	1	9	5	9	9	9	9	9	9	9	9	9	5	9	1	1	9	5	5	9	1	1	9	5	5	9	1
1	11	1	11	1	11	1	11	1	3	9	3	9	3	9	3	9	3	5	7	5	7	5	7	5	7	5	7	5	7	5	7	5
1	1	1	1	1	1	1	1	1	5	5	5	5	5	5	5	5	5	1	1	1	1	1	1	1	1	1	1	1	1	1	1	1
1	3	5	7	9	11	1	3	5	11	9	7	5	3	1	11	9	7	1	3	5	7	9	11	1	3	5	7	9	11	1	3	5
1	5	1	1	5	1	1	5	1	5	1	5	5	1	5	5	1	5	1	5	1	1	5	1	1	5	1	1	5	1	1	5	1
1	7	1	3	9	3	5	11	5	11	5	11	9	3	9	7	1	7	1	7	1	3	9	3	5	11	5	7	1	7	9	3	9
1	9	5	9	9	9	5	9	1	5	9	1	9	9	9	1	9	5	1	9	5	9	9	9	5	9	1	1	9	5	9	9	9
1	11	1	3	9	3	5	7	5	11	1	11	9	3	9	7	5	7	1	11	1	3	9	3	5	7	5	7	5	7	9	3	9
1	1	1	5	5	5	1	1	1	5	5	5	1	1	1	5	5	5	1	1	1	5	5	5	1	1	1	1	1	1	5	5	5
1	3	5	11	9	7	1	3	5	11	9	7	1	3	5	11	9	7	1	3	5	11	9	7	1	3	5	7	9	11	5	3	1
1	5	1	5	1	5	1	5	1	5	1	5	1	5	1	5	1	5	1	5	1	5	1	5	1	5	1	1	5	1	5	1	5
1	7	1	7	1	7	1	7	1	7	1	7	1	7	1	7	1	7	1	7	1	7	1	7	1	7	1	3	9	3	9	3	9
1	9	5	1	9	5	1	9	5	1	9	5	1	9	5	1	9	5	1	9	5	1	9	5	1	9	5	9	9	9	9	9	9
1	11	1	7	5	7	1	11	1	7	5	7	1	11	1	7	5	7	1	11	1	7	5	7	1	11	1	3	9	3	9	3	9
1	1	1	9	9	9	5	5	5	1	1	1	9	9	9	5	5	5	1	1	1	9	9	9	5	5	5	9	9	9	9	9	9
1	3	5	3	9	3	5	3	1	7	9	11	9	3	9	11	9	7	1	3	5	3	9	3	5	3	1	3	9	3	9	3	9
1	5	1	9	9	9	5	1	5	1	5	1	9	9	9	5	1	5	1	5	1	9	9	9	5	1	5	9	9	9	9	9	9

① (왼쪽)+(왼쪽위)+(위쪽) 셀 3개의 합을 구한다.

② 구한 합을 12로 나눈다.

③ 나머지 3에 색칠한다

1.17 셀 3개의 합을 구한 후 12로 나누고, 초기치0, 나머지0

0	1	1	1	1	1	1	1	1	1	1	1	1	1	1	1	1	1	1	1	1	1	1	1	1	1	1	1	1	1	1	1	1
1	2	4	6	8	10	0	2	4	6	8	10	0	2	4	6	8	10	0	2	4	6	8	10	0	2	4	6	8	10	0	2	4
1	4	10	8	10	4	2	4	10	8	10	4	2	4	10	8	10	4	2	4	10	8	10	4	2	4	10	8	10	4	2	4	10
1	6	8	2	8	10	4	10	0	6	0	2	8	2	4	10	4	6	0	6	8	2	8	10	4	10	0	6	0	2	8	2	4
1	8	10	8	6	0	2	4	2	8	2	4	2	0	6	8	10	8	2	8	10	8	6	0	2	4	2	8	2	4	2	0	6
1	10	4	10	0	6	8	2	8	6	4	10	4	6	0	2	8	2	0	10	4	10	0	6	8	2	8	6	4	10	4	6	0
1	0	2	4	2	8	10	8	6	8	6	8	10	8	2	4	2	0	2	0	2	4	2	8	10	8	6	8	6	8	10	8	2
1	2	4	10	4	2	8	2	4	6	8	10	4	10	8	2	8	10	0	2	4	10	4	2	8	2	4	6	8	10	4	10	8
1	4	10	0	2	8	6	4	10	8	10	4	6	8	2	0	10	4	2	4	10	0	2	8	6	4	10	8	10	4	6	8	2
1	6	8	6	8	6	8	6	8	2	8	10	8	10	8	10	8	10	4	10	0	10	0	10	0	10	0	6	0	2	0	2	0
1	8	10	0	2	4	6	8	10	8	6	0	6	0	6	0	6	0	2	4	2	0	10	8	6	4	2	8	2	4	6	8	10
1	10	4	2	4	10	8	10	4	10	0	6	0	6	0	6	0	6	8	2	8	10	8	2	4	2	8	6	4	10	8	10	4
1	0	2	8	2	4	10	4	6	8	6	0	6	0	6	0	6	0	2	0	10	4	10	8	2	8	6	8	6	8	2	8	10
1	2	4	2	0	6	8	10	8	10	0	6	0	6	0	6	0	6	8	10	8	10	0	6	4	2	4	6	8	10	8	6	0
1	4	10	4	6	0	2	8	2	8	6	0	6	0	6	0	6	0	2	8	2	8	6	0	10	4	10	8	10	4	10	0	6
1	6	8	10	8	2	4	2	0	10	0	6	0	6	0	6	0	6	8	6	4	2	4	10	8	10	0	6	0	2	4	2	8
1	8	10	4	10	8	2	8	10	8	6	0	6	0	6	0	6	0	2	4	2	8	2	4	10	4	2	8	2	4	10	4	2
1	10	4	6	8	2	0	10	4	10	0	6	0	6	0	6	0	6	8	2	8	6	4	10	0	2	8	6	4	10	0	2	8
1	0	2	0	2	0	2	0	2	4	2	8	2	8	2	8	2	8	10	8	6	8	6	8	6	8	6	8	6	8	6	8	6
1	2	4	6	8	10	0	2	4	10	4	2	0	10	8	6	4	2	8	2	4	6	8	10	0	2	4	6	8	10	0	2	4
1	4	10	8	10	4	2	4	10	0	2	8	10	8	2	4	2	8	6	4	10	8	10	4	2	4	10	8	10	4	2	4	10
1	6	8	2	8	10	4	10	0	10	0	10	4	10	8	2	8	6	8	6	8	2	8	10	4	10	0	6	0	2	8	2	4
1	8	10	8	6	0	2	4	2	0	10	8	10	0	6	4	2	4	6	8	10	8	6	0	2	4	2	8	2	4	2	0	6
1	10	4	10	0	6	8	2	8	10	8	2	8	6	0	10	4	10	8	10	4	10	0	6	8	2	8	6	4	10	4	6	0
1	0	2	4	2	8	10	8	6	0	6	4	2	4	10	8	10	0	6	0	2	4	2	8	10	8	6	8	6	8	10	8	2
1	2	4	10	4	2	8	2	4	10	4	2	8	2	4	10	4	2	8	2	4	10	4	2	8	2	4	6	8	10	4	10	8
1	4	10	0	2	8	6	4	10	0	2	8	6	4	10	0	2	8	6	4	10	0	2	8	6	4	10	8	10	4	6	8	2
1	6	8	6	8	6	8	6	8	6	8	6	8	6	8	6	8	6	8	6	8	6	8	6	8	6	8	2	8	10	8	10	8
1	8	10	0	2	4	6	8	10	0	2	4	6	8	10	0	2	4	6	8	10	0	2	4	6	8	10	8	6	0	6	0	6
1	10	4	2	4	10	8	10	4	2	4	10	8	10	4	2	4	10	8	10	4	2	4	10	8	10	4	10	0	6	0	6	0
1	0	2	8	2	4	10	4	6	0	6	8	2	8	10	4	10	0	6	0	2	8	2	4	10	4	6	8	6	0	6	0	6
1	2	4	2	0	6	8	10	8	2	8	10	8	6	0	2	4	2	8	2	4	2	0	6	8	10	8	10	0	6	0	6	0
1	4	10	4	6	0	2	8	2	0	10	4	10	0	6	8	2	8	6	4	10	4	6	0	2	8	2	8	6	0	6	0	6

① (왼쪽)+(왼쪽위)+(위쪽) 셀 3개의 합을 구한다.

② 12로 나눈다.

③ 왼쪽 맨위의 수는 0이다.

④ 나머지 0에 색칠한다.

1.18 셀 3개의 합을 구한 후 12로 나누고, 초기치 6, 나머지 0

6	1	1	1	1	1	1	1	1	1	1	1	1	1	1	1	1	1	1	1	1	1	1	1	1	1	1	1	1	1	1	1	1
1	8	10	0	2	4	6	8	10	0	2	4	6	8	10	0	2	4	6	8	10	0	2	4	6	8	10	0	2	4	6	8	10
1	10	4	2	4	10	8	10	4	2	4	10	8	10	4	2	4	10	8	10	4	2	4	10	8	10	4	2	4	10	8	10	4
1	0	2	8	2	4	10	4	6	0	6	8	2	8	10	4	10	0	6	0	2	8	2	4	10	4	6	0	6	8	2	8	10
1	2	4	2	0	6	8	10	8	2	8	10	8	6	0	2	4	2	8	2	4	2	0	6	8	10	8	2	8	10	8	6	0
1	4	10	4	6	0	2	8	2	0	10	4	10	0	6	8	2	8	6	4	10	4	6	0	2	8	2	0	10	4	10	0	6
1	6	8	10	8	2	4	2	0	2	0	2	4	2	8	10	8	6	8	6	8	10	8	2	4	2	0	2	0	2	4	2	8
1	8	10	4	10	8	2	8	10	0	2	4	10	4	2	8	2	4	6	8	10	4	10	8	2	8	10	0	2	4	10	4	2
1	10	4	6	8	2	0	10	4	2	4	10	0	2	8	6	4	10	8	10	4	6	8	2	0	10	4	2	4	10	0	2	8
1	0	2	0	2	0	2	0	2	8	2	4	2	4	2	4	2	4	10	4	6	4	6	4	6	4	6	0	6	8	6	8	6
1	2	4	6	8	10	0	2	4	2	0	6	0	6	0	6	0	6	8	10	8	6	4	2	0	10	8	2	8	10	0	2	4
1	4	10	8	10	4	2	4	10	4	6	0	6	0	6	0	6	0	2	8	2	4	2	8	10	8	2	0	10	4	2	4	10
1	6	8	2	8	10	4	10	0	2	0	6	0	6	0	6	0	6	8	6	4	10	4	2	8	2	0	2	0	2	8	2	4
1	8	10	8	6	0	2	4	2	4	6	0	6	0	6	0	6	0	2	4	2	4	6	0	10	8	10	0	2	4	2	0	6
1	10	4	10	0	6	8	2	8	2	0	6	0	6	0	6	0	6	8	2	8	2	0	6	4	10	4	2	4	10	4	6	0
1	0	2	4	2	8	10	8	6	4	6	0	6	0	6	0	6	0	2	0	10	8	10	4	2	4	6	0	6	8	10	8	2
1	2	4	10	4	2	8	2	4	2	0	6	0	6	0	6	0	6	8	10	8	2	8	10	4	10	8	2	8	10	4	10	8
1	4	10	0	2	8	6	4	10	4	6	0	6	0	6	0	6	0	2	8	2	0	10	4	6	8	2	0	10	4	6	8	2
1	6	8	6	8	6	8	6	8	10	8	2	8	2	8	2	8	2	4	2	0	2	0	2	0	2	0	2	0	2	0	2	0
1	8	10	0	2	4	6	8	10	4	10	8	6	4	2	0	10	8	2	8	10	0	2	4	6	8	10	0	2	4	6	8	10
1	10	4	2	4	10	8	10	4	6	8	2	4	2	8	10	8	2	0	10	4	2	4	10	8	10	4	2	4	10	8	10	4
1	0	2	8	2	4	10	4	6	4	6	4	10	4	2	8	2	0	2	0	2	8	2	4	10	4	6	0	6	8	2	8	10
1	2	4	2	0	6	8	10	8	6	4	2	4	6	0	10	8	10	0	2	4	2	0	6	8	10	8	2	8	10	8	6	0
1	4	10	4	6	0	2	8	2	4	2	8	2	0	6	4	10	4	2	4	10	4	6	0	2	8	2	0	10	4	10	0	6
1	6	8	10	8	2	4	2	0	6	0	10	8	10	4	2	4	6	0	6	8	10	8	2	4	2	0	2	0	2	4	2	8
1	8	10	4	10	8	2	8	10	4	10	8	2	8	10	4	10	8	2	8	10	4	10	8	2	8	10	0	2	4	10	4	2
1	10	4	6	8	2	0	10	4	6	8	2	0	10	4	6	8	2	0	10	4	6	8	2	0	10	4	2	4	10	0	2	8
1	0	2	0	2	0	2	0	2	0	2	0	2	0	2	0	2	0	2	0	2	0	2	0	2	0	2	8	2	4	2	4	2
1	2	4	6	8	10	0	2	4	6	8	10	0	2	4	6	8	10	0	2	4	6	8	10	0	2	4	2	0	6	0	6	0
1	4	10	8	10	4	2	4	10	8	10	4	2	4	10	8	10	4	2	4	10	8	10	4	2	4	10	4	6	0	6	0	6
1	6	8	2	8	10	4	10	0	6	0	2	8	2	4	10	4	6	0	6	8	2	8	10	4	10	0	2	0	6	0	6	0
1	8	10	8	6	0	2	4	2	8	2	4	2	0	6	8	10	8	2	8	10	8	6	0	2	4	2	4	6	0	6	0	6
1	10	4	10	0	6	8	2	8	6	4	10	4	6	0	2	8	2	0	10	4	10	0	6	8	2	8	2	0	6	0	6	0

① (왼쪽)+(왼쪽위)+(위쪽) 셀 3개의 합을 구한다.

② 12로 나눈다.

③ 왼쪽 맨위의 수는 6이다.

④ 나머지 0에 색칠한다.

1.19 셀 3개의 합을 구한 후 12로 나누고, 초기치 2, 나머지 0

2	1	1	1	1	1	1	1	1	1	1	1	1	1	1	1	1	1	1	1	1	1	1	1	1	1	1	1	1	1	1	1	1
1	4	6	8	10	0	2	4	6	8	10	0	2	4	6	8	10	0	2	4	6	8	10	0	2	4	6	8	10	0	2	4	6
1	6	4	6	0	10	0	6	4	6	0	10	0	6	4	6	0	10	0	6	4	6	0	10	0	6	4	6	0	10	0	6	4
1	8	6	4	10	8	6	0	10	8	2	0	10	4	2	0	6	4	2	8	6	4	10	8	6	0	10	8	2	0	10	4	2
1	10	0	10	0	6	8	2	0	6	4	6	4	6	0	2	8	6	0	10	0	10	0	6	8	2	0	6	4	6	4	6	0
1	0	10	8	6	0	2	0	2	8	6	4	2	0	6	8	6	8	2	0	10	8	6	0	2	0	2	8	6	4	2	0	6
1	2	0	6	8	2	4	6	8	6	8	6	0	2	8	10	0	2	0	2	0	6	8	2	4	6	8	6	8	6	0	2	8
1	4	6	0	2	0	6	4	6	8	10	0	6	8	6	0	10	0	2	4	6	0	2	0	6	4	6	8	10	0	6	8	6
1	6	4	10	0	2	8	6	4	6	0	10	4	6	8	2	0	10	0	6	4	10	0	2	8	6	4	6	0	10	4	6	8
1	8	6	8	6	8	6	8	6	4	10	8	10	8	10	8	10	8	6	0	10	0	10	0	10	0	10	8	2	0	2	0	2
1	10	0	2	4	6	8	10	0	10	0	6	0	6	0	6	0	6	8	2	0	10	8	6	4	2	0	6	4	6	8	10	0
1	0	10	0	6	4	6	0	10	8	6	0	6	0	6	0	6	0	2	0	2	0	6	8	6	0	2	8	6	4	6	0	10
1	2	0	10	4	2	0	6	4	10	0	6	0	6	0	6	0	6	8	10	0	2	8	10	0	6	8	6	8	6	4	10	8
1	4	6	4	6	0	2	8	6	8	6	0	6	0	6	0	6	0	2	8	6	8	6	0	10	4	6	8	10	0	10	0	6
1	6	4	2	0	6	8	6	8	10	0	6	0	6	0	6	0	6	8	6	8	10	0	6	4	6	4	6	0	10	8	6	0
1	8	6	0	2	8	10	0	2	8	6	0	6	0	6	0	6	0	2	4	6	0	10	4	2	0	10	8	2	0	6	8	2
1	10	0	6	8	6	0	10	0	10	0	6	0	6	0	6	0	6	8	2	0	6	4	6	0	2	0	6	4	6	0	2	0
1	0	10	4	6	8	2	0	10	8	6	0	6	0	6	0	6	0	2	0	2	8	6	4	10	0	2	8	6	4	10	0	2
1	2	0	2	0	2	0	2	0	6	8	2	8	2	8	2	8	2	4	6	8	6	8	6	8	6	8	6	8	6	8	6	8
1	4	6	8	10	0	2	4	6	0	2	0	10	8	6	4	2	0	6	4	6	8	10	0	2	4	6	8	10	0	2	4	6
1	6	4	6	0	10	0	6	4	10	0	2	0	6	8	6	0	2	8	6	4	6	0	10	0	6	4	6	0	10	0	6	4
1	8	6	4	10	8	6	0	10	0	10	0	2	8	10	0	6	8	6	8	6	4	10	8	6	0	10	8	2	0	10	4	2
1	10	0	10	0	6	8	2	0	10	8	6	8	6	0	10	4	6	8	10	0	10	0	6	8	2	0	6	4	6	4	6	0
1	0	10	8	6	0	2	0	2	0	6	8	10	0	6	4	6	4	6	0	10	8	6	0	2	0	2	8	6	4	2	0	6
1	2	0	6	8	2	4	6	8	10	4	6	0	10	4	2	0	10	8	2	0	6	8	2	4	6	8	6	8	6	0	2	8
1	4	6	0	2	0	6	4	6	0	2	0	6	4	6	0	2	0	6	4	6	0	2	0	6	4	6	8	10	0	6	8	6
1	6	4	10	0	2	8	6	4	10	0	2	8	6	4	10	0	2	8	6	4	10	0	2	8	6	4	6	0	10	4	6	8
1	8	6	8	6	8	6	8	6	8	6	8	6	8	6	8	6	8	6	8	6	8	6	8	6	8	6	4	10	8	10	8	10
1	10	0	2	4	6	8	10	0	2	4	6	8	10	0	2	4	6	8	10	0	2	4	6	8	10	0	10	0	6	0	6	0
1	0	10	0	6	4	6	0	10	0	6	4	6	0	10	0	6	4	6	0	10	0	6	4	6	0	10	8	6	0	6	0	6
1	2	0	10	4	2	0	6	4	2	8	6	4	10	8	6	0	10	8	2	0	10	4	2	0	6	4	10	0	6	0	6	0
1	4	6	4	6	0	2	8	6	0	10	0	10	0	6	8	2	0	6	4	6	4	6	0	2	8	6	8	6	0	6	0	6
1	6	4	2	0	6	8	6	8	2	0	10	8	6	0	2	0	2	8	6	4	2	0	6	8	6	8	10	0	6	0	6	0

① (왼쪽)+(왼쪽위)+(위쪽) 셀 3개의 합을 구한다.

② 12로 나눈다.

③ 왼쪽 맨위의 수는 2이다.

④ 나머지 0에 색칠한다.

1.20 셀 3개의 합을 구한 후 12로 나누고, 초기치 8, 나머지 0

8	1	1	1	1	1	1	1	1	1	1	1	1	1	1	1	1	1	1	1	1	1	1	1	1	1	1	1	1	1	1	1	1
1	10	0	2	4	6	8	10	0	2	4	6	8	10	0	2	4	6	8	10	0	2	4	6	8	10	0	2	4	6	8	10	0
1	0	10	0	6	4	6	0	10	0	6	4	6	0	10	0	6	4	6	0	10	0	6	4	6	0	10	0	6	4	6	0	10
1	2	0	10	4	2	0	6	4	2	8	6	4	10	8	6	0	10	8	2	0	10	4	2	0	6	4	2	8	6	4	10	8
1	4	6	4	6	0	2	8	6	0	10	0	10	0	6	8	2	0	6	4	6	4	6	0	2	8	6	0	10	0	10	0	6
1	6	4	2	0	6	8	6	8	2	0	10	8	6	0	2	0	2	8	6	4	2	0	6	8	6	8	2	0	10	8	6	0
1	8	6	0	2	8	10	0	2	0	2	0	6	8	2	4	6	8	6	8	6	0	2	8	10	0	2	0	2	0	6	8	2
1	10	0	6	8	6	0	10	0	2	4	6	0	2	0	6	4	6	8	10	0	6	8	6	0	10	0	2	4	6	0	2	0
1	0	10	4	6	8	2	0	10	0	6	4	10	0	2	8	6	4	6	0	10	4	6	8	2	0	10	0	6	4	10	0	2
1	2	0	2	0	2	0	2	0	10	4	2	4	2	4	2	4	2	0	6	4	6	4	6	4	6	4	2	8	6	8	6	8
1	4	6	8	10	0	2	4	6	4	6	0	6	0	6	0	6	0	2	8	6	4	2	0	10	8	6	0	10	0	2	4	6
1	6	4	6	0	10	0	6	4	2	0	6	0	6	0	6	0	6	8	6	8	6	0	2	0	6	8	2	0	10	0	6	4
1	8	6	4	10	8	6	0	10	4	6	0	6	0	6	0	6	0	2	4	6	8	2	4	6	0	2	0	2	0	10	4	2
1	10	0	10	0	6	8	2	0	2	0	6	0	6	0	6	0	6	8	2	0	2	0	6	4	10	0	2	4	6	4	6	0
1	0	10	8	6	0	2	0	2	4	6	0	6	0	6	0	6	0	2	0	2	4	6	0	10	0	10	0	6	4	2	0	6
1	2	0	6	8	2	4	6	8	2	0	6	0	6	0	6	0	6	8	10	0	6	4	10	8	6	4	2	8	6	0	2	8
1	4	6	0	2	0	6	4	6	4	6	0	6	0	6	0	6	0	2	8	6	0	10	0	6	8	6	0	10	0	6	8	6
1	6	4	10	0	2	8	6	4	2	0	6	0	6	0	6	0	6	8	6	8	2	0	10	4	6	8	2	0	10	4	6	8
1	8	6	8	6	8	6	8	6	0	2	8	2	8	2	8	2	8	10	0	2	0	2	0	2	0	2	0	2	0	2	0	2
1	10	0	2	4	6	8	10	0	6	8	6	4	2	0	10	8	6	0	10	0	2	4	6	8	10	0	2	4	6	8	10	0
1	0	10	0	6	4	6	0	10	4	6	8	6	0	2	0	6	8	2	0	10	0	6	4	6	0	10	0	6	4	6	0	10
1	2	0	10	4	2	0	6	4	6	4	6	8	2	4	6	0	2	0	2	0	10	4	2	0	6	4	2	8	6	4	10	8
1	4	6	4	6	0	2	8	6	4	2	0	2	0	6	4	10	0	2	4	6	4	6	0	2	8	6	0	10	0	10	0	6
1	6	4	2	0	6	8	6	8	6	0	2	4	6	0	10	0	10	0	6	4	2	0	6	8	6	8	2	0	10	8	6	0
1	8	6	0	2	8	10	0	2	4	10	0	6	4	10	8	6	4	2	8	6	0	2	8	10	0	2	0	2	0	6	8	2
1	10	0	6	8	6	0	10	0	6	8	6	0	10	0	6	8	6	0	10	0	6	8	6	0	10	0	2	4	6	0	2	0
1	0	10	4	6	8	2	0	10	4	6	8	2	0	10	4	6	8	2	0	10	4	6	8	2	0	10	0	6	4	10	0	2
1	2	0	2	0	2	0	2	0	2	0	2	0	2	0	2	0	2	0	2	0	2	0	2	0	2	0	10	4	2	4	2	4
1	4	6	8	10	0	2	4	6	8	10	0	2	4	6	8	10	0	2	4	6	8	10	0	2	4	6	4	6	0	6	0	6
1	6	4	6	0	10	0	6	4	6	0	10	0	6	4	6	0	10	0	6	4	6	0	10	0	6	4	2	0	6	0	6	0
1	8	6	4	10	8	6	0	10	8	2	0	10	4	2	0	6	4	2	8	6	4	10	8	6	0	10	4	6	0	6	0	6
1	10	0	10	0	6	8	2	0	6	4	6	4	6	0	2	8	6	0	10	0	10	0	6	8	2	0	2	0	6	0	6	0
1	0	10	8	6	0	2	0	2	8	6	4	2	0	6	8	6	8	2	0	10	8	6	0	2	0	2	4	6	0	6	0	6

① (왼쪽)+(왼쪽위)+(위쪽) 셀 3개의 합을 구한다.

② 12로 나눈다.

③ 왼쪽 맨위의 수는 8이다.

④ 나머지 0에 색칠한다.

1.21 셀 3개의 합을 구한 후 12로 나누고, 초기치 2, 나머지 0

2	1	1	1	1	1	1	1	1	1	1	1	1	1	1	1	1	1	1	1	1	1	1	1	1	1	1	1	1	1	1	1	1
1	4	6	8	10	0	2	4	6	8	10	0	2	4	6	8	10	0	2	4	6	8	10	0	2	4	6	8	10	0	2	4	6
1	6	4	6	0	10	0	6	4	6	0	10	0	6	4	6	0	10	0	6	4	6	0	10	0	6	4	6	0	10	0	6	4
1	8	6	4	10	8	6	0	10	8	2	0	10	4	2	0	6	4	2	8	6	4	10	8	6	0	10	8	2	0	10	4	2
1	10	0	10	0	6	8	2	0	6	4	6	4	6	0	2	8	6	0	10	0	10	0	6	8	2	0	6	4	6	4	6	0
1	0	10	8	6	0	2	0	2	8	6	4	2	0	6	8	6	8	2	0	10	8	6	0	2	0	2	8	6	4	2	0	6
1	2	0	6	8	2	4	6	8	6	8	6	0	2	8	10	0	2	0	2	0	6	8	2	4	6	8	6	8	6	0	2	8
1	4	6	0	2	0	6	4	6	8	10	0	6	8	6	0	10	0	2	4	6	0	2	0	6	4	6	8	10	0	6	8	6
1	6	4	10	0	2	8	6	4	6	0	10	4	6	8	2	0	10	0	6	4	10	0	2	8	6	4	6	0	10	4	6	8
1	8	6	8	6	8	6	8	6	4	10	8	10	8	10	8	10	8	6	0	10	0	10	0	10	0	10	8	2	0	2	0	2
1	10	0	2	4	6	8	10	0	10	0	6	0	6	0	6	0	6	8	2	0	10	8	6	4	2	0	6	4	6	8	10	0
1	0	10	0	6	4	6	0	10	8	6	0	6	0	6	0	6	0	2	0	2	0	6	8	6	0	2	8	6	4	6	0	10
1	2	0	10	4	2	0	6	4	10	0	6	0	6	0	6	0	6	8	10	0	2	8	10	0	6	8	6	8	6	4	10	8
1	4	6	4	6	0	2	8	6	8	6	0	6	0	6	0	6	0	2	8	6	8	6	0	10	4	6	8	10	0	10	0	6
1	6	4	2	0	6	8	6	8	10	0	6	0	6	0	6	0	6	8	6	8	10	0	6	4	6	4	6	0	10	8	6	0
1	8	6	0	2	8	10	0	2	8	6	0	6	0	6	0	6	0	2	4	6	0	10	4	2	0	10	8	2	0	6	8	2
1	10	0	6	8	6	0	10	0	10	0	6	0	6	0	6	0	6	8	2	0	6	4	6	0	2	0	6	4	6	0	2	0
1	0	10	4	6	8	2	0	10	8	6	0	6	0	6	0	6	0	2	0	2	8	6	4	10	0	2	8	6	4	10	0	2
1	2	0	2	0	2	0	2	0	6	8	2	8	2	8	2	8	2	4	6	8	6	8	6	8	6	8	6	8	6	8	6	8
1	4	6	8	10	0	2	4	6	0	2	0	10	8	6	4	2	0	6	4	6	8	10	0	2	4	6	8	10	0	2	4	6
1	6	4	6	0	10	0	6	4	10	0	2	0	6	8	6	0	2	8	6	4	6	0	10	0	6	4	6	0	10	0	6	4
1	8	6	4	10	8	6	0	10	0	10	0	2	8	10	0	6	8	6	8	6	4	10	8	6	0	10	8	2	0	10	4	2
1	10	0	10	0	6	8	2	0	10	8	6	8	6	0	10	4	6	8	10	0	10	0	6	8	2	0	6	4	6	4	6	0
1	0	10	8	6	0	2	0	2	0	6	8	10	0	6	4	6	4	6	0	10	8	6	0	2	0	2	8	6	4	2	0	6
1	2	0	6	8	2	4	6	8	10	4	6	0	10	4	2	0	10	8	2	0	6	8	2	4	6	8	6	8	6	0	2	8
1	4	6	0	2	0	6	4	6	0	2	0	6	4	6	0	2	0	6	4	6	0	2	0	6	4	6	8	10	0	6	8	6
1	6	4	10	0	2	8	6	4	10	0	2	8	6	4	10	0	2	8	6	4	10	0	2	8	6	4	6	0	10	4	6	8
1	8	6	8	6	8	6	8	6	8	6	8	6	8	6	8	6	8	6	8	6	8	6	8	6	8	6	4	10	8	10	8	10
1	10	0	2	4	6	8	10	0	2	4	6	8	10	0	2	4	6	8	10	0	2	4	6	8	10	0	10	0	6	0	6	0
1	0	10	0	6	4	6	0	10	0	6	4	6	0	10	0	6	4	6	0	10	0	6	4	6	0	10	8	6	0	6	0	6
1	2	0	10	4	2	0	6	4	2	8	6	4	10	8	6	0	10	8	2	0	10	4	2	0	6	4	10	0	6	0	6	0
1	4	6	4	6	0	2	8	6	0	10	0	10	0	6	8	2	0	6	4	6	4	6	0	2	8	6	8	6	0	6	0	6
1	6	4	2	0	6	8	6	8	2	0	10	8	6	0	2	0	2	8	6	4	2	0	6	8	6	8	10	0	6	0	6	0

① (왼쪽)+(왼쪽위)+(위쪽) 셀 3개의 합을 구한다.

② 12로 나눈다.

③ 왼쪽 맨위의 수는 2이다.

④ 나머지 0에 색칠한다.

1.22 셀 3개의 합을 구한 후 12로 나누고, 초기치 10, 나머지 0

10	1	1	1	1	1	1	1	1	1	1	1	1	1	1	1	1	1	1	1	1	1	1	1	1	1	1	1	1	1	1	1	1
1	0	2	4	6	8	10	0	2	4	6	8	10	0	2	4	6	8	10	0	2	4	6	8	10	0	2	4	6	8	10	0	2
1	2	4	10	8	10	4	2	4	10	8	10	4	2	4	10	8	10	4	2	4	10	8	10	4	2	4	10	8	10	4	2	4
1	4	10	0	6	0	2	8	2	4	10	4	6	0	6	8	2	8	10	4	10	0	6	0	2	8	2	4	10	4	6	0	6
1	6	8	6	0	6	8	6	4	10	0	2	0	6	0	2	0	10	4	6	8	6	0	6	8	6	4	10	0	2	0	6	0
1	8	10	0	6	0	2	4	2	4	2	4	6	0	6	8	10	8	10	8	10	0	6	0	2	4	2	4	2	4	6	0	6
1	10	4	2	8	2	4	10	4	10	4	10	8	2	8	10	4	10	4	10	4	2	8	2	4	10	4	10	4	10	8	2	8
1	0	2	8	6	4	10	0	2	4	6	8	2	0	10	4	6	8	10	0	2	8	6	4	10	0	2	4	6	8	2	0	10
1	2	4	2	4	2	4	2	4	10	8	10	8	10	8	10	8	10	4	2	4	2	4	2	4	2	4	10	8	10	8	10	8
1	4	10	4	10	4	10	4	10	0	6	0	6	0	6	0	6	0	2	8	2	8	2	8	2	8	2	4	10	4	10	4	10
1	6	8	10	0	2	4	6	8	6	0	6	0	6	0	6	0	6	8	6	4	2	0	10	8	6	4	10	0	2	4	6	8
1	8	10	4	2	4	10	8	10	0	6	0	6	0	6	0	6	0	2	4	2	8	10	8	2	4	2	4	2	4	10	8	10
1	10	4	6	0	6	8	2	8	6	0	6	0	6	0	6	0	6	8	2	8	6	0	6	4	10	4	10	4	10	0	6	0
1	0	2	0	6	0	2	0	10	0	6	0	6	0	6	0	6	0	2	0	10	0	6	0	10	0	2	4	6	8	6	0	6
1	2	4	6	0	6	8	10	8	6	0	6	0	6	0	6	0	6	8	10	8	6	0	6	4	2	4	10	8	10	0	6	0
1	4	10	8	2	8	10	4	10	0	6	0	6	0	6	0	6	0	2	8	2	4	10	4	2	8	2	4	10	4	2	8	2
1	6	8	2	0	10	4	6	8	6	0	6	0	6	0	6	0	6	8	6	4	10	0	2	8	6	4	10	0	2	8	6	4
1	8	10	8	10	8	10	8	10	0	6	0	6	0	6	0	6	0	2	4	2	4	2	4	2	4	2	4	2	4	2	4	2
1	10	4	10	4	10	4	10	4	2	8	2	8	2	8	2	8	2	4	10	4	10	4	10	4	10	4	10	4	10	4	10	4
1	0	2	4	6	8	10	0	2	8	6	4	2	0	10	8	6	4	10	0	2	4	6	8	10	0	2	4	6	8	10	0	2
1	2	4	10	8	10	4	2	4	2	4	2	8	10	8	2	4	2	4	2	4	10	8	10	4	2	4	10	8	10	4	2	4
1	4	10	0	6	0	2	8	2	8	2	8	6	0	6	4	10	4	10	4	10	0	6	0	2	8	2	4	10	4	6	0	6
1	6	8	6	0	6	8	6	4	2	0	10	0	6	0	10	0	2	4	6	8	6	0	6	8	6	4	10	0	2	0	6	0
1	8	10	0	6	0	2	4	2	8	10	8	6	0	6	4	2	4	10	8	10	0	6	0	2	4	2	4	2	4	6	0	6
1	10	4	2	8	2	4	10	4	2	8	2	4	10	4	2	8	2	4	10	4	2	8	2	4	10	4	10	4	10	8	2	8
1	0	2	8	6	4	10	0	2	8	6	4	10	0	2	8	6	4	10	0	2	8	6	4	10	0	2	4	6	8	2	0	10
1	2	4	2	4	2	4	2	4	2	4	2	4	2	4	2	4	2	4	2	4	2	4	2	4	2	4	10	8	10	8	10	8
1	4	10	4	10	4	10	4	10	4	10	4	10	4	10	4	10	4	10	4	10	4	10	4	10	4	10	0	6	0	6	0	6
1	6	8	10	0	2	4	6	8	10	0	2	4	6	8	10	0	2	4	6	8	10	0	2	4	6	8	6	0	6	0	6	0
1	8	10	4	2	4	10	8	10	4	2	4	10	8	10	4	2	4	10	8	10	4	2	4	10	8	10	0	6	0	6	0	6
1	10	4	6	0	6	8	2	8	10	4	10	0	6	0	2	8	2	4	10	4	6	0	6	8	2	8	6	0	6	0	6	0
1	0	2	0	6	0	2	0	10	4	6	8	6	0	6	8	6	4	10	0	2	0	6	0	2	0	10	0	6	0	6	0	6
1	2	4	6	0	6	8	10	8	10	8	10	0	6	0	2	4	2	4	2	4	6	0	6	8	10	8	6	0	6	0	6	0

① (왼쪽)+(왼쪽위)+(위쪽) 셀 3개의 합을 구한다.

② 12로 나눈다.

③ 왼쪽 맨위의 수는 8이다.

④ 나머지 0에 색칠한다.

지은이_ 안대영

- 네이버 카페 프랙탈을 찾는 사람들
  (http://cafe.naver.com/chaosfractals)
- 한국교원대학교 수학교육 박사
- 충청북도 수석교사
- 저서 〈융합교육시리즈〉
  ① 프랙탈과 카오스
  ② 수학에서 느끼는 삶의 지혜
  ③ 프랙탈 디자인을 유혹하다
  ④ 수학의 본질은 디자인이다
  ⑤ 디자인을 사랑한 수학
  ⑥ 나는 프랙탈 디자이너
  ⑦ 프랙탈 디자인을 말하다

융합교육 시리즈 ⑥

나는 프랙탈 디자이너

2015년 7월 20일 초판 발행
2023년 8월 10일 초판 1쇄 발행

저　자 • 안대영
발행자 • 오판근
발행처 • 교우사

주　소 • 서울특별시 동대문구 약령시로 8 교우빌딩 2층
전　화 • 925-2861(代), 편집부 / 925-2825, 홈쇼핑 / 969-5762
팩　스 • 925-2860

이메일 / kyowoo@kyowoo.co.kr
홈페이지 / http://www.kyowoo.co.kr
북스토어(쇼핑몰) / http://www.kyowoo.co.kr

등록 / 1994. 3. 24 제6-0256호

ISBN 979-11-251-0098-0 (04410)
979-11-251-0028-7 (세트)

값 25,000원